220kV输电线路钻越塔标准化 设计图集

钻越塔加工图

国网河南省电力公司经济技术研究院　组编

中国电力出版社
CHINA ELECTRIC POWER PRESS

输电线路标准化设计是国网河南省电力公司加快科学发展、建设"资源节约型、环境友好型"社会、提升技术创新能力和贯彻"两型三新一化"理念的重要体现，是实施设计标准化管理、统一电网建设标准和合理控制造价的重要手段，对提高输电线路设计、物资招标、机械化施工及运行维护等工作效率和质量将发挥重要技术支撑作用。

本书为《220kV输电线路钻越塔标准化设计图集 钻越塔加工图》，全书共包括 4 个钻越塔子模块、8 种塔型，各子模块均包括主要技术条件参数表、子模块说明及塔型一览图等内容。

本书可供电力系统各设计单位，从事电网建设工程规划、管理、施工、安装、运维、设备制造等专业人员以及院校相关专业的师生参考使用。

图书在版编目（CIP）数据

220kV 输电线路钻越塔标准化设计图集. 钻越塔加工图／国网河南省电力公司经济技术研究院组编.
—北京：中国电力出版社，2022.6
ISBN 978-7-5198-6614-3

Ⅰ．①2… Ⅱ．①国… Ⅲ．①输电铁塔-工程设计-图集 Ⅳ．①TM753-64

中国版本图书馆 CIP 数据核字（2022）第 049102 号

出版发行：中国电力出版社	印　　刷：三河市百盛印装有限公司
地　　址：北京市东城区北京站西街 19 号（邮政编码：100005）	版　　次：2022 年 6 月第一版
网　　址：http://www.cepp.sgcc.com.cn	印　　次：2022 年 6 月北京第一次印刷
责任编辑：罗 艳 高 芬	开　　本：880 毫米×1230 毫米 横 16 开本
责任校对：黄 蓓 李 楠	印　　张：11.25
装帧设计：张俊霞	字　　数：396 千字
责任印制：石 雷	定　　价：168.00 元

《220kV 输电线路钻越塔标准化设计图集 钻越塔加工图》
编 委 会

主　任　张明亮

副主任　齐　涛　胡志华　魏澄宙

委　员　冯政协　鲍俊立　刘湘莅　杨红旗　邓秋鸽　程宏伟　周　怡　吴炬玮　陈　晨

　　　　张　亮　徐京哲　樊东峰　武东亚　樊庆玲　殷　毅　董平先

《220kV 输电线路钻越塔标准化设计图集 钻越塔加工图》

编 制 组

主　　编　鲍俊立　刘湘莅　杨红旗

副 主 编　周　怡　吴炬玮

编写人员　张　亮　陈　晨　徐京哲　武东亚　樊庆玲　殷　毅　董平先　郭　伟　唐亚可

　　　　　牛　凯　裴浩威　李留成　魏荣生　仝　雅　周　正　宋文卓　吴　豫　宋景博

　　　　　宋晓帆　齐桓若　姚　晗　郭　放　翟育新　汪　赟　李　凯　张金凤　赵　冲

　　　　　王　卿　白萍萍　刁　旭　王顺然　郭夫然　薛文杰　康祎龙　黄　茹　李　铮

　　　　　姚若夫　郝　健　郭建宇　王东洋　王玉杰　陈军帅　栗　威　翟建峰　秦广召

　　　　　陈小明　刘　欢　侯森超　陈　旭　贾璐璐　王德弘　白俊峰　张晓磊　吴雨桐

　　　　　田　利　刘俊才　毕文哲　殷向辉　申俊三　朱培杰

《220kV 输电线路钻越塔标准化设计图集　钻越塔加工图》

设 计 工 作 组

牵头单位　国网河南省电力公司经济技术研究院

成员单位　河南鼎力杆塔股份有限公司　东北电力大学　山东大学

前　　言

　　《220kV 输电线路钻越塔标准化设计图集》是国网河南省电力公司标准化建设成果体系的重要组成部分。在省公司领导的关心指导下、在公司建设部的大力支持下，国网河南省电力公司经济技术研究院牵头组织相关科研单位和设计院，结合河南"十三五"电网规划，在广泛调研的基础上，经专题研究和专家论证，历时一年编制完成《220kV 输电线路钻越塔标准化设计图集》。

　　本书涵盖了河南省区域钻越塔适用的典型设计气象条件（基本风速 27m/s、覆冰厚度 10mm）、常用导线型号（2×JL/G1A-400/35、2×JL/G1A-630/45）等技术条件，该研究成果具有安全可靠、技术先进、经济适用、协调统一等显著特点，是国网河南电力公司标准化体系建设的又一重大研究成果，对指导河南省区域乃至全国 220kV 输电线路标准化体系建设、提高电网建设的质量和效率都将发挥积极推动和技术引领作用。

　　本书在编制过程中得到了国网河南省电力公司相关部门的大力支持，在此谨表感谢。

　　由于编者水平有限，书中难免存在不足之处，敬请广大读者给予指正。

编　者

二〇二一年七月

目　录

第1章 概　述

1.1　目的和意义

　　根据国家电网有限公司绿色智能电网发展的总体部署，国网河南省电力公司在广泛开展调研的基础上，积极推进电网标准化管理体系建设，以科技创新和标准化管理为着重点，以提高电网建设工作质量和效率为出发点，不断提升理论研究创新能力和成果应用转化能力。

　　为统一输电线路设计技术标准、提高工作效率、降低工程造价，贯彻"资源节约型、环境友好型"的设计理念，推进技术创新成果标准化设计的应用转化，开展 220kV 输电线路钻越塔标准化设计工作，对强化集约化管理，统一建设标准，统一材料规格，规范设计程序，提高设计、评审、招标、机械化施工的工作效率和工作质量，降低工程造价，实现资源节约、环境友好和全寿命周期建设目标均起到重要的技术支撑作用，是对国家电网有限公司输变电工程标准化设计成果的重要补充。

1.2　总体原则

　　本标准化设计在参考国家电网有限公司现有通用设计的研究成果，并广泛调研河南省电网特点和 220kV 输电线路建设实践经验的基础上，经过设计优化和集成创新，形成具有可靠性、先进性、经济性、统一性、适应性和灵活性的 220kV 输电线路钻越塔标准化设计成果。

　　（1）可靠性：结合河南省区域自然环境、气象条件和经济社会发展状况，在充分调研的基础上，经技术经济比选，优化塔型设计，确保铁塔安全可靠。

　　（2）先进性：在全面应用国家电网有限公司现有标准化设计成果的基础上，提高设计集成创新能力，积极采用"新材料、新技术、新工艺"，形成技术先进的标准化研究成果。

　　（3）经济性：全面贯彻全寿命周期研究理念，综合考虑工程初期投资和长期运行费用，合理规划铁塔型式、塔头布置以及塔腿根开取值范围，确保最佳的经济社会效益和技术水平。

　　（4）统一性：依据最新规程、规范，参照国家电网有限公司标准化设计成果，统一设计技术标准和设备采购标准。

　　（5）适应性：本标准化设计主要适用以平地地形（海拔 1000m 以下）为主且钻越高度受限制地区的 220kV 输电线路工程。

　　（6）灵活性：合理划分铁塔模块、转角度数等边界技术条件，设计和施工更加便捷和灵活。

2.1 主要规程规范

本标准化设计主要按照以下规程规范执行：
GB 50009—2012 《建筑结构荷载规范》
GB 50017—2017 《钢结构设计标准》
GB 50545—2010 《110kV～750kV 架空输电线路设计规范》
GB/T 700—2006 《碳素结构钢》
GB/T 1179—2017 《圆线同心绞架空导线》
GB/T 1591—2018 《低合金高强度结构钢》
GB/T 3098.1—2010 《紧固件机械性能 螺栓、螺钉和螺柱》
GB/T 3098.2—2015 《紧固件机械性能 螺母》
GB/T 50064—2014 《交流电气装置的过电压保护和绝缘配合设计规范》
DL/T 284—2021 《输电线路杆塔及电力金具用热浸镀锌螺栓与螺母》
DL/T 5582—2020 《架空输电线路电气设计规程》
DL/T 5486—2020 《架空输电线路杆塔结构设计技术规程》
DL/T 5442—2020 《输电线路杆塔制图和构造规定》

DL/T 5551—2018 《架空输电线路荷载规范》
Q/GDW 1799.2—2013 《电力安全工作规程 线路部分》
Q/GDW 10248.6—2016 《输变电工程建设标准强制性条文实施管理规程第 6 部分：输电线路工程设计》
Q/GDW 1829—2021 《架空输电线路防舞设计规范》

2.2 国家电网公司有关规定

国家电网基建〔2014〕10 号 《国网基建部关于加强新建输变电工程防污闪等设计工作的通知》
国家电网基建〔2014〕1131 号 《国家电网公司关于明确输变电工程"两型三新一化"建设技术要求的通知》
国网基建〔2018〕387 号 《输电线路工程地脚螺栓全过程管控办法（试行）》
国家电网设备〔2018〕979 号 《国家电网有限公司十八项电网重大反事故措施（修订版）》
基建技术〔2020〕54 号 《国网基建部关于发布线路杆塔通用设计优化技术导则及模块序列清单的通知》

3.1　划分原则

结合河南省电网特点、气象条件和地形地貌等区域特点，在充分调研的基础上，确定以下铁塔模块划分原则：

本标准化设计以 30 年重现期、基本风速 27m/s（10m 基准高）、覆冰厚度 10mm、海拔低于 1000m 线路和钻越高度受限区域的平地为主要设计边界条件，针对 220kV 输电线路钻越塔适用的电压等级、回路数、导线截面、铁塔型式、气象条件、地形条件、地线截面、适用档距、挂线点型式以及钻越方式，通过技术经济比较，合理划分塔型模块。

3.1.1　电压等级

本标准化设计仅对 220kV 电压等级的输电线路钻越塔进行研究。

3.1.2　回路数

结合河南省电网特点和前期调研情况，按照线路钻越高度受限区域集约化设计原则，本标准化设计考虑 220kV 电压等级的单回和双回架设方式。

3.1.3　导线截面

根据国家电网有限公司标准化设计指导原则，结合河南省电网"十三五"发展规划，经过技术经济综合比选，本标准化设计 220kV 输电线路导线按 $2 \times JL/G1A - 400mm^2$、$2 \times JL/G1A - 630mm^2$ 两种标称截面进行选取。

3.1.4　铁塔型式

本标准化设计采用角钢塔，根据技术先进、安全可靠和经济合理的原则，经技术经济优化比选，角钢选用等边单角钢截面型式，单回路采用"干"字形排列方式，双回路采用蝶形排列方式。

3.1.5　气象条件

根据调研结果，结合河南省区域气象特征和典型气象区的气象参数，本标准化设计基本风速取 27m/s（10m 基准高），覆冰厚度取 10mm。

3.1.6　地形条件

本标准化设计适用海拔在 1000m 以下的 220kV 输电线路钻越高度受限制的平地区域。

3.1.7　地线截面

本标准化设计地线配合按如下原则选择：

导线截面为 $2 \times JL/G1A - 400mm^2$ 的钻越塔，地线选用 JLB20A - 150 型铝包钢绞线；导线截面为 $2 \times JL/G1A - 630mm^2$ 的钻越塔，地线选用 JLB20A - 150 型铝包钢绞线。

3.1.8　适用档距

根据调研和线路档距优化配置结果，结合河南省电网发展特点，经过技术经济比较，本标准化设计水平档距取 350m、垂直档距取 450m。

3.1.9　挂线点型式

钻越塔导线挂点按照单挂点设计，地线按照单挂点设计，跳线按三挂点设计。

3.1.10　钻越方式

根据调研结果，并广泛征求设计、运维单位以及国网河南省电力公司相关部门意见，本标准化设计钻越型式为"耐-耐"。

3.2　划分和编号

根据钻越塔型使用特点，结合导线截面、气象条件、回路数和适用区域等因素，按照《国网基建部关于发布线路杆塔通用设计优化技术导则及模块序列清单的通知》（基建技术〔2020〕54 号）划分原则，本标准化设计共划分为 4 个铁塔子模块，8 种塔型，总模块划分一览表见表 3.2-1。

表 3.2-1　　　　　　　总模块划分一览表

序号	模块编号	系统条件	环境条件	杆塔材料	塔型编号
1	220-GC21D	回路数：单回路 导线截面：$2 \times 400mm^2$	基本风速：27m/s 覆冰厚度：10mm 海拔：0~1000m	角钢	220-GC21D-JZY1 220-GC21D-JZY2
2	220-GC21S	回路数：双回路 导线截面：$2 \times 400mm^2$	基本风速：27m/s 覆冰厚度：10mm 海拔：0~1000m	角钢	220-GC21S-JZY1 220-GC21S-JZY2
3	220-HC21D	回路数：单回路 导线截面：$2 \times 630mm^2$	基本风速：27m/s 覆冰厚度：10mm 海拔：0~1000m	角钢	220-HC21D-JZY1 220-HC21D-JZY2
4	220-HC21S	回路数：双回路 导线截面：$2 \times 630mm^2$	基本风速：27m/s 覆冰厚度：10mm 海拔：0~1000m	角钢	220-HC21S-JZY1 220-HC21S-JZY2

杆塔模块编号由 2 个字段组成，第一字段为电压等级，第二字段为技术条件组合，由"导线截面＋基本风速＋覆冰厚度＋海拔＋杆塔材料＋回路数"组成，杆塔塔型编号由 3 个字段组成，即在杆塔模块编号基础上增加第三字段"杆塔塔型"，由"杆塔形式＋塔型系列"组成。杆塔塔型编号规则见图 3.2－1。

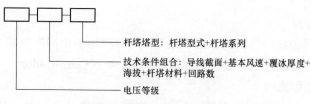

图 3.2－1　杆塔塔型编号规则

编号示例：

220－GC21D－JZY1：表示电压等级为 220kV，导线截面为 2×400mm²，基本风速为 27m/s，覆冰厚度为 10mm，海拔为 0～1000m，转角为 0°～40°

的单回路角钢钻越塔。

220－HC21S－JZY2：表示电压等级为 220kV，导线截面为 2×630mm²，基本风速为 27m/s，覆冰厚度为 10mm，海拔为 0～1000m，转角为 40°～90°的双回路角钢钻越塔。

3.3　设计分工

本标准化设计根据导线截面共分 4 个子模块、8 种塔型，具体参与单位及承担设计内容详见表 3.3－1。

表 3.3－1　　　　　　　　参与单位及承担设计内容

序号	参编单位	负责内容
1	国网河南省电力公司经济技术研究院	组织策划、技术总负责
2	河南鼎力杆塔股份有限公司	结构设计、制图
3	东北电力大学	节点设计优化
4	山东大学	节点设计优化

4.1 设计气象条件

按照安全可靠、通用适用的原则,结合《110kV～750kV 架空输电线路设计规范》(GB 50545—2010)典型气象区气象参数进行适当归并、制定。

4.1.1 气象条件重现期

依据 GB 50545—2010 中 4.0.1 "110kV～330kV 输电线路及其大跨越重现期应取 30 年"的规定,本标准化设计气象条件重现期按 30 年设计。

4.1.2 最大风速取值

根据河南省各地市气象站气象资料汇总统计分析,气象记录最大风速为 24～26m/s 的气象站占 90%以上。依据《建筑结构荷载规范》(GB 50009—2012)中全国基本风压分布图,河南省大部分区域位于基本风压 0.3～0.4kN/m² 区间内,换算出河南省最大风速为 24～25.5m/s。

依据 GB 50545—2010 中 4.0.4 "110kV～330kV 输电线路基本风速不宜低于 23.5m/s"的设计规定,本标准化设计基本风速按 27m/s 选取(10m 基准高)。

4.1.3 覆冰厚度取值

依据《河南省 30 年一遇电网冰区分布图(2020 年版)》可知,河南省 0～10mm 覆冰地域约占 85%,10mm 以上覆冰地域占比重 15%(多位于河南省西部和南部山区)。

根据河南省 30 年一遇电网冰区分布图,结合调研情况,本标准化设计覆冰厚度取 10mm。

4.1.4 最高气温

参照河南气象日照站的实际观测数据,全省最高气温月平均气温为 36～38℃,参照设计规范典型气象区参数及《国网河南省电力公司电网设备装备技术原则(2020 年版)》,本标准化设计最高气温取 50℃。

4.1.5 年平均气温

河南省年平均气温一般为 12.8～15.5℃,且南部高于北部,东部高于西部。豫西山地和太行山地,因地势较高,气温偏低,年平均气温在 13℃以下;南阳盆地因伏牛山阻挡,北方冷空气势力减弱,淮南地区由于位置偏南,年平均气温均在 15℃以上,是全省两个比较稳定的暖温区。

全省冬季寒冷,最冷月(多为 1、2 月)平均气温在 0℃左右(南部在 0℃以上,如信阳为 2.3℃;北部在 0℃以下,如郑州为 -0.3℃)。春季气温上升较快,豫西山区升至 13～14℃,黄淮平原可达 15℃左右。夏季炎热(多为 7、8 月),平均气温分布比较均匀,除西部山区因垂直高度的影响,平均气温在 26℃以下外,其他地区为 27～28℃。秋季气温开始下降,10 月平均气温山地下降为 13～14℃,平原下降为 15～16℃,而南阳盆地和淮南地区都在 16℃以上。河南省各地年平均气温差距不大,一般为 15～17℃。北部略低,南部稍高。

依据 GB 50545—2010 中 4.0.10 "当地区年平均气温在 3～17℃时,宜取与年平均气温临近的 5 的倍数值"的规定,本标准化设计年平均气温取 15℃。

4.1.6 结论

综上分析,本标准化设计气象条件重现期按 30 年一遇、基本风速取 27m/s、覆冰厚度取 10mm。各子模块操作过电压和雷电过电压的对应风速按设计规范中的规定进行取值。设计气象条件组合表见表 4.1-1。

表 4.1-1 设计气象条件组合表

大气温度(℃)	最高	50
	最低	-20
	覆冰	-5
	基本风速	-5
	安装	-10
	雷电过电压	15
	操作过电压	15
	年平均气温	15
风速(m/s)	基本风速	27
	覆冰	10
	安装	10
	雷过电压	10
	操作过电压	15
覆冰厚度(mm)		10
冰的密度(g/cm³)		0.9

注 铁塔地线支架按导线设计覆冰厚度增加 5mm 工况进行强度校验。

4.2 导线和地线

目前我国导线标准采用《圆线同心绞架空导线》（GB/T 1179—2017），参照国家电网有限公司标准物料导、地线参数及相关技术要求，本标准化设计导线选用 JL/G1A—400/35、JL/G1A—630/45 型钢芯铝绞线，双分裂设计。依据河南省电网特点，220kV 输电线路导线绝大多数采用水平排列方式，故本标准化设计导线排列方式按水平排列方式设计。

目前《国家电网有限公司 35～750kV 输变电工程通用设计、通用设备应用目录（2021 年版）》中 JL/G1A—400/35 导线分裂间距有 400、500mm 两种，JL/G1A—630/45 分裂间距有 500、600mm 两种。根据河南省 220kV 输电线路现有设计和运行情况，本标准化设计 JL/G1A—400/35 导线分裂间距取 400mm；JL/G1A—630/45 导线分裂间距取 500mm。

同时参照《国家电网有限公司 35～750kV 输变电工程通用设计、通用设备应用目录（2021 年版）》中相关模块设计条件，本次标准化设计地线选用 JLB20A—150 铝包钢绞线。

输电线路地线应需满足其机械强度和导地线配合等相关技术要求，当采用 OPGW 作为地线时，还应根据系统短路热容量对地线进行校验，并满足铁塔地线支架强度要求。

导、地线特性参数表见表 4.2—1 和表 4.2—2。

表 4.2—1 　　　　　　　导　线　特　性　参　数　表

型号		JL/G1A—400/35	JL/G1A—630/45
根数/直径（mm）	钢	7/2.50	7/2.81
	铝	48/3.22	45/4.22
截面积（mm²）	钢	34.36	43.60
	铝	390.88	630.00
	总计	425.24	673.60
外径（mm）		26.8	33.80
额定拉断力（kN）		103.7	150.2
计算质量（kg/km）		1347.5	2079.2
弹性模量（kN/mm²）		65.0	63.0
线膨胀系数（1/℃）		20.5×10^{-6}	20.9×10^{-6}

表 4.2—2 　　　　　　　地　线　特　性　参　数　表

型号	JLB20A—150
根数/直径（mm）	19/3.15
截面积（mm²）	148.00
外径（mm）	15.80
单位长度质量（kg/km）	993.3
额定拉断力（kN）	198.4
弹性模量（kN/mm²）	147.2
线膨胀系数（1/℃）	13.0×10^{-6}

4.3 安全系数选定

导线安全系数的合理选取主要受气象条件、地形、档距以及经济性等因素影响，并经技术经济综合比选后确定合理的安全系数取值。

4.3.1 气象条件

气象条件要素取值为最高气温 50℃，最低气温－20℃，年平均气温 15℃，基本风速 27m/s，覆冰厚度 10mm。

4.3.2 地形

海拔为 1000m 以下的 220kV 输电线路钻越高度受限制区域。

4.3.3 档距

水平档距取 350m，垂直档距取 450m。

4.3.4 安全系数

导线安全系数取 2.5，年平均运行张力 25%，地线安全系数法计算荷载，JLB20A—150 安全系数取 4.0。

4.4 绝缘配合及防雷接地

4.4.1 绝缘配合原则

结合河南省区域经济社会发展情况，依据《国网基建部关于加强新建输变电工程防污闪等设计工作的通知》（国家电网基建〔2014〕10 号）中"提高输电线路防污能力，c 级及以下污区均提高一级配置；d 级污区按照上限配置；e 级污区按照实际情况配置，适当留有余度"的要求，参照河南省电力系统污秽区域分布图（2020 年版），本标准化设计按 e 级污秽区（要求爬电比距≥3.2cm/kV）进行设计绝缘配置。

4.4.2 绝缘子选型

采用爬电比距法确定绝缘子型式和数量，绝缘子的片数按下式计算

$$n \geq \lambda U/(K_e L_{01}) \tag{4.4-1}$$

式中　n——钻越塔绝缘子串的绝缘子片数；

　　　U——线路额定电压，kV；

　　　λ——爬电比距，cm/kV；

　　　L_{01}——绝缘子几何爬距距离，cm；

　　　K_e——有效系数，一般取 1.0。

参照国家电网有限公司标准化物资"瓷绝缘子 U160BP/155D，300，450"参数，代入式（4.4-1）得出，直线跳线绝缘子片数为 16 片。

根据 GB 50545—2010 中关于海拔 1000m 以下地区操作过电压及雷电过电压要求的跳线绝缘子串最小片数的规定，220 千伏跳线绝缘子最小片数为 13 片。

依据《河南电网发展技术及装备原则（2020 年版）》中"35kV～220kV 线路宜全部采用复合绝缘子，500kV 线路跳线串及跳线串宜采用复合绝缘子，耐张串宜采用瓷绝缘子。绝缘子串应具有良好的均压和防电晕性能"的规定，本标准化设计绝缘子按复合绝缘子选取。

参照国家电网有限公司标准化物资参数，复合绝缘子有三种结构高度，对应最小爬电距离详见表 4.4-1。

表 4.4-1　　复合绝缘子结构高度与爬电距离关系

电压等级（kV）	绝缘子型式	结构高度（m）	最小爬电距离（mm）
220	复合绝缘子	2240	5040
220	复合绝缘子	2350	6340
220	复合绝缘子	2470	7040

结合河南省电网建设及运行特点，本标准化设计选用防污性能较好的复合绝缘子进行电气、荷载及结构验算。220kV 复合绝缘子电气参数见表 4.4-2。

表 4.4-2　　　　　220kV 复合绝缘子电气参数

绝缘子型号	额定抗拉负荷（kN）	结构高度（mm）	最小电弧距离（mm）	最小公称爬电距离（mm）	雷电全波冲击耐受电压 kV（峰值）不小于	工频 1min 湿耐受电压 kV（有效值）不小于	质量（kg）
FXBW-220/100-3	100	2470±15	2400	7040	1175	540	14
FXBW-220/120-3	120	2470±15	2400	7040	1175	540	14
FXBW-220/160-3	160	2470±15	2400	7040	1175	540	15
FXBW-220/210-2	210	2470±15	2400	7040	1175	540	20

4.4.3 绝缘子串

依据 GB 50545—2010 的规定，绝缘子和金具的机械强度需满足下式要求

$$K_I = T_R/T \tag{4.4-2}$$

式中　K_I——机械强度安全系数；

　　　T_R——绝缘子的额定机械破坏负荷，kN；

　　　T——分别取绝缘承受的最大使用荷载、断线荷载、断联荷载、验算荷载或常年荷载，kN，见表 4.4-3 和表 4.4-4。

表 4.4-3　　　　绝缘子的机械强度安全系数

项目	最大使用荷载		常年荷载	验算荷载	断线荷载	断联荷载
	盘型绝缘子	棒形绝缘子				
安全系数	2.7	3.0	4.0	1.5	1.8	1.5

表 4.4-4　　　　金具的机械强度安全系数

项目	最大使用荷载	验算荷载	断线荷载	断联荷载
安全系数	2.5	1.5	1.5	1.5

4.4.3.1 导线耐张绝缘子串

依据国家电网有限公司标准物资参数，结合本标准化设计技术条件，导线耐张绝缘子串选型说明如下：

（1）依据国家电网有限公司标准物资进行选型，坚持"标准统一、余度适当"的原则。

（2）参照《国家电网有限公司 35~750kV 输变电工程通用设计、通用设备应用目录（2021 年版）》，2×JL/G1A－630/45 型导线选用 2NP21Y－5050－21P(H) 串型，组装串长度 3.85m，绝缘子串重 132.8kg；2×JL/G1A 400/35 型导线选用 2NP21Y－4040－12P(H) 串型，组装串长度 3.725m，绝缘子串重 104.2kg。

（3）合成绝缘子结构高度为 2470mm，2×JL/G1A－630/45 型导线选用 210kN 级，2×JL/G1A－400/35 型导线选用 160kN 级，最小爬电距离为 7040mm。

（4）合成绝缘子两侧均按安装均压环考虑。

（5）耐张串均采用双联单挂点绝缘子串。

（6）40°~90° 钻越塔上相外角侧耐张串应加延长杆。

（7）导线耐张绝缘子串组装图见图 4.4－1。

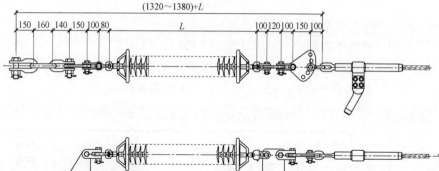

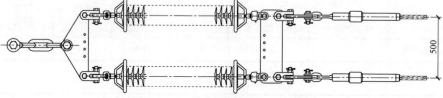

图 4.4－1　导线耐张绝缘子串组装图

4.4.3.2　地线耐张绝缘子串

依据国家电网有限公司标准物资参数和《国家电网有限公司 35~750kV 输变电工程通用设计、通用设备应用目录（2021 年版）》，结合本标准化设计技术条件，本标准化设计地线耐张选用 BN2Y－BG－10 串型，质量为 5.7kg。地线耐张串组装见图 4.4－2。

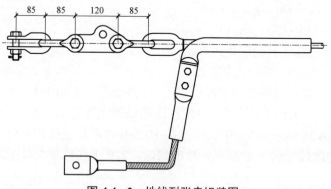

图 4.4－2　地线耐张串组装图

4.4.3.3　跳线绝缘子串

本标准化设计单回路中相使用绕跳跳线串，其他使用直线跳线串。单回路中相选用 2TP－25－10H(P)RS 串型，组装串长 2.795m，串重 51.1/51.3kg。其他跳线串中，2×JL/G1A－630/45 导线选用 2TP－30－10H(P)Z 串型，组装串长 2.788m，质量为 25.3kg；2×JL/G1A－400/35 导线选用 2TP－20－10H(P)Z 串型，组装串长度 2.766m，质量为 22.8kg。

本标准化设计跳线绝缘子串加挂重锤片（3 片）。

跳线绝缘子串组装图见图 4.4－3 和图 4.4－4。

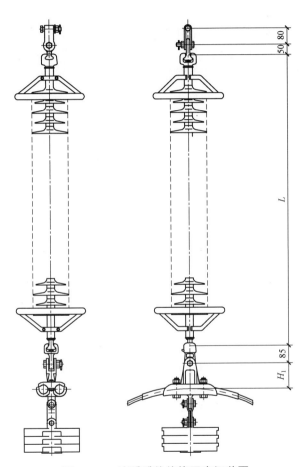

图 4.4-3 直跳跳线绝缘子串组装图

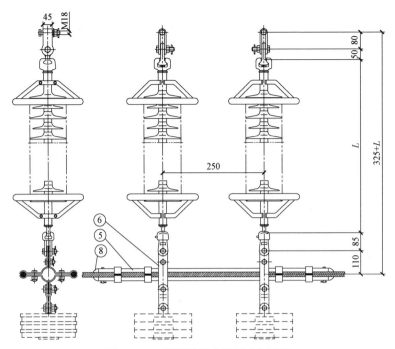

图 4.4-4 绕跳跳线绝缘子串组装图

4.4.4 空气间隙

4.4.4.1 带电部分与铁塔构件的最小间隙

依据 GB 50545—2010，线路带电部分与铁塔构件的最小间隙见表 4.4-5。

表 4.4-5 线路带电部分与铁塔构件的最小间隙

工作情况	最小空气间隙（m）	相应风速(m/s)
内过电压	1.45	15
外过电压	1.9	10
运行电压	0.55	27
带电检修	1.8	10

注 操作部位考虑人活动范围 0.5m。

4.4.4.2 绝缘子风偏

（1）跳线绝缘子串风偏角计算。跳线绝缘子串的风偏角按下式计算

$$\varphi = \arctan\left(\frac{W_1/2 + Pl_H}{G_1/2 + Gl_H + \alpha T}\right) \quad (4.4-3)$$

$$= \arctan\left(\frac{W_1/2 + Pl_H}{G_1/2 + Gl_V}\right)$$

式中　φ——跳线绝缘子串风偏角，（°）；

W_1——跳线绝缘子串风压，N；

G_1——跳线绝缘子串重力，N；

P——相应于工频电压、操作过电压及雷电过电压风速下的导线风荷载，N/m；

G——导线自重力，N/m；

l_H——跳线绝缘子串风偏角计算用铁塔水平档距，m；

l_V——跳线绝缘子串风偏角计算用铁塔垂直档距，m；

α——塔位高差系数；

T——相应于工频电压、操作过电压及雷电过电压气象条件下的导线张力，N。

（2）耐张缘子串水平风偏角计算。耐张绝缘子串水平风偏角按下式计算

$$\varphi = \arctan\left(\frac{G_H + g_4 l}{2T}\right) \quad (4.4-4)$$

式中　φ——耐张绝缘子串水平风偏角，（°）；

G_H——耐张绝缘子串所受风压，N；

g_4——相导线计算条件下的风荷载，N/m；

T——计算条件下的导线水平张力，N；

l——计算侧档距。

按照《架空输电线路荷载规范》（DL/T 5551—2018）中计算导地线及绝缘子风荷载标准值。计算导线风荷载时，各种塔型均以下相导线平均高度为基准高度。

（3）裕度选取。对于钻越塔在外形布置时，结构裕度对应于角钢准线选取，塔身部位300mm，其余部位300mm。

4.4.5　防雷设计

依据 GB 50545—2010 中 7.0.13.2 "220kV～330kV 输电线路应全线架设地线，年平均雷暴日数不超过 15d 的地区或运行经验证明雷电活动轻微的地区，

可架设单地线，山区宜架设双地线"的规定，本标准化设计铁塔非钻越档按架设双地线设计，钻越档按架设三地线设计。

地线对导线保护角依据 GB 50545—2010 中 7.0.14.2 "对于同塔双回或多回路，110kV 线路的保护角不宜大于 10°，220kV 及以上线路的保护角均不宜大于 0°"的要求设计。

根据 GB 50545—2010 中 7.0.15 "铁塔上两根地线之间的距离应满足，不应超过地线与导线间垂直距离的 5 倍。在一般档距的档距中央，导线与地线间的距离，应满足 $S \geqslant 0.012L+1$ 的要求"的规定，本标准化设计为满足上述要求，在钻越档按架设三地线设计。

4.4.6　接地设计

依据 GB 50545—2010 中 7.0.16、7.0.19 的规定，有地线的塔型应接地。本标准化设计钻越塔地线支架、导线横担与绝缘子固定部分之间，具有可靠的电气连接，通过预留接地螺栓与接地装置可靠连接。

4.5　塔头布置

（1）本标准化设计双回路采用三层横担蝶形布置方式（每侧导线三角形排列）。单回路采用两层横担干字形布置方式（导线呈三角形排列）。

（2）依据 GB 50545—2010，本标准化设计铁塔的导线水平线间距离应按式（4.5-1）计算要求

$$D \geqslant k_i L_k + \frac{U}{110} + 0.65\sqrt{f_c} \quad (4.5-1)$$

式中　k_i——悬垂绝缘子串系数，本标准化设计为耐张塔，取值为 0；

D——导线水平线间距离，m；

L_k——悬垂绝缘子串长度，m；

U——系统标称电压，kV；

f_c——导线最大弧垂，m。

（3）导线三角排列的等效水平线间距离应按下式计算

$$D_x = \sqrt{D_p^2 + (4/3D_z)^2} \quad (4.5-2)$$

式中　D_x——导线三角排列的等效水平线间距离，m；

D_p——导线间水平投影距离，m；

D_z——导线间垂直投影距离，m。

（4）地线与导线和相邻导线间的水平位移，依据 GB 50545—2010 的规定选取，10mm 冰区水平位移不小于 1.0m。

（5）本标准化设计钻越塔上相跳线加三跳线串，下相 0°～40° 的内外侧均加单跳串；40°～90° 的外侧加双跳串，内侧不加。

4.6 挂点设计

导线挂点采用单挂双联的型式，挂线板是否火曲及火曲度数根据电气条件确定。挂线点见图 4.6－1。

图 4.6－1　挂线点

4.7 铁塔规划

4.7.1 地线配置

本标准化设计钻越塔之间考虑三地线设计。

4.7.2 转角度数

本标准化设计铁塔转角度数划分为 0°～40°、 40°～90° 两个系列。

4.7.3 设计档距

本标准钻越塔水平档距及垂直档距见表 4.7－1。

表 4.7－1　　　　　水平档距及垂直档距

使用 条件	水平档距 （m）	垂直档距 （m）	代表档距 （m）	K_V 系数
220－GC21D－JZY	350	450	200/450	—
220－GC21S－JZY	350	450	200/450	—
220－HC21D－JZY	350	450	200/450	—
220－HC21S－JZY	350	450	200/450	—

4.8 钻越塔设计的一般规定

（1）为增加铁塔顺线路方向的刚度，简化结构型式，本次钻越塔采用方形断面。

（2）为保证钻越塔抗扭刚度，隔面设置不大于 4 个主材节间分段且不大于 5 倍的平均宽度。

（3）角钢构件之间的夹角不小于 15°。

4.9 钻越塔的荷载

4.9.1 气象条件重现期

依据 GB 50545—2010，220kV 输电线路重现期取 30 年。

4.9.2 基本风速距地高度

依据 GB 50545—2010，220kV 输电线路统计风速应取离地面 10m。

4.9.3 铁塔荷载分类

（1）作用在塔身的荷载可分为永久荷载和可变荷载。

1）永久荷载：导线及地线、绝缘子及其附件、铁塔结构、各种固定设备等的重力荷载；土压力、拉线或纤绳的初始张力、土压力及预应力等荷载。

2）可变荷载：风和冰（雪）荷载；导线、地线及拉线的张力；安装检修的各种附加荷载；结构变形引起的次生荷载以及各种振动动力荷载。

（2）钻越塔承受的荷载及荷载的作用方向：钻越塔的荷载分解为横向荷载、纵向荷载和垂直荷载。

1）横向荷载：沿横担方向的荷载，如钻越塔导地线水平风力、张力产生的水平横向分力等；钻越塔应计算最不利的风向作用。一般耐张塔只计算 90°基本风速风向的荷载；终端塔除计算 90°基本风速的风向外，还应计算 0°基本风速的风向。

2）纵向荷载：垂直于横担方向的荷载，如导线、地线张力在垂直横担或地线支架方向的分量等。

3）垂直荷载：垂直于地面方向的荷载，如导线、地线的重力等。

4.10 钻越塔结构设计方法

钻越塔的结构设计，采用以概率理论为基础的极限状态设计法。极限状态分为承载能力极限状态和正常使用极限状态。钻越塔设计时，根据使用过程中在结构上可能同时出现的荷载，按照承载能力极限状态和正常使用极限状态分别进行荷载组合，并取各自最不利的组合进行设计。

4.10.1 承载能力极限状态

（1）承载能力极限状态，按照荷载的基本组合或偶然组合计算荷载的组合

效应设计值，其表达式为

$$\gamma_o \cdot S_d \leq R_d \qquad (4.10-1)$$

式中　γ_o——铁塔结构重要性系数，重要线路不应小于 1.1，临时线路取 0.9，其他线路取 1.0；

　　　　S_d——荷载组合效应的设计值；

　　　　R_d——结构构件抗力的设计值，按照《架空输电线路杆塔结构设计技术规程》（DL/T 5486—2020）确定。

（2）荷载基本组合的效应设计值 S_d，根据本图集规定的气象条件，从荷载组合值中取用最不利或规定工况效应设计值确定。其表达式为

$$S_d = \gamma_G \cdot S_{GK} + \psi \cdot \gamma_Q \cdot \Sigma S_{QiR} \qquad (4.10-2)$$

式中　γ_G——永久荷载分项系数，对结构受力有利时不大于 1.0；不利时取 1.2；验算结构抗倾覆或滑移时取 0.9；

　　　　S_{GK}——永久荷载效应的标准值；

　　　　ψ——可变荷载组合值系数，按表 4.10-1 的规定选取；

　　　　γ_Q——可变荷载分项系数，取 1.4；

　　　　S_{QiR}——第 i 项可变荷载效应的代表值。

表 4.10-1　　　　可变荷载调整系数

设计大风情况	设计覆冰情况	低温情况	不均匀覆冰情况	断线情况	安装情况
1.0	1.0	1.0	0.9	0.9	0.9

（3）荷载偶然组合的效应设计值 S_d，根据本图集规定的气象条件，其表达式为

$$S_d = S_{GK} + S_{AD} + \Sigma S_{QiR} \qquad (4.10-3)$$

式中　S_{AD}——偶然荷载效应的标准值。

4.10.2　正常使用极限状态

（1）正常使用极限状态，根据不同的设计要求，按下式计算

$$S_d \leq C \qquad (4.10-4)$$

式中　C——结构或构件达到正常使用要求的规定限值，如塔基变形、基础裂缝等。

（2）正常使用极限状态下荷载标准组合的效应设计值，根据本图集规定的气象条件计算，其表达式为

$$S_d = S_{GK} + \psi \cdot \Sigma S_{QiR} \qquad (4.10-5)$$

（3）正常使用极限状态下钻越塔的挠度、地基变形、基础裂缝验算，其荷载组合的效应设计值，根据本图集规定的气象条件计算，其表达式为

$$S_d = S_{GK} + \Sigma S_{QiR} \qquad (4.10-6)$$

4.10.3　钻越塔材料

（1）钢材材质为 GB/T 700—2006 中规定的 Q235 系列以及 GB/T 1591—2018 中规定的 Q355、Q420 系列。按照实际使用条件确定钢材级别，钢材的强度设计值详见表 4.10-2。

表 4.10-2　　　　　　　钢 材 的 强 度 设 计 值　　　　　　（N/mm²）

钢材牌号	厚度或直径（mm）	抗拉、抗压和抗弯	抗剪	孔壁挤压
Q235 钢	≤16	205	125	
	>16，≤40	205	120	
	>40，≤100	200	115	
Q355 钢	≤16	305	175	
	>16，≤40	295	170	
	>40，≤63	290	165	510
	>63，≤80	280	160	
	>80，≤100	270	155	
Q420 钢	≤16	375	215	560
	>16，≤40	355	205	
	>40，≤63	320	185	560
	>63，≤100	305	175	
Q460 钢	≤16	410	235	
	>16，≤40	390	225	590
	>40，≤63	355	205	
	>63，≤100	340	195	

（2）钻越塔连接螺栓主要采用 6.8 级、8.8 级；其性能应符合 GB/T 3098.1—

2010、GB/T 3098.2—2015、DL/T 284 的有关规定。螺栓强度设计值见表 4.10-3。

表 4.10-3　　　　　　　　螺栓强度设计值

	螺栓、螺母等级	抗拉（N/mm²）	抗剪（N/mm²）
镀锌 粗制螺栓 Ca 级	4.8	200	170
	6.8	300	240
	8.8	400	300
地脚螺栓	Q235	160	
	Q355	205	
	35 号优质碳素钢	190	

注　适用于构件上螺栓端距大于或等于 1.5d（d 为螺栓直径）。

4.10.4　钻越塔构件连接方式

钻越塔塔身、横担角钢及钢板构件采用螺栓连接，塔脚及局部结构采用焊接。M16、M20 螺栓采用 6.8 级，M24 及以上规格螺栓采用 8.8 级。

4.10.5　铁塔与基础的连接方式

钻越塔塔腿与基础采用地脚螺栓连接方式。具有安全可靠、经济合理和施工便捷等优点，符合国家电网有限公司标准工艺要求。

钻越塔接地孔为 2 个 φ17.5mm 的孔，竖排，孔间距 50mm，四个腿均设置。接地线孔位置示意图见图 4.10-1。

4.11　其他说明

4.11.1　脚钉安装

钻越塔塔身单回路采用一侧主材角钢上安装脚钉方式，双回路采用两侧主材角钢上安装脚钉方式，脚钉统一按 400～450mm 步长配置。特殊情况下，脚钉间距可以适当调整。脚钉布置图见图 4.11-1。

4.11.2　标识牌安装

标识牌、相位牌、警示牌等的安装位置及防盗螺栓的安装高度应结合国家电网有限公司运行等相关规定执行，根据各地工程实际需要处理。但应符合标识牌安装位置的安全、适当、醒目和统一等要求。

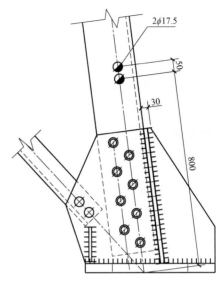

图 4.10-1　接地线孔位置示意图

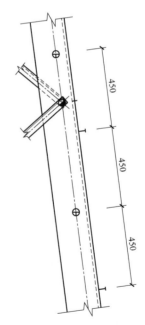

图 4.11-1　脚钉布置图

第5章 铁塔尺寸及结构优化

铁塔结构及外形优化的总体原则是安全可靠、结构简单、受力均衡、传力清晰、外形美观、经济合理、运维便捷、环境友好、资源节约。

5.1 铁塔优化的主要原则

在铁塔结构的优化设计中，主要遵循以下原则：

（1）结构安全可靠，合理确定边界技术条件，裕度适当。

（2）构件受力均衡，传力清晰，节点处理合理。

（3）构件结构简单，便于加工安装和运行维护。

（4）塔型布局紧凑，外形美观，尽量减少线路钻越高度宽度，节约铁塔占地面积。

（5）选材经济合理，积极应用新技术、新材料和新工艺，降低铁塔钢材耗量，确保铁塔整体的技术性和经济性。

5.2 塔头尺寸优化

本标准化设计中钻越塔均采用角钢塔型式，塔头的结构优化是在满足结构安全可靠和电气间隙距离的前提下，依据最新规程规范，以优化铁塔结构型式和减小线路钻越高度宽度为研究重点，降低钻越塔的耗钢量和工程投资，实现资源节约和环境友好的铁塔设计目标。

（1）导、地线水平间距的确定。根据式（4.5-1）可知，导线水平排列的线间距离主要受跳线绝缘子串长度和导线弧垂控制，为合理控制导线水平排列间距，本标准化设计在合理确定气象条件、导线型式参数、档距等设计技术边界条件的前提下，严格参照国家电网有限公司通用金具组装型式和绝缘子标准物资型式参数，通过间隙校验，在满足适当设计裕度的情况下，导、地线水平间距如下：

1）220-GC21D-JZY1 及 220-HC21D-JZY1 塔型，下层导线水平距离 11.4m，上层导线与下层导线水平距离 5.7m，地线水平间距为 9m。

2）220-GC21D-JZY2 及 220-HC21D-JZY2 塔型，下层导线水平距离 14.6m，上层导线与下层导线水平距离 7.3m，地线水平间距为 12.3m。

3）220-GC21S-JZY1 及 220-HC21S-JZY1 塔型，下层同回路导线水平距离 6.1m，不同回路导线水平距离 10.5m，上层导线与下层导线水平距离最小为 3m，地线水平间距最为 23.7m。

4）220-GC21S-JZY2 及 220-HC21S-JZY2 塔型，下层同回路导线水平距离 7.8m，不同回路导线水平距离 9.9m，上层导线与下层导线水平距离最小为 3.9m，地线水平间距最为 26.1m。

（2）导线垂直间距的确定。依据 GB 50545—2010，导线垂直线间等效水平距离，宜采用按式（4.5-2）计算结果的 75%，根据计算结果和尺寸优化，本标准化设计上、下层导线横担垂直距离如下：

1）220-GC21D 及 220-HC21D 塔型，上下层导线距离为 2.4m。

2）2220-GC21S 及 220-HC21S 塔型，上下层导线距离为 3.3m。

（3）地线与上层导线的垂直间距的确定。根据导、地线线间距离配合原则和相关技术要求，本标准化设计钻越塔地线与上层导线的垂直间距确定如下：

1）220-GC21D 及 220-HC21D 塔型，导线与上层导线距离为 3.15m。

2）2220-GC21S 及 220-HC21S 塔型，导线与上层导线距离为 4m。

（4）地线保护角的确定。依据 GB 50545—2010 中"对于同塔多回或多回路，220kV 及以上线路的保护角不宜大于 0°；单回路地线对边导线的保护角不大于 15°"的规定，根据以上导线排列优化结果，本标准化设计双回路地线对边相导线保护角控制在 0° 内，单回路地线对边相导线保护角控制在 15° 内。

（5）导线电气间隙圆校验。根据优化后的塔头尺寸进行导线电气三维间隙校验，校验结果满足 GB 50545—2010 相关要求。

5.3 钻越塔结构优化

5.3.1 钻越塔结构优化的主要原则

（1）结构形式简洁，杆件受力明确，结构传力路线清晰。

（2）结构构造简单，节点处理合理，有利于加工安装和运行安全。

（3）结构布置紧凑，在满足规范的前提下，尽量压缩塔头尺寸和横担长度，减少铁塔高度和线路走廊宽度。

（4）结构节间划分及构件布置合理，充分发挥构件的承载能力。

（5）选材合理，降低钢材用量，降低工程造价。

5.3.2 钻越塔头部结构的优化

（1）双回路钻越塔头部塔身采用等口垂直型式，避免横担结构尺寸调整。

（2）双回路钻越塔，为压缩塔头高度方向尺寸，优化了地线、导线横担布置的节间距离。同时，地线横担下平面主材和上导线横担上斜面主材与塔身交于一点，共用一个节点板；上导线横担的水平面主材与下导线横担的上斜面主材与塔身交于一点，共用一个节点板；优化了塔头尺寸。

（3）横担采用等口设计，有利于共用节点板的结构优化，传力更清晰，结构更简洁。

（4）为满足《架空输电线路杆塔结构设计技术规程》（DL/T 5486—2020）中 8.2.3 "角钢构件的夹角不宜小于 15°" 的要求，地线横担下平面采用折线布置的型式。

（5）为确保钻越塔上导线跳线电气安全距离的需要，地线横担设置 "T" 型跳线支架，同时设置 3 个跳线挂点。

5.3.3 钻越塔塔身优化

（1）钻越塔塔身采用变坡设计，塔身上段便于横担的布置。双回路适度加大塔身坡度，采用更大的跟开，有利于降低主材的规格，减轻塔重。

（2）通过对塔身不同坡度和跟开多方案的优化组合，通过重量对比，在保证钻越塔强度和刚度的条件下，优化出塔身的最佳坡度，下段双回路钻越塔塔身坡度为 0.148，单回路钻越塔塔身坡度为 0.13。

5.3.4 钻越塔塔身断面形式

考虑钻越塔特殊的塔型及受力特点，塔身断面采用正方形，可以提高断线冲击及防串级倒塔能力。

5.3.5 钻越塔塔身隔面的设置优化

根据铁塔结构设计技术规定的要求：在铁塔塔身变坡的断面处、直接受扭力的断面处和塔顶及腿部断面处应设置横隔面。在同一塔身坡度范围内，横隔面设置的间距，一般不大于平均宽度的 5 倍，也不宜大于 4 个主材分段。合理设置横隔面可加强铁塔整体刚度，对向下传递结构上部因外荷载产生的扭力、减小塔重、均衡塔身构件内力具有明显的作用。横隔面的布置注意以下两点：

（1）在满足规范要求的前提下，尽量少布置横隔面，减轻塔重；

（2）横隔面的设置不影响铁塔的正常传力路线，避免塔身交叉材同时受压的发生。

根据本次钻越塔的结构特点，在塔顶、变坡处，塔腿断面、塔身横担处断面设置横隔面。同时由于塔身断面尺寸较小，仅采用简单的断面型式。

5.3.6 钻越塔主材布置及节间优化

（1）由于钻越塔结构的特殊性，头部塔身采用整段主材布置，不再分段。塔身下段采用 2～3 段主材分段，受力更合理，塔重更经济。

（2）钻越塔头部塔身，节间高度的布置，由于受横担布置的影响，塔身斜材采用单分式交叉布置和再分式交叉布置型式。

（3）塔身下段斜材采用再分式交叉布置型式，塔腿采用 "W" 结构型式，避免塔身斜材同时受压，传力更清晰，斜材受力更合理，选材更经济。

第6章 主要技术特点

6.1 安全可靠性高

本标准化设计根据河南省区域的地形特点、气象条件、海拔情况，以输电线路钻越高度受限区域铁塔定位为设计出发点，结合已建线路在防污闪、防冰闪、防雷击等方面的运行经验，通过校验计算，优化铁塔外型尺寸和合理材料选择，以安全可靠、技术先进和经济合理为原则，积极谨慎地选用新型材料，合理确定安全系数、安全裕度，确保铁塔设计安全可靠，具体措施如下：

（1）严格执行最新规程、规范和国家电网有限公司相关文件技术要求，做到依据充分、引用适用、通用适用。

（2）合理确定边界技术条件，确定设计基本风速、导线覆冰厚度、导地线型号、安全系数、档距等设计参数，合理规划塔头布置、确定钻越塔挠度和坡度，确保技术安全可靠的同时，最大限度满足塔型的外观美观要求。

（3）综合技术、经济、加工、施工及运行维护等各个环节，积极谨慎地选用新型材料，确保铁塔的全寿命周期设计目标。

（4）采用三避雷线防雷方案，双回路地线对导线的保护角控制在 0°内，导、地线线间距离配合经济合理。

（5）结合河南省"十三五"经济社会和电网发展规划，结合本标准化设计按 e 级污秽区进行绝缘配合（要求爬电比距≥3.2cm/kV），确保标准化设计的适用性和技术性要求。

6.2 适应性好

本标准化设计共包含 4 个子模块 8 种塔型，采用 220kV 输电线路常用的导线型号（2×JL/G1A－400/35、2×JL/G1A－630/45）和典型气象参数，广泛适用海拔 1000m 以内输电线路钻越高度受限区域，标准化设计适应性好。

6.3 铁塔规划合理

根据河南地形情况，通过调研确定档距，通过分析确定安全系数，提出了铁塔设计档距、计算呼高、塔高系列等合理的方案，同时，钻越塔根据转角度数划分为 0°～40°、40°～90°，使得塔型设计条件更科学、经济、合理。经过计算分析，得出较为经济时的导地线安全系数。

6.4 应用新技术、新材料

在标准化塔型设计过程中，推广采用了近年来成熟适用的新技术成果，经过多次去厂家调研并开会探讨，充分考虑防污闪、防冰闪、防风偏、防雷击、防鸟害等提高运行可靠性措施以及塔段强度，综合考虑采用 Q420 高强钢。

6.5 合理优化塔型结构

在标准化设计中对铁塔结构进行全面的优化，主要从横担尺寸、塔头布置、塔段连接方式、基础连接型式等方面进行合理选择并优化，使得标准化设计塔型受力合理，具有更好的可靠性和经济性。

6.6 重视环境保护

全面贯彻落实国家电网有限公司环境友好型的设计理念，本标准化设计重视环境保护，在满足技术安全的前提下进行横担尺寸优化，进一步压缩线路钻越高度宽度及铁塔占地面积，减少房屋拆迁和树木砍伐，社会效益和环保效益显著。

6.7 设计成果

本次编制的标准化设计成果主要分为塔型图集和加工图集两部分，内容涵盖模块说明、塔型一览图、荷载计算、分段加工图。

（1）220kV 输电线路钻越塔标准化设计图集（钻越塔塔型图）。

（2）220kV 输电线路钻越塔标准化设计图集（钻越塔加工图）。

以上两套标准化设计图集应配套对应参照使用。

6.8 提高电网建设和运行质量和效率

本标准化设计在提高设计质量和效率方面主要体现在以下几点：

（1）统一 220kV 钻越塔塔型设计图纸，能提高设计、评审、采购、设备加工及施工的质量和进度，有效缩短电网建设周期，提高工作效率。

（2）统一建设标准和材料规格，使 220kV 钻越塔的招标更加便捷高效，能有效提高快速抢修能力。

（3）采用标准化设计成果，在确保电网安全运行的同时，可大幅提升电网运行和维护的质量和效率。

（4）本标准化设计成果以资源节约、环境友好、安全可靠、技术先进和经济合理为研究理念，对电网标准化体系建设将发挥积极的推动作用。

第7章 综合效益分析

7.1 影响因素分析

本标准化设计取得较好经济效益，其主要因素如下：

（1）在塔型结构方面，对影响塔型强度的塔身材质、塔段长度等各种因素进行了精心优化，经与以往同等条件塔型比较，费用投资减少了10%～15%。

（2）标准化的塔型品种多，为送电线路工程建设提供了大量可供选择的指标先进的塔型，为设计人员集中精力进行设计方案优化提供了保证。

（3）铁塔规划上比单个工程更完善、合理。

（4）将钻越塔的角度划分进行了进一步细化，降低了工程整体造价。

（5）以往220kV送电线路工程以大代小、单基指标不合理等情况时有发生，且没有形成统一的设计标准。该图集为各设计单位提供了标准化的通用的铁塔标准图集。

7.2 投资效益分析

7.2.1 单基铁塔投资分析

为检验标准化设计塔型的经济先进性，将本标准化设计塔型单基指标与以往设计中所采用的铁塔以及各网省公司技术导则中的铁塔单基指标进行对比分析，高强度钻越塔在线路钻越高度受限条件下经技术经济比较，其具有造价低、占地面积少、节约钻越高度等优势，从而节约铁塔投资，充分体现资源节约型、环境友好型的设计理念。

7.2.2 实际工程铁塔投资分析

为了检验整套塔型设计的经济性，利用以前已经完成施工图设计的实际工程，采用标准化的塔型重新排位，对铁塔耗材和铁塔数量进行分析比较，整个工程的钢材耗量均较原耗量有所下降，综合费用投资相比原设计节省8%。

7.3 社会环保综合效益

标准化的推广使用可以统一建设标准，大大节约社会资源、缩短工期、降低造价，并使采购、设计、制造和施工规范化，取得送电线路全寿命周期的效益最大化。

本次标准化采用了多种手段压缩线路钻越高度，相比之前采用的常规角钢塔，减少铁塔占地，减少停电时间。

第 8 章　标准化设计使用总体说明

8.1　标准化设计文件

　　本标准化设计中，主要设计内容包括设计说明、塔型使用条件、塔型一览图、荷载计算、塔型单线图、基础作用力、分段加工图等相关资料，在具体的工程设计中，可根据实际需要有选择的使用。

　　该标准化设计成果可用于基本风速 27m/s（10m 基准高）、覆冰厚度 10mm、海拔低于 1000m 的平原地区钻越高度受限区域内 220kV 线路的可行性研究、初步设计、施工图设计阶段。具体工程设计时，需要结合工程实际情况，选择经济、合理的塔型。

8.2　塔型选用说明

　　根据实际工程所处气象条件、海拔、地形情况，以及所选用导地线的规格、回路数等设计参数，在确保不超条件使用的基础上，选择相应模块塔型。

　　需要核对的设计参数有：

　　（1）实际工程所处的气象条件、海拔、地形情况等。

　　（2）导地线型号及安全系数、水平档距、垂直档距、转角度数。

　　（3）绝缘配置是否满足工程实际绝缘配置及串长要求。

　　（4）塔头间隙校验。

　　（5）铁塔荷载校验。

　　（6）施工架线方式。

　　（7）串长、挂线金具型式和挂孔是否匹配。

　　（8）其他因素。

8.3　塔型选型原则及注意事项

　　（1）《220kV 输电线路钻越塔标准化设计图集　钻越塔塔型图》《220kV 输电线路钻越塔标准化设计图集　钻越塔加工图》两套图集应配套对应参照使用。

　　（2）结合工程具体情况，选择经济、合理的塔型模块。

　　（3）在具体工程设计中，根据实际技术条件，选择符合技术边界条件的相关塔型。

　　（4）当标准化设计塔型中没有完全匹配使用条件的模块时，可按就近的原则并经校验后代用，或选用标准图集以外的其他铁塔型式。

　　（5）严禁未经验算或超条件使用本标准化设计塔型。

序号	图号	图名	张数	备注
		220-GC21D-JZY 图纸目录		
1	220-GC21D-JZY-01	220-GC21D-JZY 转角塔总图	1	
2	220-GC21D-JZY-02	220-GC21D-JZY 转角塔材料汇总表	1	
3	220-GC21D-JZY-03	220-GC21D-JZY 转角塔地线支架结构图 ①	1	0°～40° 塔头
4	220-GC21D-JZY-04	220-GC21D-JZY 转角塔导线横担结构图 ②	1	0°～40° 塔头
5	220-GC21D-JZY-05	220-GC21D-JZY 转角塔地线支架结构图 ①A	1	40°～90° 塔头
6	220-GC21D-JZY-06	220-GC21D-JZY 转角塔导线横担结构图 ②A	1	40°～90° 塔头
7	220-GC21D-JZY-07	220-GC21D-JZY 转角塔塔身结构图 ③	1	
8	220-GC21D-JZY-08	220-GC21D-JZY 转角塔塔身结构图 ④	1	
9	220-GC21D-JZY-09	220-GC21D-JZY 转角塔塔身结构图 ⑤	1	
10	220-GC21D-JZY-10	220-GC21D-JZY 转角塔 10.0m 塔腿结构图 ⑥	1	
11	220-GC21D-JZY-11	220-GC21D-JZY 转角塔 12.0m 塔腿结构图 ⑦	1	
12	220-GC21D-JZY-12	220-GC21D-JZY 转角塔 15.0m 塔腿结构图 ⑧	1	

220-GC21D-JZY-00　220-GC21D-JZY 转角塔图纸目录

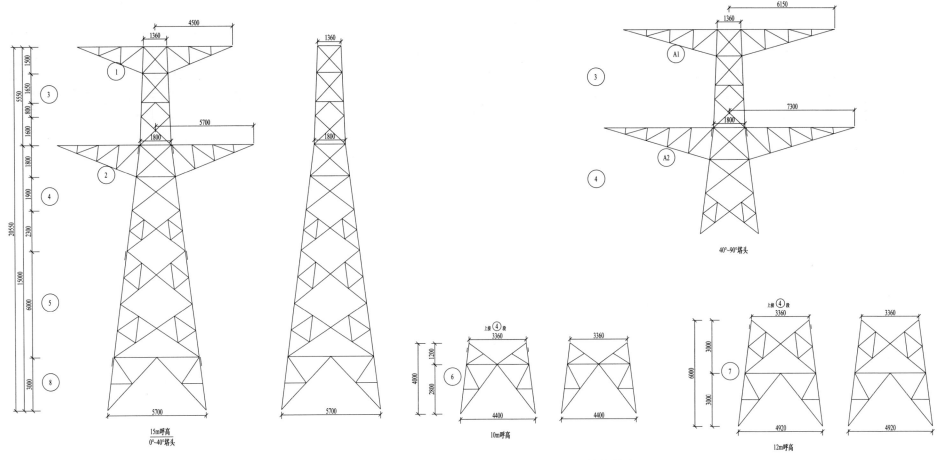

图 9-1 220-GC21D-JZY-01 220-GC21D-JZY 转角塔总图

材料汇总表（0°～40°塔头）

材料	材质	规格	1	2	3	4	5	6	7	8	10.0	12.0	15.0
角钢	Q345	L200×14				950.0	1027.9	786.2	1135.2	628.8	1736.2	2085.2	2606.8
		L180×12				102.1	102.1	102.1	102.1	102.1	204.2	204.2	306.4
		L140×10			473.6						473.6	473.6	473.6
		L125×8				122.0					122.0	122.0	122.0
		L110×8				36.5					36.5	36.5	36.5
		L110×7				284.1		298.6			582.6	284.1	284.1
		L100×10	190.8								190.8	190.8	190.8
		L100×8		470.2							470.2	470.2	470.2
		L100×7			91.5	193.8			299.7	321.5	285.3	585.0	606.8
		L90×7		66.7	23.0		376.8		354.8		89.7	444.5	466.5
		L90×6	126.2		340.0	310.9	351.2	131.0	128.6	154.6	908.1	905.7	1283.0
		L80×6			41.5						41.5	41.5	41.5
		L75×6	108.6			40.7		93.4			242.7	149.3	149.3
		L75×5	14.9								14.9	14.9	14.9
		L70×6		30.0							30.0	30.0	30.0
		L70×5			83.3						83.3	83.3	83.3
		L63×5		26.6	15.1					87.9	41.7	41.7	129.6
		小计	440.4	563.5	1098.0	2040.1	1858.0	1411.2	2020.4	1295.0	5553.2	6162.4	7295.1
	Q235	L56×5		108.5				44.8	50.3		153.4	158.8	108.5
		L56×4			13.1				14.7		13.1	27.8	13.1
		L50×5				45.7							45.7
		L50×4		141.0	12.1		11.6				164.8	153.1	153.1
		L45×5					71.7		66.5	136.4	66.5		208.1
		L45×4	141.6	18.0	9.9	12.2	24.6	21.2	30.1	18.4	202.9	211.8	224.7
		L40×4	29.5	41.5		70.5	59.7	113.8	131.0	31.5	255.3	272.6	232.7
		小计	171.1	309.0	35.2	82.7	201.6	191.5	292.5	186.4	789.5	890.6	986.0
钢板	Q345	−38				361.0	361.0	361.0			361.0	361.0	361.0
		−20		181.0	65.5						246.5	246.5	246.5
		−16					289.9	267.6	272.4		289.9	267.6	272.4
		−14	54.0								54.0	54.0	54.0
		−12				320.4	104.5	147.3	147.3	147.3	467.7	467.7	572.2
		−10		53.7		216.9			34.8		270.6	305.4	270.6
		−8	35.2		287.5	74.5	39.8	180.1	121.7	104.1	577.3	518.9	541.2
		−6		9.7		5.3				13.6	15.0	15.0	28.6
		小计	89.2	244.4	353.0	617.1	144.3	978.2	932.3	898.3	2282.0	2236.1	2346.4
	Q235	−22				2.5					2.5	2.5	2.5
		−20			0.6						0.6	0.6	0.6
		−18			2.0		2.0				2.0	2.0	4.1
		−16		0.6							0.6	0.6	0.6
		−14			2.4	1.6	3.2	3.2	3.2	3.2	10.4	10.4	10.4
		−12	1.9		1.4		1.4				4.6	4.6	4.6
		−10	7.0				1.1	1.1			8.1	8.1	9.3

材料汇总表（0°～40°塔头）

材料	材质	规格	1	2	3	4	5	6	7	8	10.0	12.0	15.0
钢板	Q235	−8		0.3							0.3	0.3	0.3
		−6	25.0	31.2	8.9			27.0	32.3	28.1	92.2	97.4	93.2
		−4				4.6					4.6	4.6	4.6
		小计	33.9	34.6	14.5	12.7	6.4	30.2	35.5	28.1	126.0	131.2	130.2
套管	Q345	φ58/φ32		2.5	1.2						3.7	3.7	3.7
		小计		2.5	1.2						3.7	3.7	3.7
螺栓	6.8	M16×40	12.1	7.1	7.5	5.8	5.2	14.4	15.6	10.4	46.9	48.1	48.1
		M16×50	12.8	15.7	4.2	3.4	1.3	6.9	10.9	6.9	43.0	47.0	44.3
		M16×60		4.0		2.8		1.4			4.0	5.4	6.8
		小计	24.9	26.8	11.7	9.2	9.3	21.3	27.9	17.3	93.9	100.5	99.2
	6.8	M20×45	14.0	7.3	48.1	10.8	2.2	27.0	9.7	28.1	107.2	89.9	110.5
		M20×55	5.3	14.5	52.5	79.9	10.6	28.0	41.0	23.3	180.2	193.2	186.1
		M20×65			8.0	21.4	13.8	9.9	7.4		39.3	36.8	43.2
		M20×75			13.8			2.8			13.8	16.6	13.8
		小计	19.3	21.8	108.6	125.9	26.6	64.9	60.9	51.4	340.5	336.5	353.6
	8.8	M24×65						24.0	24.0	24.0	24.0	24.0	24.0
		M24×75			23.1	50.5	51.0	51.0	50.5		74.1	74.1	124.1
		M24×85			2.3						2.3	2.3	2.3
		小计			25.4	50.5	75.0	75.0	74.5		100.4	100.4	150.4
	6.8	M16×60（双帽）	1.6								1.6	1.6	1.6
		M16×70（双帽）		1.8	1.8						3.6	3.6	3.6
		小计	1.6	1.8	1.8						5.2	5.2	5.2
	6.8	M20×70（双帽）	10.0		1.5						11.5	11.5	11.5
		M20×80（双帽）		19.8	5.8						25.6	25.6	25.6
		小计	10.0	19.8	7.3						37.1	37.1	37.1
		螺栓合计	55.8	70.2	129.4	160.5	86.4	161.2	163.8	143.2	577.1	579.7	645.5
脚钉	6.8	M16×180			2.9	2.3	3.3	1.6	2.9	1.0	6.8	8.1	9.5
	6.8	M20×200			1.2	1.9	0.6	1.2	1.2	0.6	4.3	4.3	4.3
	8.8	M24×240			0.9	1.8	0.9	0.9	1.8		1.8	1.8	4.5
		小计			4.1	5.1	5.7	3.7	5.0	3.4	12.9	14.2	18.3
垫圈	Q235	−3（φ17.5）	0.4		0.1	0.1		0.1	0.1	0.1	0.7	0.7	0.7
		−4（φ17.5）	0.1	1.6	0.1						1.8	1.8	1.8
		−4（φ21.5）			3.2	0.2					3.4	3.4	3.4
		小计	0.5	1.6	3.4	0.3		0.1	0.1	0.1	5.9	5.9	5.9
		合计（kg）	791.0	1225.8	1638.8	2918.6	2302.4	2776.1	3449.6	2554.5	9350.3	10023.8	11431.1

图 9−2　220−GC21D−JZY−02　220−GC21D−JZY 转角塔材料汇总表

材料汇总表（40°～90°塔头）

材料	材质	规格	1	2	3	4	5	6	7	8	10.0	12.0	15.0
角钢	Q345	L200×14				950.0	1027.9	786.2	1135.2	628.8	1736.2	2085.2	2606.8
		L180×12				102.1	102.1	102.1	102.1	102.1	204.2	204.2	306.4
		L140×10			473.6						473.6	473.6	473.6
		L125×8				122.0					122.0	122.0	122.0
		L110×8		681.2		36.5					717.6	717.6	717.6
		L110×7				284.1		298.6			582.6	284.1	284.1
		L100×10	189.9								189.9	189.9	189.9
		L100×7	228.5		91.5	193.8			299.7	321.5	513.8	813.4	835.3
		L90×7	215.5	65.9	23.0		376.8		354.8		304.4	659.2	681.2
		L90×6			340.0	310.9	351.2	131.0	128.6	154.6	781.9	779.5	1156.8
		L80×6				41.5					41.5	41.5	41.5
		L75×6				40.7		93.4			134.1	40.7	40.7
		L75×5	14.8								14.8	14.8	14.8
		L70×6			30.0						30.0	30.0	30.0
		L70×5			83.3						83.3	83.3	83.3
		L63×5		28.2	15.1					87.9	43.2	43.2	131.2
		小计	648.8	775.2	1098.0	2040.1	1858.0	1411.2	2020.4	1295.0	5973.3	6582.4	7715.1
	Q235	L56×5		148.8				44.8	50.3		193.6	199.1	148.8
		L56×4		26.4	13.1				14.7		39.5	54.2	39.5
		L50×5				45.7							45.7
		L50×4	21.0	172.8	12.1		11.6				217.6	206.0	206.0
		L45×5					71.7		66.5	136.4		66.5	208.1
		L45×4	205.0		9.9	12.2	24.6	21.2	30.1	18.4	248.3	257.2	270.1
		L40×4	23.3	66.6		70.5	59.7	113.8	131.0	31.5	274.3	291.5	251.7
		小计	249.3	414.6	35.2	82.7	201.6	191.5	292.5	186.4	973.3	1074.4	1169.8
钢板	Q345	−38				361.0	361.0	361.0			361.0	361.0	361.0
		−20		181.0	65.5						246.4	246.4	246.4
		−16					289.9	267.6	272.4		289.9	267.6	272.4
		−14	54.4								54.4	54.4	54.4
		−12				320.4	104.5	147.3	147.3	147.3	467.7	467.7	572.2
		−10		64.3		216.9			34.8		281.2	316.0	281.2
		−8	38.9		287.5	74.5	39.8	180.1	121.7	104.1	581.0	522.6	544.9
		−6		10.7		5.3				13.6	16.0	16.0	29.6
		小计	93.2	256.0	353.0	617.1	144.3	978.2	932.3	898.3	2297.6	2251.7	2362.0
	Q235	−22				2.5					2.5	2.5	2.5
		−20			0.6						0.6	0.6	0.6
		−18			2.0		2.0				2.0	2.0	4.1
		−16		0.6							0.6	0.6	0.6
		−14		3.8	1.6	3.2	3.2	3.2	3.2		11.8	11.8	11.8
		−12	2.9		1.4	1.4					5.6	5.6	5.6
		−10	7.0			1.1	1.1				8.1	8.1	9.3

材料汇总表（40°～90°塔头）

材料	材质	规格	1	2	3	4	5	6	7	8	10.0	12.0	15.0
钢板	Q235	−8		0.3							0.3	0.3	0.3
		−6	37.2	43.0	8.9			27.0	32.3	28.1	116.1	121.4	117.2
		−4				4.6					4.6	4.6	4.6
		小计	47.1	47.7	14.5	12.7	6.4	30.2	35.5	28.1	152.2	157.5	156.4
套管	Q345	φ58/φ32		2.5	1.2						3.7	3.7	3.7
		小计		2.5	1.2						3.7	3.7	3.7
螺栓	6.8	M16×40	6.3	6.5	7.5	5.8	5.2	14.4	15.6	10.4	40.5	41.7	41.7
		M16×50	26.2	25.4	4.2	3.4	1.3	6.9	10.9	6.9	66.1	70.1	67.4
		M16×60		3.9			2.8		1.4		3.9	5.3	6.7
		小计	32.5	35.8	11.7	9.2	9.3	21.3	27.9	17.3	110.5	117.1	115.8
	6.8	M20×45	15.1	2.7	48.1	10.8	2.2	27.0	9.7	28.1	103.7	86.4	107.0
		M20×55	5.9	17.1	52.5	79.9	10.6	28.0	41.0	23.3	183.4	196.4	189.3
		M20×65		7.7	8.0	21.4	13.8	9.9	7.4		47.0	44.5	50.9
		M20×75			13.8				2.8		13.8	16.6	13.8
		小计	21.0	27.5	108.6	125.9	26.6	64.9	60.9	51.4	347.9	343.9	361.0
	8.8	M24×65						24.0	24.0	24.0	24.0	24.0	24.0
		M24×75			23.1	50.5	51.0	51.0	50.5		74.1	74.1	124.1
		M24×85			2.3						2.3	2.3	2.3
		小计			25.4	50.5	75.0	75.0	74.5		100.4	100.4	150.4
	6.8	M16×60（双帽）	1.6								1.6	1.6	1.6
		M16×70（双帽）		0.9	1.8						2.7	2.7	2.7
		小计	1.6	0.9	1.8						4.3	4.3	4.3
	6.8	M20×70（双帽）	9.3		1.5						10.8	10.8	10.8
		M20×80（双帽）		9.9	5.8						15.7	15.7	15.7
		小计	9.3	9.9	7.3						26.5	26.5	26.5
		螺栓合计	64.4	74.1	129.4	160.5	86.4	161.2	163.8	143.2	589.6	592.2	658.0
脚钉	6.8	M16×180			2.9	2.3	3.3	1.6	2.9	1.0	6.8	8.1	9.5
	6.8	M20×200			1.2	1.9	0.6	1.2	1.2	0.6	4.3	4.3	4.3
	8.8	M24×240				0.9	1.8	0.9	0.9	1.8	1.8	1.8	4.5
		小计			4.1	5.1	5.7	3.7	5.0	3.4	12.9	14.2	18.3
垫圈	Q235	−3（φ17.5）	0.4		0.1	0.1		0.1	0.1	0.1	0.7	0.7	0.7
		−4（φ17.5）	0.1	1.6	0.1						1.8	1.8	1.8
		−4（φ21.5）			3.2	0.2					3.4	3.4	3.4
		小计	0.5	1.6	3.4	0.3		0.1	0.1	0.1	5.9	5.9	5.9
		合计（kg）	1103.2	1571.8	1638.8	2918.6	2302.4	2776.1	3449.6	2554.5	10008.5	10682.0	12089.3

图 9−2　220−GC21D−JZY−02　220−GC21D−JZY 转角塔材料汇总表（续）

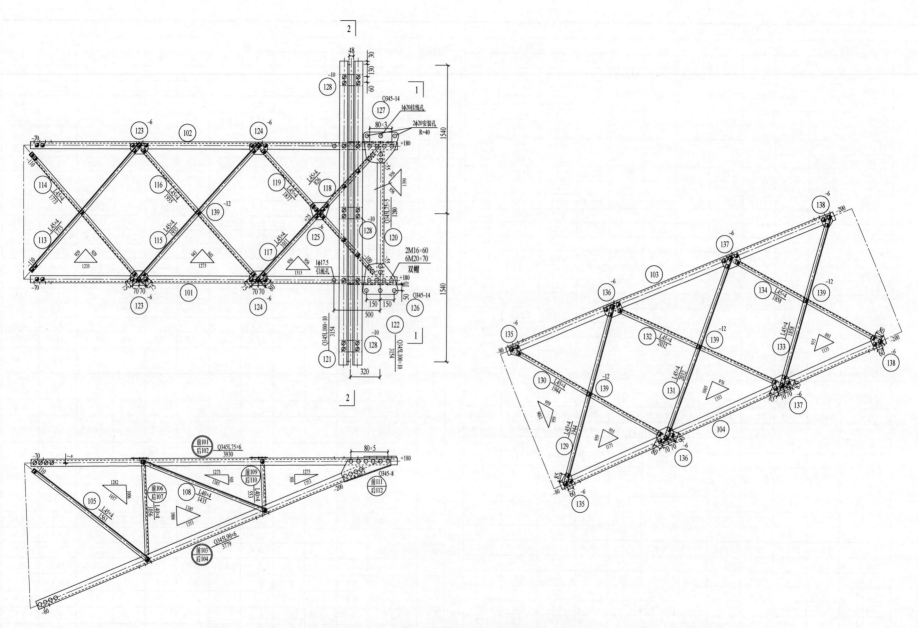

图 9-3 220-GC21D-JZY-03 220-GC21D-JZY 转角塔地线支架结构图（0°～40°塔头）①

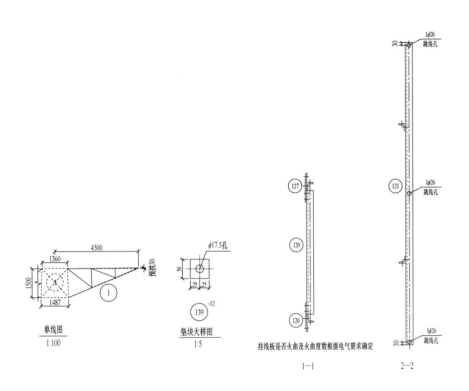

单线图
1:100

垫块大样图
1:5

挂线板是否火曲及火曲度数根据电气要求确定

1—1

2—2

构件明细表

编号	规格	长度(mm)	数量	一件	小计	备注
101	Q345L75×6	3930	2	27.14	54.3	
102	Q345L75×6	3930	2	27.14	54.3	
103	Q345L90×6	3779	2	31.55	63.1	切角
104	Q345L90×6	3779	2	31.55	63.1	切角
105	L45×4	1561	4	4.27	17.1	
106	L40×4	1056	2	2.56	5.1	
107	L40×4	1056	2	2.56	5.1	
108	L40×4	1435	4	3.48	13.9	
109	L40×4	553	2	1.34	2.7	
110	L40×4	553	2	1.34	2.7	
111	Q345−8×253	553	2	8.80	17.6	火曲；卷边
112	Q345−8×253	553	2	8.80	17.6	火曲；卷边
113	L45×4	1773	2	4.85	9.7	
114	L45×4	1773	2	4.85	9.7	切角
115	L45×4	1935	2	5.29	10.6	
116	L45×4	1935	2	5.29	10.6	切角
117	L45×4	1011	2	2.77	5.5	
118	L45×4	826	2	2.26	4.5	
119	L45×4	1837	2	5.03	10.1	切角
120	Q345L75×5	1280	2	7.45	14.9	
121	Q345L100×10	3154	2	47.69	95.4	
122	Q345L100×10	3154	2	47.69	95.4	
123	−6×107	190	4	0.96	3.8	
124	−6×110	190	4	0.99	3.9	
125	−6×179	207	2	1.76	3.5	
126	Q345−14×323	379	2	13.51	27.0	火曲
127	Q345−14×323	379	2	13.51	27.0	火曲
128	−10×120	248	3	2.34	7.0	
129	L45×4	1944	2	5.32	10.6	
130	L45×4	1944	2	5.32	10.6	
131	L45×4	2032	2	5.56	11.1	
132	L45×4	2032	2	5.56	11.1	
133	L45×4	1858	2	5.08	10.2	
134	L45×4	1858	2	5.08	10.2	
135	−6×112	119	4	0.63	2.5	
136	−6×123	191	4	1.11	4.4	
137	−6×118	190	4	1.06	4.2	
138	−6×110	116	4	0.61	2.4	
139	−12×50	50	8	0.24	1.9	
合计					734.6kg	

螺栓、垫圈、脚钉明细表

名称	级别	规格	符号	数量	质量（kg）	备注
螺栓	6.8	M16×40	◕	84	12.1	
		M16×50	◕	80	12.8	
		M16×60	○	8	1.6	双帽
		M20×45	○	52	14.0	
		M20×55	∅	18	5.3	
		M20×70	○	24	10.0	双帽
垫圈	Q235	−3（φ17.5）		56	0.4	
		−4（φ17.5）	规格×个数	4	0.1	
合计					56.3	

图 9−3 220−GC21D−JZY−03 220−GC21D−JZY 转角塔地线支架结构图（0°～40°塔头）①（续）

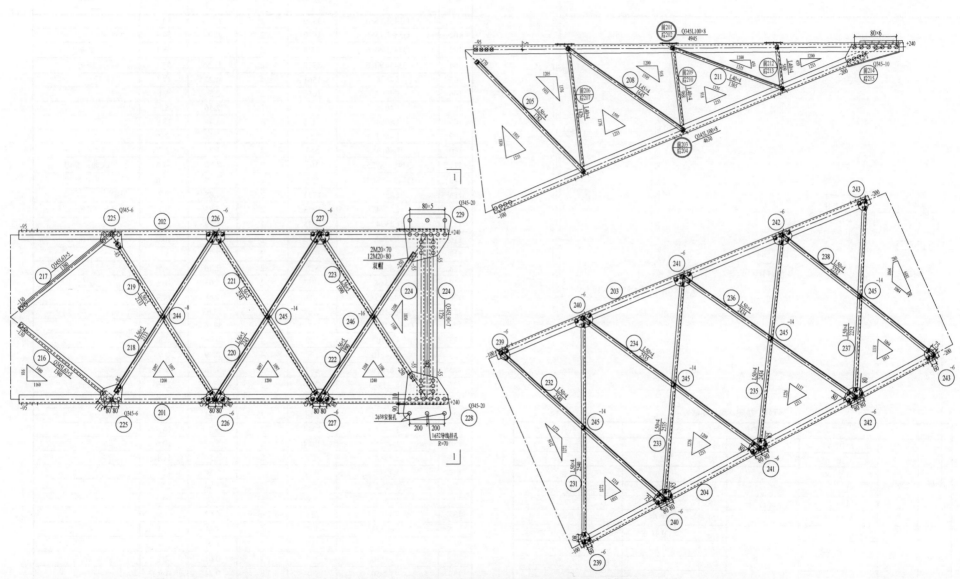

图 9–4 220–GC21D–JZY–04 220–GC21D–JZY 转角塔导线横担结构图（0°～40°塔头）②

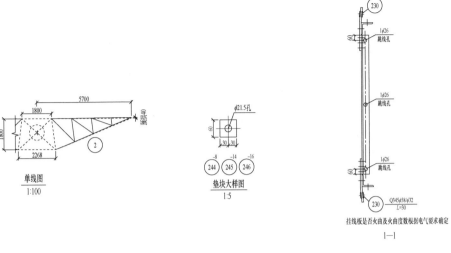

单线图
1:100

垫块大样图
1:5

挂线板是否火曲及火曲度数根据电气要求确定

1—1

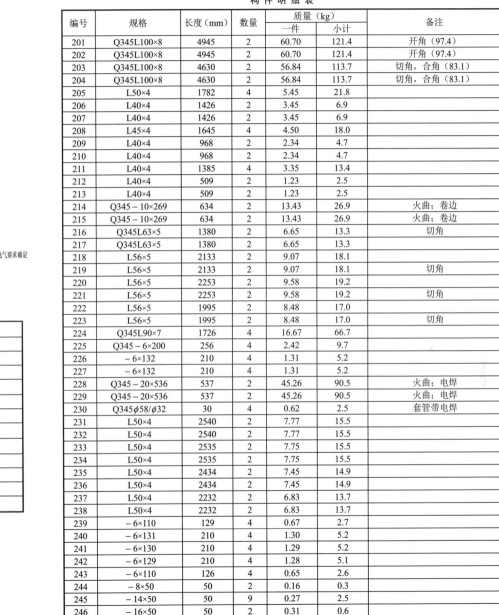

构 件 明 细 表

编号	规格	长度（mm）	数量	质量（kg）一件	质量（kg）小计	备注
201	Q345L100×8	4945	2	60.70	121.4	开角（97.4）
202	Q345L100×8	4945	2	60.70	121.4	开角（97.4）
203	Q345L100×8	4630	2	56.84	113.7	切角，合角（83.1）
204	Q345L100×8	4630	2	56.84	113.7	切角，合角（83.1）
205	L50×4	1782	4	5.45	21.8	
206	L40×4	1426	2	3.45	6.9	
207	L40×4	1426	2	3.45	6.9	
208	L45×4	1645	4	4.50	18.0	
209	L40×4	968	2	2.34	4.7	
210	L40×4	968	2	2.34	4.7	
211	L40×4	1385	4	3.35	13.4	
212	L40×4	509	2	1.23	2.5	
213	L40×4	509	2	1.23	2.5	
214	Q345−10×269	634	2	13.43	26.9	火曲；卷边
215	Q345−10×269	634	2	13.43	26.9	火曲；卷边
216	Q345L63×5	1380	2	6.65	13.3	切角
217	Q345L63×5	1380	2	6.65	13.3	
218	L56×5	2133	2	9.07	18.1	
219	L56×5	2133	2	9.07	18.1	切角
220	L56×5	2253	2	9.58	19.2	
221	L56×5	2253	2	9.58	19.2	切角
222	L56×5	1995	2	8.48	17.0	
223	L56×5	1995	2	8.48	17.0	切角
224	Q345L90×7	1726	4	16.67	66.7	
225	Q345−6×200	256	4	2.42	9.7	
226	−6×132	210	4	1.31	5.2	
227	−6×132	210	4	1.31	5.2	
228	Q345−20×536	537	2	45.26	90.5	火曲；电焊
229	Q345−20×536	537	2	45.26	90.5	火曲；电焊
230	Q345φ58/φ32	30	4	0.62	2.5	套管带电焊
231	L50×4	2540	2	7.77	15.5	
232	L50×4	2540	2	7.77	15.5	
233	L50×4	2535	2	7.75	15.5	
234	L50×4	2535	2	7.75	15.5	
235	L50×4	2434	2	7.45	14.9	
236	L50×4	2434	2	7.45	14.9	
237	L50×4	2232	2	6.83	13.7	
238	L50×4	2232	2	6.83	13.7	
239	−6×110	129	4	0.67	2.7	
240	−6×131	210	4	1.30	5.2	
241	−6×130	210	4	1.29	5.2	
242	−6×129	210	4	1.28	5.1	
243	−6×110	126	4	0.65	2.6	
244	−8×50	50	2	0.16	0.3	
245	−14×50	50	9	0.27	2.5	
246	−16×50	50	2	0.31	0.6	
合计					1154.1kg	

螺栓、垫圈、脚钉明细表

名称	级别	规格	符号	数量	质量（kg）	备注
螺栓	6.8	M16×40	◐	49	7.1	
		M16×50	◐	98	15.7	
		M16×60	◼	23	4.0	
		M16×70	⊙	8	1.8	双帽
		M20×45	○	27	7.3	
		M20×55	⊘	49	14.5	
		M20×80	⊙	48	19.8	双帽
垫圈	Q235	−4（φ21.5）	规格×个数	16	1.6	
合计					71.8kg	

图 9−4　220−GC21D−JZY−04　220−GC21D−JZY 转角塔导线横担结构图（0°～40°塔头）②（续）

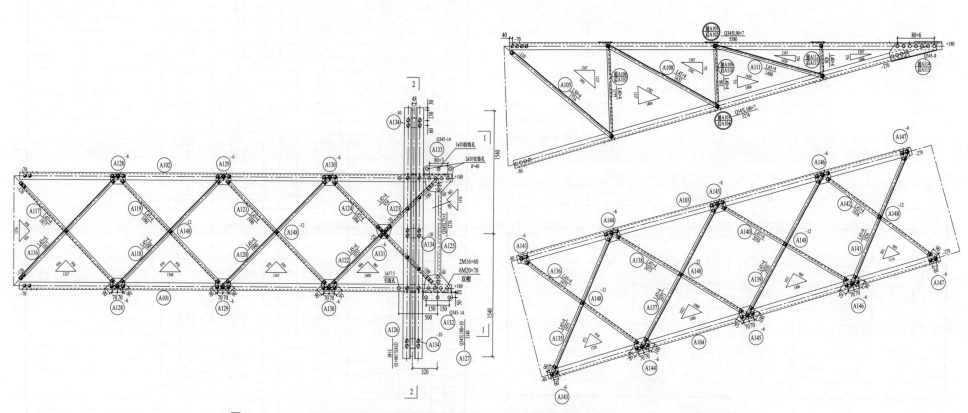

图 9-5　220-GC21D-JZY-05　220-GC21D-JZY 转角塔地线支架结构图（40°～90° 塔头）Ⓐ

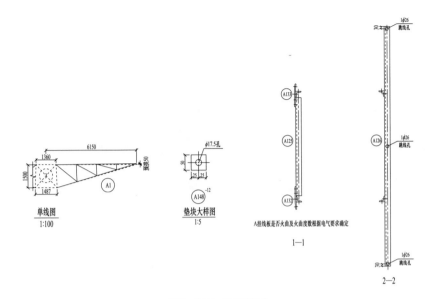

单线图
1:100

垫块大样图
1:5

A挂线板是否火曲及火曲度数根据电气要求确定

1—1

2—2

构 件 明 细 表

编号	规格	长度（mm）	数量	质量（kg） 一件	质量（kg） 小计	备注
A101	Q345L90×7	5580	2	53.88	107.8	
A102	Q345L90×7	5580	2	53.88	107.8	
A103	Q345L100×7	5274	2	57.12	114.2	切角
A104	Q345L100×7	5274	2	57.12	114.2	切角
A105	L50×4	1716	4	5.25	21.0	
A106	L40×4	1177	2	2.85	5.7	
A107	L40×4	1177	2	2.85	5.7	
A108	L45×4	1632	4	4.47	17.9	
A109	L40×4	801	2	1.94	3.9	
A110	L40×4	801	2	1.94	3.9	
A111	L45×4	1480	4	4.05	16.2	
A112	L40×4	426	2	1.03	2.1	
A113	L40×4	426	2	1.03	2.1	
A114	Q345－8×247	625	2	9.72	19.4	火曲；卷边
A115	Q345－8×247	625	2	9.72	19.4	火曲；卷边
A116	L45×4	1817	2	4.97	9.9	
A117	L45×4	1817	2	4.97	9.9	切角
A118	L45×4	1990	2	5.44	10.9	
A119	L45×4	1990	2	5.44	10.9	切角
A120	L45×4	1990	2	5.44	10.9	
A121	L45×4	1990	2	5.44	10.9	切角
A122	L45×4	1035	2	2.83	5.7	
A123	L45×4	854	2	2.34	4.7	
A124	L45×4	1894	2	5.18	10.4	切角
A125	Q345L75×5	1276	2	7.42	14.8	
A126	Q345L100×10	3140	2	47.48	95.0	
A127	Q345L100×10	3140	2	47.48	95.0	
A128	－6×123	193	4	1.12	4.5	
A129	－6×122	194	4	1.12	4.5	
A130	－6×125	198	4	1.17	4.7	
A131	－6×175	213	2	1.76	3.5	
A132	Q345－14×325	379	2	13.59	27.2	火曲
A133	Q345－14×325	379	2	13.59	27.2	火曲
A134	－10×120	248	3	2.34	7.0	
A135	L45×4	1975	2	5.40	10.8	
A136	L45×4	1975	2	5.40	10.8	
A137	L45×4	2073	2	5.67	11.3	
A138	L45×4	2073	2	5.67	11.3	
A139	L45×4	2050	2	5.61	11.2	
A140	L45×4	2050	2	5.61	11.2	
A141	L45×4	1836	2	5.02	10.0	
A142	L45×4	1836	2	5.02	10.0	
A143	－6×116	127	4	0.70	2.8	
A144	－6×129	199	4	1.21	4.9	
A145	－6×128	203	4	1.23	4.9	
A146	－6×127	194	4	1.17	4.7	
A147	－6×113	129	4	0.69	2.8	
A148	－12×50	50	12	0.24	2.8	
合计					1038.5kg	

螺栓、垫圈、脚钉明细表

名称	级别	规格	符号	数量	质量（kg）	备注
螺栓	6.8	M16×40	◖	44	6.3	
		M16×50	◖	164	26.2	
		M16×60	⊙	8	1.6	双帽
		M20×45	○	56	15.1	
		M20×55	⊘	20	5.9	
		M20×70	⊙	24	9.3	双帽
垫圈	Q235	－3（φ17.5）	规格×个数	56	0.4	
		－4（φ17.5）		4	0.1	
合计					64.9kg	

图 9－5 220－GC21D－JZY－05 220－GC21D－JZY 转角塔地线支架结构图（40°～90°塔头）Ⓐ（续）

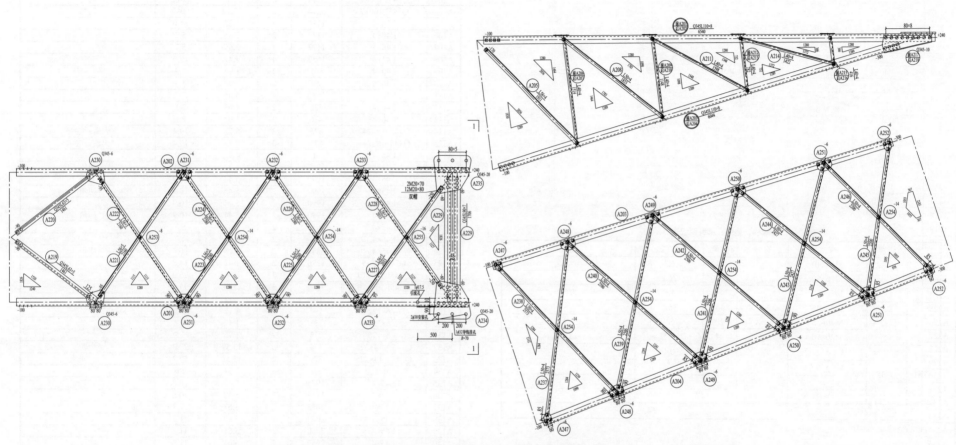

图 9-6 220-GC21D-JZY-06 220-GC21D-JZY 转角塔导线横担结构图（40°～90°塔头）②A

构件明细表

编号	规格	长度（mm）	数量	质量（kg）一件	质量（kg）小计	备注
A201	Q345L110×8	6540	2	88.50	177.0	开角（97.4）
A202	Q345L110×8	6540	2	88.50	177.0	开角（97.4）
A203	Q345L110×8	6044	2	81.79	163.6	切角，合角（82.9）
A204	Q345L110×8	6044	2	81.79	163.6	切角，合角（82.9）
A205	L56×4	1911	4	6.59	26.3	
A206	L40×4	1514	2	3.67	7.3	
A207	L40×4	1514	2	3.67	7.3	
A208	L50×4	1833	4	5.61	22.4	
A209	L40×4	1148	2	2.78	5.6	
A210	L40×4	1148	2	2.78	5.6	
A211	L40×4	1598	4	3.87	15.5	
A212	L40×4	782	2	1.89	3.8	
A213	L40×4	782	2	1.89	3.8	
A214	L40×4	1422	4	3.44	13.8	
A215	L40×4	416	2	1.01	2.0	
A216	L40×4	416	2	1.01	2.0	
A217	Q345−10×283	723	2	16.08	32.2	火曲；卷边
A218	Q345−10×283	723	2	16.08	32.2	火曲；卷边
A219	Q345L63×5	1461	2	7.04	14.1	切角
A220	Q345L63×5	1461	2	7.04	14.1	
A221	L56×5	2160	2	9.18	18.4	
A222	L56×5	2160	2	9.18	18.4	切角
A223	L56×5	2280	2	9.69	19.4	
A224	L56×5	2280	2	9.69	19.4	切角
A225	L56×5	2280	2	9.69	19.4	
A226	L56×5	2280	2	9.69	19.4	切角
A227	L56×5	2033	2	8.64	17.3	
A228	L56×5	2033	2	8.64	17.3	切角
A229	Q345L90×7	1706	4	16.47	65.9	
A230	Q345−6×205	276	4	2.68	10.7	
A231	−6×135	210	4	1.34	5.4	
A232	−6×135	210	4	1.34	5.4	
A233	−6×138	210	4	1.37	5.5	
A234	Q345−20×535	538	2	45.24	90.5	火曲；电焊
A235	Q345−20×535	538	2	45.24	90.5	火曲；电焊
A236	Q345φ58/φ32	30	4	0.62	2.5	套管带电焊
A237	L50×4	2573	2	7.87	15.7	
A238	L50×4	2573	2	7.87	15.7	
A239	L50×4	2586	2	7.91	15.8	
A240	L50×4	2586	2	7.91	15.8	
A241	L50×4	2506	2	7.67	15.3	
A242	L50×4	2506	2	7.67	15.3	
A243	L50×4	2427	2	7.42	14.8	

编号	规格	长度（mm）	数量	质量（kg）一件	质量（kg）小计	备注
A244	L50×4	2427	2	7.42	14.8	
A245	L50×4	2200	2	6.73	13.5	
A246	L50×4	2200	2	6.73	13.5	
A247	−6×110	133	4	0.69	2.8	
A248	−6×135	210	4	1.34	5.4	
A249	−6×134	210	4	1.33	5.3	
A250	−6×133	210	4	1.32	5.3	
A251	−6×133	210	4	1.32	5.3	
A252	−6×110	135	4	0.70	2.8	
A253	−8×50	50	2	0.16	0.3	
A254	−14×50	50	14	0.27	3.8	
A255	−16×50	50	2	0.31	0.6	
合计					1495.4kg	

螺栓、垫圈、脚钉明细表

名称	级别	规格	符号	数量	质量（kg）	备注
螺栓	6.8	M16×40	◑	45	6.5	
		M16×50	▧	159	25.4	
		M16×60	⊠	22	3.9	
		M16×70	⊙	4	0.9	双帽
		M20×45	○	10	2.7	
		M20×55	⊘	58	17.1	
		M20×65	⊠	24	7.7	
		M20×80	⊙	24	9.9	双帽
垫圈	Q235	−4（φ21.5） 规格×个数		16	1.6	
合计					75.7kg	

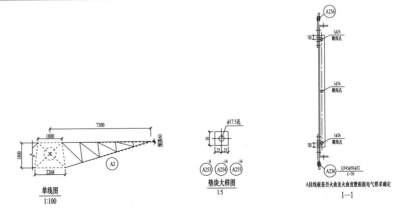

单线图 1:100　　垫块大样图 1:5　　A挂线板是否火曲及火曲数据按电气要求确定　1—1

图9−6　220−GC21D−JZY−06　220−GC21D−JZY转角塔导线横担结构图（40°～90°塔头）②A（续）

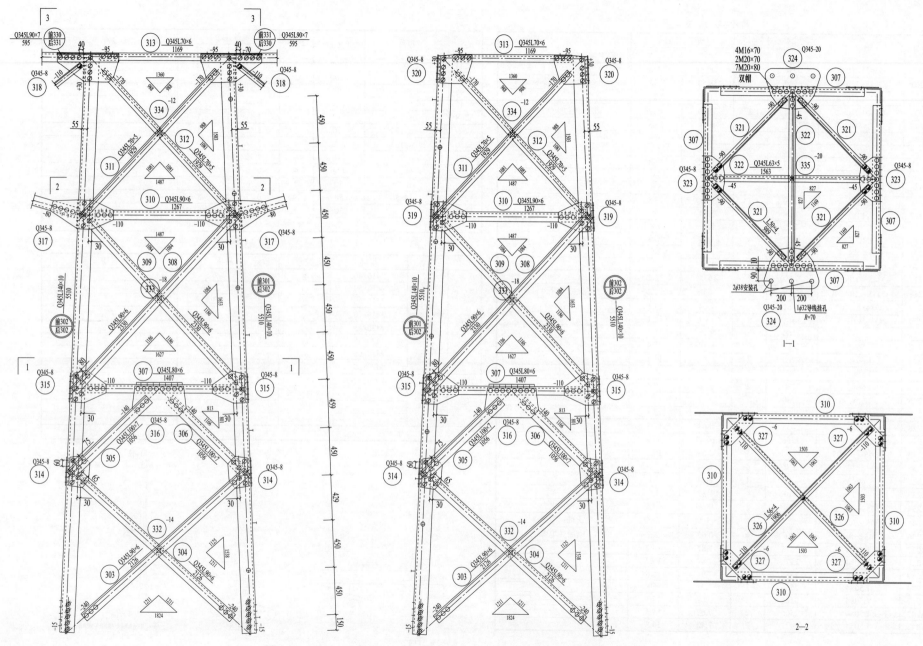

图 9-7　220-GC21D-JZY-07　220-GC21D-JZY 转角塔塔身结构图③

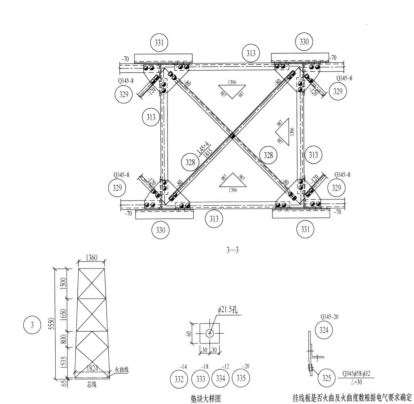

构 件 明 细 表

编号	规格	长度（mm）	数量	质量（kg） 一件	质量（kg） 小计	备注
301	Q345L140×10	5510	1	118.40	118.4	脚钉
302	Q345L140×10	5510	3	118.40	355.2	
303	Q345L90×6	2126	4	17.75	71.0	脚钉
304	Q345L90×6	2126	4	17.75	71.0	切角
305	Q345L100×7	1056	4	11.44	45.7	切角
306	Q345L100×7	1056	4	11.44	45.7	切角
307	Q345L80×6	1407	4	10.38	41.5	
308	Q345L90×6	2330	4	19.46	77.8	
309	Q345L90×6	2330	4	19.46	77.8	切角，脚钉
310	Q345L90×6	1267	4	10.58	42.3	
311	Q345L70×5	1929	4	10.41	41.6	
312	Q345L70×5	1929	4	10.41	41.6	切角
313	Q345L70×6	1169	4	7.49	30.0	
314	Q345 – 8×194	305	8	3.72	29.8	
315	Q345 – 8×306	321	8	6.18	49.4	
316	Q345 – 8×281	533	4	9.42	37.7	
317	Q345 – 8×276	614	4	10.68	42.7	
318	Q345 – 8×274	596	4	10.26	41.1	
319	Q345 – 8×276	321	4	5.59	22.4	
320	Q345 – 8×275	312	4	5.41	21.7	
321	L50×4	989	4	3.03	12.1	
322	Q345L63×5	1563	2	7.54	15.1	
323	Q345 – 8×190	420	2	5.01	10.0	
324	Q345 – 20×386	539	2	32.73	65.5	火曲；电焊
325	Q345φ58/φ32	30	2	0.62	1.2	套管带电焊
326	L56×4	1906	2	6.57	13.1	
327	– 6×120	393	4	2.23	8.9	
328	L45×4	1815	2	4.97	9.9	
329	Q345 – 8×280	467	4	8.22	32.9	
330	Q345L90×7	595	2	5.75	11.5	
331	Q345L90×7	595	2	5.75	11.5	
332	– 14×60	60	4	0.40	1.6	
333	– 18×60	60	4	0.51	2.0	
334	– 12×60	60	4	0.34	1.4	
335	– 20×60	60	1	0.57	0.6	
合计					1501.8kg	

3—3

3

单线图
1:100

垫块大样图
1:5

挂线板是否火曲及火曲度数根据电气要求确定

螺栓、垫圈、脚钉明细表

名称	级别	规格	符号	数量	质量（kg）	备注
螺栓	6.8	M16×40	●	52	7.5	
		M16×50	◐	26	4.2	
		M16×70	◎	8	1.8	双帽
		M20×45	○	178	48.1	
		M20×55	⊘	178	52.5	
		M20×65	⊗	25	8.0	
		M20×70	⊙	4	1.5	双帽
		M20×80	⊙	14	5.8	双帽
脚钉		M16×180	⊕—	9	2.9	双帽
		M20×200	⊕—	2	1.2	双帽
垫圈	Q235	– 3（φ17.5）		2	0.1	规格×个数
		– 4（φ17.5）		2	0.1	
		– 4（φ21.5）		32	3.2	
合计					136.9kg	

说明：本段与横担相连节点，以横担图为准，放样确定。

图 9 – 7　220 – GC21D – JZY – 07　220 – GC21D – JZY 转角塔塔身结构图③（续）

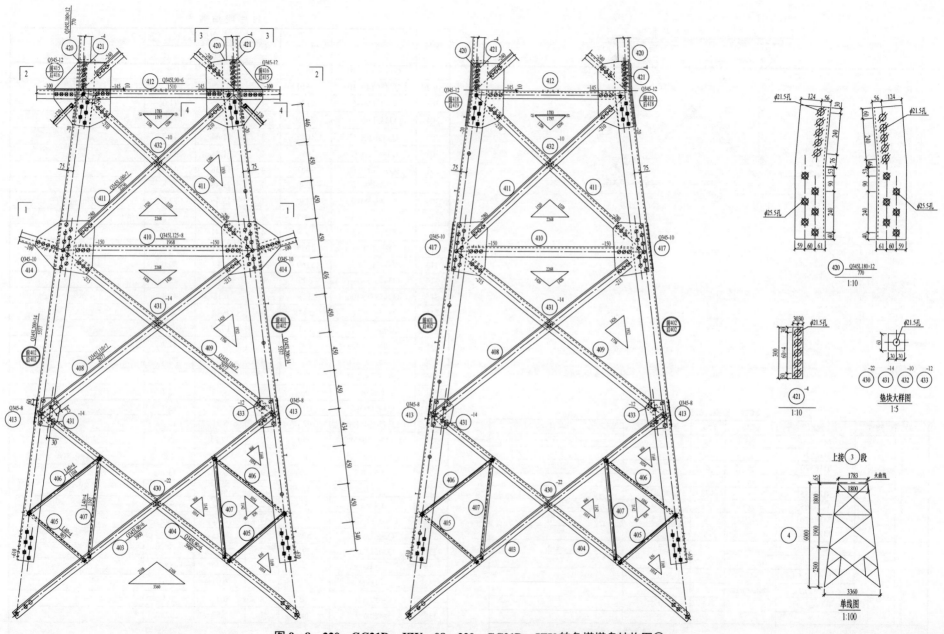

图 9-8 220-GC21D-JZY-08 220-GC21D-JZY 转角塔塔身结构图④

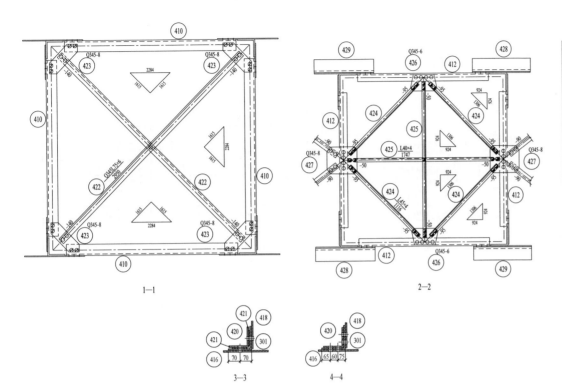

3—3 4—4

1—1 2—2

构件明细表

编号	规格	长度(mm)	数量	一件	小计	备注
401	Q345L200×14	5537	1	237.50	237.5	脚钉
402	Q345L200×14	5537	3	237.50	712.5	
403	Q345L90×6	3900	4	32.56	130.3	脚钉
404	Q345L90×6	3900	4	32.56	130.3	切角
405	L40×4	907	8	2.20	17.6	
406	L40×4	1104	8	2.67	21.4	
407	L40×4	1192	8	2.89	23.1	
408	Q345L110×7	2977	4	35.51	142.0	
409	Q345L110×7	2977	4	35.51	142.0	切角
410	Q345L125×8	1968	4	30.51	122.0	开角（97.4）
411	Q345L100×7	2236	8	24.22	193.7	
412	Q345L90×6	1510	4	12.61	50.4	开角（97.4）
413	Q345－8×238	344	8	5.16	41.3	
414	Q345－10×627	702	4	34.60	138.4	
415	Q345－12×678	756	2	48.36	96.7	火曲
416	Q345－12×678	786	2	50.28	100.6	火曲
417	Q345－10×399	625	4	19.62	78.5	
418	Q345－12×424	758	2	30.32	60.6	火曲
419	Q345－12×424	781	2	31.24	62.5	火曲
420	Q345L180×12	770	4	25.53	102.1	制弯，铲背
421	－4×60	300	8	0.57	4.5	
422	Q345L75×6	2950	2	20.37	40.7	
423	Q345－8×144	463	4	4.22	16.9	
424	L45×4	1116	4	3.05	12.2	
425	L40×4	1747	2	4.23	8.5	
426	Q345－6×184	306	2	2.66	5.3	
427	Q345－8×348	373	2	8.18	16.4	
428	Q345L110×8	674	2	9.12	18.2	
429	Q345L110×8	674	2	9.12	18.2	
430	－22×60	60	4	0.62	2.5	
431	－14×60	60	8	0.40	3.2	
432	－10×60	60	4	0.28	1.1	
433	－12×60	60	4	0.34	1.4	
合计					2752.7kg	

螺栓、垫圈、脚钉明细表

名称	级别	规格	符号	数量	质量（kg）	备注
螺栓	6.8	M16×40	◖	40	5.8	
		M16×50	◗	21	3.4	
		M20×45	○	40	10.8	
		M20×55	⊘	271	79.9	
		M20×65	⊠	67	21.4	
		M20×75	⊘	40	13.8	
	8.8	M24×75	⊠	43	23.1	
		M24×85	⊘	4	2.3	
脚钉	6.8	M16×180	⊕—	7	2.3	双帽
		M20×200	⊕—	3	1.9	双帽
	8.8	M24×240	⊕—	1	0.9	双帽
垫圈	Q235	－3（φ17.5）		2	0.1	
		－4（φ21.5）	规格×个数	2	0.2	
合计					165.9kg	

图 9－8 220－GC21D－JZY－08 220－GC21D－JZY 转角塔塔身结构图④（续）

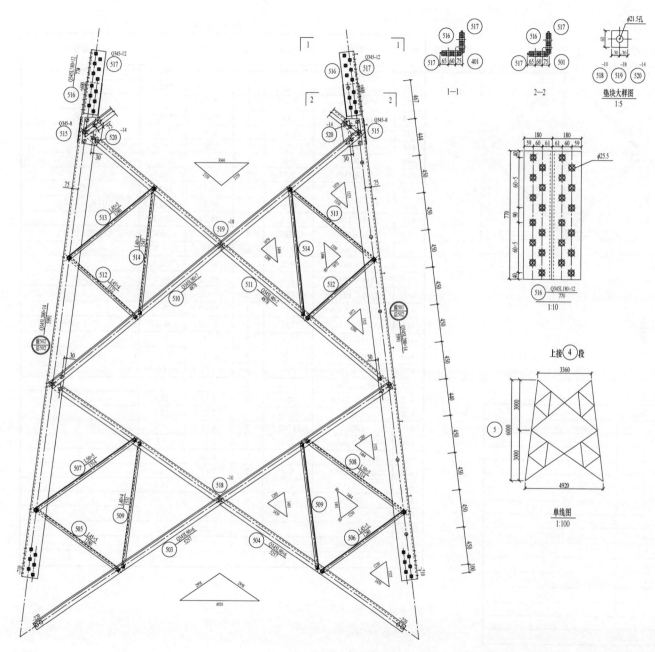

构件明细表

编号	规格	长度(mm)	数量	一件	小计	备注
501	Q345L200×14	5991	1	256.98	257.0	脚钉
502	Q345L200×14	5991	3	256.98	770.9	
503	Q345L90×6	5257	4	43.90	175.6	
504	Q345L90×6	5257	4	43.90	175.6	切角
505	L45×5	1280	4	4.31	17.2	切角
506	L45×5	1280	4	4.31	17.2	
507	L50×5	1514	4	5.71	22.8	
508	L50×5	1514	4	5.71	22.8	
509	L40×4	1531	8	3.71	29.7	
510	Q345L90×7	4878	4	47.10	188.4	
511	Q345L90×7	4878	4	47.10	188.4	切角
512	L45×4	1122	8	3.07	24.6	
513	L45×5	1380	8	4.65	37.2	
514	L40×4	1547	8	3.75	30.0	切角
515	Q345−8×231	342	8	4.98	39.9	
516	Q345L180×12	770	4	25.53	102.1	铲背,脚钉
517	Q345−12×180	770	8	13.06	104.4	
518	−10×60	60	4	0.28	1.1	
519	−18×60	60	4	0.51	2.0	
520	−14×60	60	8	0.40	3.2	
合计					2210.2kg	

螺栓、垫圈、脚钉明细表

名称	级别	规格	符号	数量	质量(kg)	备注
螺栓	6.8	M16×40	◑	36	5.2	
		M16×50	◐	8	1.3	
		M16×60	⊠	16	2.8	
		M20×45	○	8	2.2	
		M20×55	⊘	36	10.6	
		M20×65	⊗	43	13.8	
	8.8	M24×75	※	94	50.5	
脚钉	6.8	M16×180	⊕—	10	3.3	双帽
		M20×200	⊕—	1	0.6	双帽
	8.8	M24×240	⊕—	2	1.8	双帽
合计					92.0kg	

图9−9 220−GC21D−JZY−09 220−GC21D−JZY 转角塔塔身结构图⑤

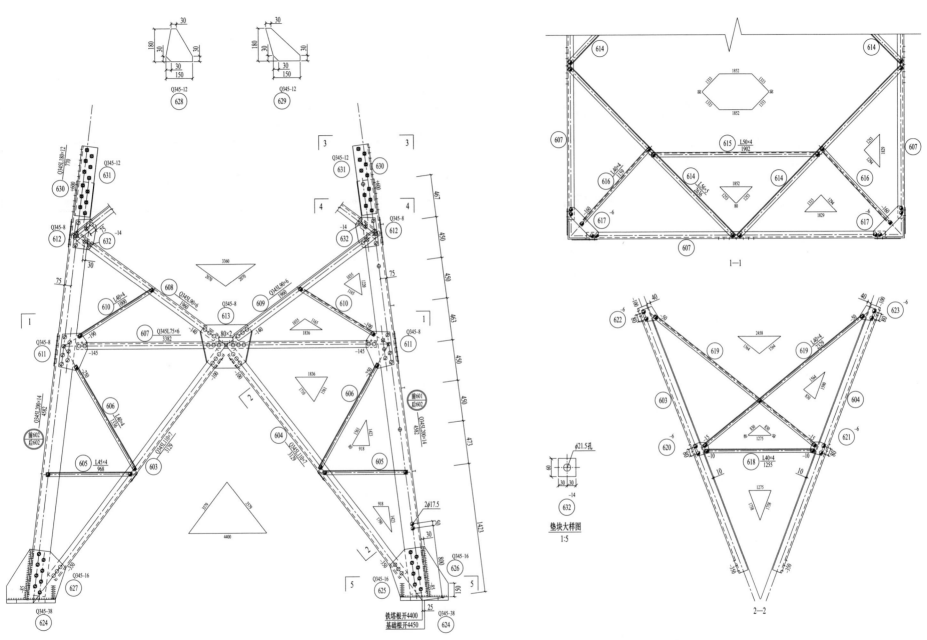

图 9-10　220-GC21D-JZY-10　220-GC21D-JZY 转角塔 10.0m 塔腿结构图⑥

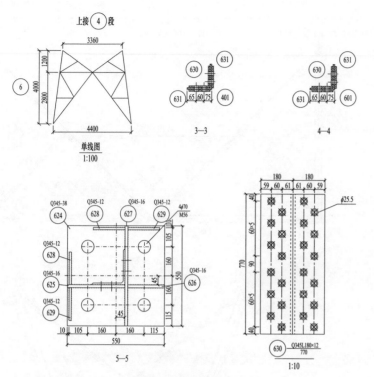

单线图
1:100

5—5

3—3

4—4

630 Q345L180×12 770
1:10

螺栓、垫圈、脚钉明细表

名称	级别	规格	符号	数量	质量（kg）	备注
螺栓	6.8	M16×40	◐	100	14.4	
		M16×50	◑	43	6.9	
		M20×45	○	100	27.0	
		M20×55	∅	95	28.0	
		M20×65	⊠	31	9.9	
	8.8	M24×65	∅	48	24.0	
		M24×75	⊠	95	51.0	
脚钉	6.8	M16×180	⊕—	5	1.6	双帽
		M20×200	⊕—	2	1.2	双帽
	8.8	M24×240	⊕—	1	0.9	双帽
垫圈	Q235	−3（φ17.5）		8	0.1	
		规格×个数				
合计					165.0kg	

构 件 明 细 表

编号	规格	长度（mm）	数量	质量（kg） 一件	质量（kg） 小计	备注
601	Q345L200×14	4582	1	196.54	196.5	脚钉
602	Q345L200×14	4582	3	196.54	589.6	
603	Q345L110×7	3129	4	37.32	149.3	
604	Q345L110×7	3129	4	37.32	149.3	
605	L45×4	968	8	2.65	21.2	
606	L40×4	1336	8	3.24	25.9	
607	Q345L75×6	3382	4	23.35	93.4	开角（97.4）
608	Q345L90×6	1960	4	16.37	65.5	切角
609	Q345L90×6	1960	4	16.37	65.5	切角
610	L40×4	1000	8	2.42	19.4	
611	Q345−8×297	415	8	7.76	62.1	
612	Q345−8×234	336	8	4.97	39.7	
613	Q345−8×478	651	4	19.56	78.2	火曲；卷边
614	L56×5	2636	4	11.21	44.8	切角
615	L50×4	1902	2	5.82	11.6	
616	L40×4	1159	4	2.81	11.2	
617	−6×106	460	4	2.30	9.2	
618	L40×4	1255	4	3.04	12.2	
619	L40×4	2329	8	5.64	45.1	
620	−6×137	161	4	1.05	4.2	火曲
621	−6×137	161	4	1.05	4.2	火曲
622	−6×155	161	4	1.18	4.7	火曲
623	−6×155	161	4	1.18	4.7	火曲
624	Q345−38×550	550	4	90.24	360.9	电焊
625	Q345−16×390	455	4	22.33	89.3	电焊
626	Q345−16×229	466	4	13.46	53.8	电焊
627	Q345−16×436	669	4	36.68	146.7	电焊
628	Q345−12×149	178	8	2.53	20.2	电焊
629	Q345−12×150	199	8	2.82	22.6	电焊
630	Q345L180×12	770	4	25.53	102.1	铲背，脚钉
631	Q345−12×180	770	8	13.06	104.4	
632	−14×60	60	8	0.40	3.2	
合计					2610.7kg	

图 9−10 220−GC21D−JZY−10 220−GC21D−JZY 转角塔 10.0m 塔腿结构图⑥（续）

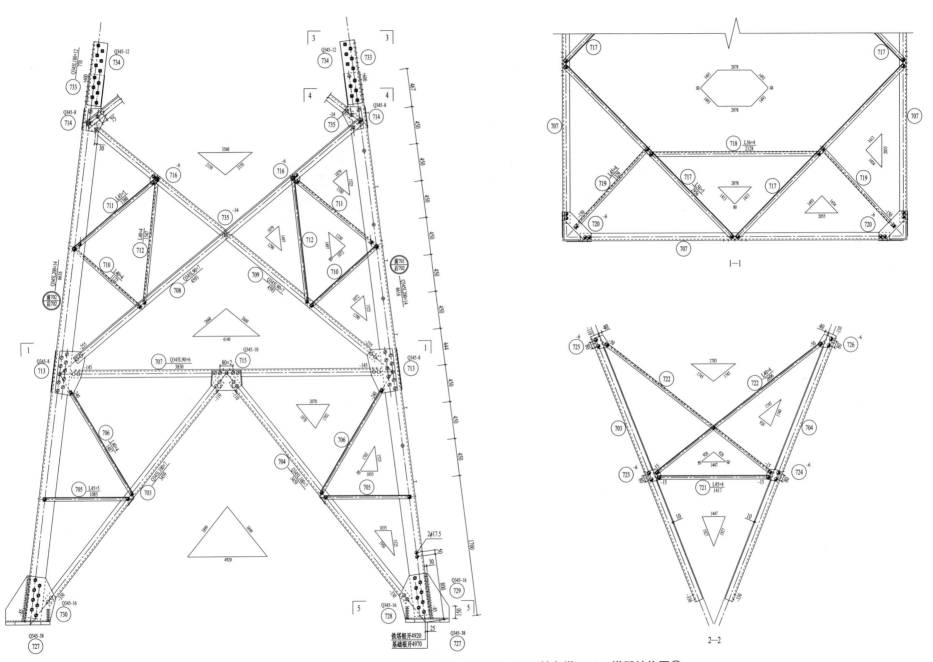

图 9–11 220–GC21D–JZY–11 220–GC21D–JZY 转角塔 12.0m 塔腿结构图⑦

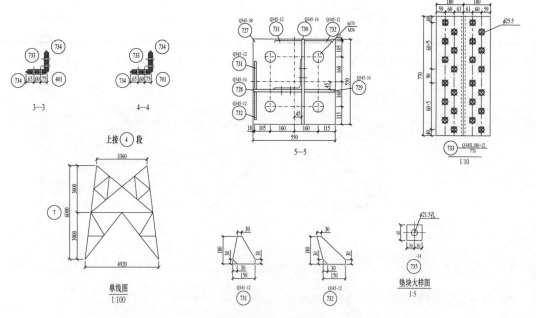

3—3　4—4

上接④段

单线图
1:100

5—5

垫块大样图
1:5

1:10

螺栓、垫圈、脚钉明细表

名称	级别	规格	符号	数量	质量(kg)	备注
螺栓	6.8	M16×40	◑	108	15.6	
		M16×50	◓	68	10.9	
		M16×60	⊠	8	1.4	
		M20×45	○	36	9.7	
		M20×55	⊘	139	41.0	
		M20×65	⊗	23	7.4	
		M20×75	⌀	8	2.8	
	8.8	M24×65	⊘	48	24.0	
		M24×75	⊗	95	51.0	
脚钉	6.8	M16×180	⊕—	9	2.9	双帽
		M20×200	⊕—	2	1.2	双帽
	8.8	M24×240	⊕—	1	0.9	双帽
垫圈	Q235	−3 (φ17.5)		8	0.1	
		规格×个数				
合计					168.9kg	

构 件 明 细 表

编号	规格	长度(mm)	数量	质量(kg) 一件	质量(kg) 小计	备注
701	Q345L200×14	6616	1	283.79	283.8	脚钉
702	Q345L200×14	6616	3	283.79	851.4	
703	Q345L100×7	3459	4	37.46	149.8	
704	Q345L100×7	3459	4	37.46	149.8	
705	L45×5	1085	8	3.66	29.2	
706	L40×4	1487	8	3.60	28.8	
707	Q345L90×6	3850	4	32.15	128.6	开角（97.4）
708	Q345L90×7	4593	4	44.35	177.4	
709	Q345L90×7	4593	4	44.35	177.4	切角
710	L40×4	1122	8	2.72	21.7	
711	L45×5	1380	8	4.65	37.2	
712	L40×4	1547	8	3.75	30.0	
713	Q345−8×321	540	8	10.92	87.4	
714	Q345−8×234	290	8	4.29	34.3	
715	Q345−10×239	462	4	8.71	34.8	火曲；卷边
716	−6×100	107	8	0.51	4.1	
717	L56×5	2956	4	12.57	50.3	
718	L56×4	2128	2	7.33	14.7	
719	L45×4	1329	4	3.64	14.5	
720	−6×120	466	4	2.64	10.6	
721	L45×4	1417	4	3.88	15.5	
722	L40×4	2606	8	6.31	50.5	
723	−6×149	151	4	1.07	4.3	火曲
724	−6×149	151	4	1.07	4.3	火曲
725	−6×150	161	4	1.14	4.6	火曲
726	−6×150	161	4	1.14	4.6	火曲
727	Q345−38×550	550	4	90.24	360.9	电焊
728	Q345−16×353	435	4	19.33	77.3	电焊
729	Q345−16×229	465	4	13.43	53.7	电焊
730	Q345−16×436	622	4	34.13	136.5	电焊
731	Q345−12×149	178	8	2.53	20.2	电焊
732	Q345−12×150	199	8	2.82	22.6	电焊
733	Q345L180×12	770	4	25.53	102.1	铲背，脚钉
734	Q345−12×180	770	8	13.06	104.4	
735	−14×60	60	8	0.40	3.2	
合计					3280.5kg	

图 9－11　220－GC21D－JZY－11　220－GC21D－JZY 转角塔 12.0m 塔腿结构图⑦（续）

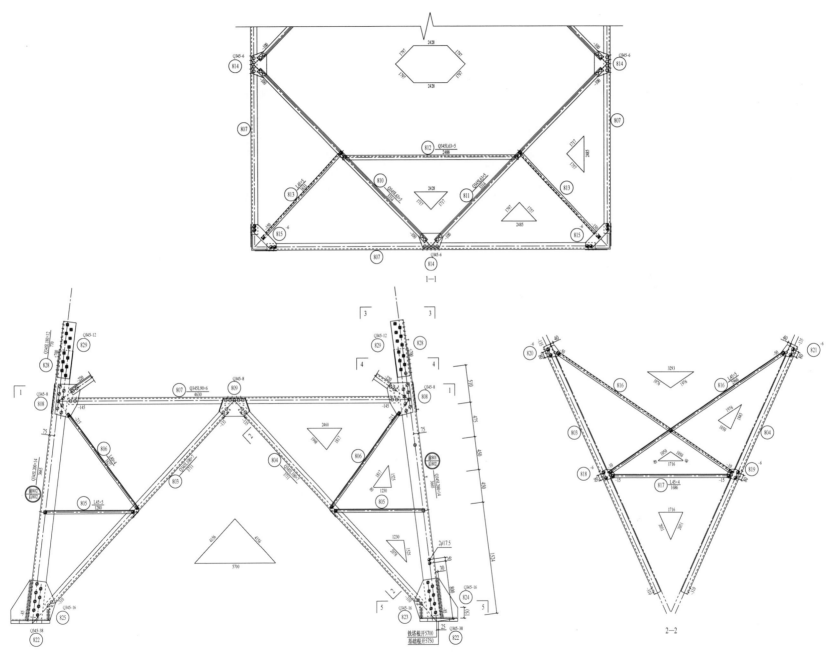

图 9-12 220-GC21D-JZY-12 220-GC21D-JZY 转角塔 15.0m 塔腿结构图⑧

构 件 明 细 表

编号	规格	长度（mm）	数量	质量（kg）		备注
				一件	小计	
801	Q345L200×14	3665	1	157.21	157.2	脚钉
802	Q345L200×14	3665	3	157.21	471.6	
803	Q345L100×7	3711	4	40.19	160.8	
804	Q345L100×7	3711	4	40.19	160.8	
805	L45×5	1280	8	4.31	34.5	
806	L40×4	1627	8	3.94	31.5	
807	Q345L90×6	4630	4	38.66	154.6	开角（97.4）
808	Q345－8×315	461	8	9.15	73.2	
809	Q345－8×244	502	4	7.72	30.9	火曲；卷边
810	Q345L63×5	3314	2	15.98	32.0	
811	Q345L63×5	3314	2	15.98	32.0	
812	Q345L63×5	2488	2	12.00	24.0	
813	L45×5	1633	4	5.50	22.0	
814	Q345－6×201	357	4	3.40	13.6	
815	－6×116	459	4	2.52	10.1	
816	L45×5	2966	8	9.99	79.9	
817	L45×4	1686	4	4.61	18.5	
818	－6×150	152	4	1.08	4.3	火曲
819	－6×150	152	4	1.08	4.3	火曲
820	－6×154	161	4	1.17	4.7	火曲
821	－6×154	161	4	1.17	4.7	火曲
822	Q345－38×550	550	4	90.24	360.9	电焊
823	Q345－16×366	435	4	20.07	80.3	电焊
824	Q345－16×229	465	4	13.43	53.7	电焊
825	Q345－16×436	631	4	34.60	138.4	电焊
826	Q345－12×149	178	8	2.53	20.2	电焊
827	Q345－12×150	199	8	2.82	22.6	电焊
828	Q345L180×12	770	4	25.53	102.1	铲背，脚钉
829	Q345－12×180	770	8	13.06	104.4	
合计					2407.9kg	

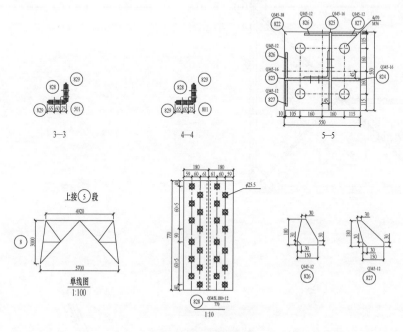

3—3　　4—4　　5—5

上接⑤段

单线图
1:100

1:10

Q345L180×12
770

螺栓、垫圈、脚钉明细表

名称	级别	规格	符号	数量	质量（kg）	备注
螺栓	6.8	M16×40	◐	72	10.4	
		M16×50	◑	43	6.9	
		M20×45	○	104	28.1	
		M20×55	∅	79	23.3	
	8.8	M24×65	∅	48	24.0	
		M24×75	⊗	94	50.5	
脚钉	6.8	M16×180	⊕⊣	3	1.0	双帽
		M20×200	⊕⊣	1	0.6	双帽
	8.8	M24×240	⊕⊣	2	1.8	双帽
垫圈	Q235	－3（φ17.5）		8	0.1	
		规格×个数				
合计					146.7kg	

图 9－12　220－GC21D－JZY－12　220－GC21D－JZY 转角塔 15.0m 塔腿结构图⑧（续）

		220－GC21S－JZY 图纸目录		
序号	图号	图名	张数	备注
1	220－GC21S－JZY－01	220－GC21S－JZY 转角塔总图	1	
2	220－GC21S－JZY－02	220－GC21S－JZY 转角塔材料汇总表（一）	1	0°～40°塔头
3	220－GC21S－JZY－03	220－GC21S－JZY 转角塔材料汇总表（二）	1	40°～90°塔头
4	220－GC21S－JZY－04	220－GC21S－JZY 转角塔内角侧地线支架结构图①（一）	1	0°～40°塔头
5	220－GC21S－JZY－05	220－GC21S－JZY 转角塔内角侧地线支架结构图①（二）	1	0°～40°塔头
6	220－GC21S－JZY－06	220－GC21S－JZY 转角塔外角侧地线支架结构图②（一）	1	0°～40°塔头
7	220－GC21S－JZY－07	220－GC21S－JZY 转角塔外角侧地线支架结构图②（二）	1	0°～40°塔头
8	220－GC21S－JZY－08	220－GC21S－JZY 转角塔内角侧上导线横担结构图③	1	0°～40°塔头
9	220－GC21S－JZY－09	220－GC21S－JZY 转角塔外角侧上导线横担结构图④	1	0°～40°塔头
10	220－GC21S－JZY－10	220－GC21S－JZY 转角塔内角侧下导线横担结构图⑤	1	0°～40°塔头
11	220－GC21S－JZY－11	220－GC21S－JZY 转角塔外角侧下导线横担结构图⑥	1	0°～40°塔头
12	220－GC21S－JZY－12	220－GC21S－JZY 转角塔内角侧地线支架结构图①A（一）	1	40°～90°塔头
13	220－GC21S－JZY－13	220－GC21S－JZY 转角塔内角侧地线支架结构图①A（二）	1	40°～90°塔头
14	220－GC21S－JZY－14	220－GC21S－JZY 转角塔外角侧地线支架结构图②A（一）	1	40°～90°塔头
15	220－GC21S－JZY－15	220－GC21S－JZY 转角塔外角侧地线支架结构图②A（二）	1	40°～90°塔头
16	220－GC21S－JZY－16	220－GC21S－JZY 转角塔内角侧上导线横担结构图③A	1	40°～90°塔头
17	220－GC21S－JZY－17	220－GC21S－JZY 转角塔外角侧上导线横担结构图④A	1	40°～90°塔头
18	220－GC21S－JZY－18	220－GC21S－JZY 转角塔内角侧下导线横担结构图⑤A	1	40°～90°塔头
19	220－GC21S－JZY－19	220－GC21S－JZY 转角塔外角侧下导线横担结构图⑥A	1	40°～90°塔头
20	220－GC21S－JZY－20	220－GC21S－JZY 转角塔塔身结构图⑦（一）	1	
21	220－GC21S－JZY－21	220－GC21S－JZY 转角塔塔身结构图⑦（二）	1	
22	220－GC21S－JZY－22	220－GC21S－JZY 转角塔塔身结构图⑧	1	
23	220－GC21S－JZY－23	220－GC21S－JZY 转角塔 10.0m 塔腿结构图⑨	1	
24	220－GC21S－JZY－24	220－GC21S－JZY 转角塔 12.0m 塔腿结构图⑩	1	
25	220－GC21S－JZY－25	220－GC21S－JZY 转角塔 15.0m 塔腿结构图⑪（一）	1	
26	220－GC21S－JZY－26	220－GC21S－JZY 转角塔 15.0m 塔腿结构图⑪（二）	1	

220－GC21S－JZY－00　220－GC21S－JZY　转角塔图纸目录

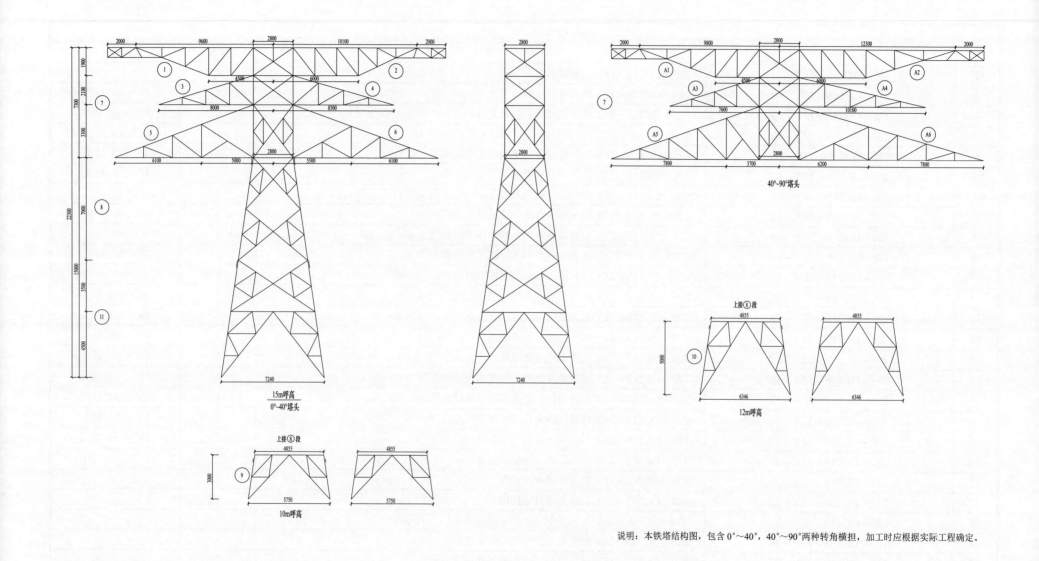

说明：本铁塔结构图，包含0°～40°，40°～90°两种转角横担，加工时应根据实际工程确定。

图 10-1　220-GC21S-JZY-01　220-GC21S-JZY 转角塔总图

材料汇总表

材料	材质	规格	段号											呼高（m）		
			1	2	3	4	5	6	7	8	9	10	11	10	12	15
角钢	Q420	L200×18											1954.3			1954.3
		L200×16								1212.9	753.8	1151.8		1966.7	2364.7	1212.9
		L180×14							140.3		118.2	118.2	118.2	258.5	258.5	258.5
		L180×12							62.3					62.3	62.3	62.3
		L160×12					573.7							573.7	573.7	573.7
		L160×10						507.4	49.5					556.9	556.9	556.9
		L140×10							78.7					78.7	78.7	78.7
		L125×10			255.2	274.4			57.5					587.1	587.1	587.1
		L125×8	93.9	473.5			289.9	304.3	453.6					1615.2	1615.2	1615.2
		小计	93.9	473.5	255.2	274.4	863.6	811.8	842.0	1212.9	872.0	1270.0	2072.5	5699.2	6097.2	6899.8
	Q345	L160×12											1271.6		1271.6	
		L160×10							247.3	914.4	719.9			1881.6	1161.7	1161.7
		L140×10							654.6			932.4		654.6	654.6	1587.0
		L125×10								783.0		919.4		783.0	783.0	1702.4
		L125×8									283.7	282.5		283.7	282.5	
		L110×8	140.1	115.1		179.6			91.6			303.6		526.4	526.4	830.0
		L110×7	12.6	11.5				101.6	428.0			196.0		553.7	553.7	749.6
		L100×8	251.9		153.0		220.0	126.7						751.6	751.6	751.6
		L90×7	72.6						204.7					277.4	277.4	277.4
		L90×6				22.2	55.6	57.9	206.0		112.3	107.0		454.0	448.7	341.7
		L80×7		58.8	22.5									81.3	81.3	81.3
		L80×6					44.5	47.1						91.6	91.6	91.6
		L75×6	22.1	31.4					97.4					151.0	151.0	151.0
		L75×5	287.1	320.8					41.2			69.6		649.0	649.0	718.7
		L70×6	26.1											26.1	26.1	26.1
		L70×5	335.8	224.1	140.0	142.9	107.4	107.5						1057.7	1057.7	1057.7
		L63×5	173.7	320.6	20.6	21.1	42.7	62.1			47.5	45.4		688.4	686.3	640.8
		小计	1322.0	1082.3	336.1	365.8	470.3	502.9	1970.8	1697.4	1163.5	1706.5	2421.0	8911.0	9454.0	10168.6
	Q235	L70×5										94.5	184.1		94.5	184.1
		L63×5							62.5		128.5	285.4	231.9	191.0	347.9	294.4
		L56×5	53.3	80.7						159.7		82.2	125.1	293.7	375.8	418.8
		L56×4	12.7	12.6		13.8	27.8	14.1	11.4					92.4	92.4	92.4
		L56×3	6.4	6.3										12.7	12.7	12.7
		L50×5								76.0	85.0	50.5		161.0	126.5	76.0
		L50×4	63.0	90.4	11.6	10.8		85.2						261.0	261.0	261.0
		L45×5							61.2	48.7	21.1	14.2	71.3	131.0	124.1	181.2
		L45×4	80.6	52.3	71.5	63.2	75.0		58.3		33.4		86.8	434.2	400.8	487.7
		L40×4	50.6	50.1	8.1	8.1	10.3	14.8						141.9	141.9	141.9
		小计	266.6	292.4	91.2	95.9	113.1	114.1	193.3	284.4	267.9	526.7	699.2	1718.9	1977.7	2150.2
钢板	Q420	−20								513.1	520.6	422.6		513.1	520.6	422.6
		−16					64.6			100.3	100.3	100.3		164.9	164.9	164.9
		−14							707.0	121.8	121.8	121.8		828.8	828.8	828.8
		−12		10.3	37.0	38.0		48.7	401.0					535.0	535.0	535.0
		−10							92.7					92.7	92.7	92.7
		−8		15.0										15.0	15.0	15.0
		小计		25.3	37.0	38.0	64.6	48.7	1200.7	735.2	742.8	644.7		2149.5	2157.0	2059.0
	Q345	−46								520.0	520.0	520.0		520.0	520.0	520.0
		−24			56.2	58.0	216.5	190.8						521.4	521.4	521.4
		−16	13.7	12.9					21.5					48.2	48.2	48.2
		−14								148.4	121.0			148.4	121.0	
		−12					5.6		121.0	240.0	210.3	227.0	443.7	576.8	593.6	810.2
		−10	54.8	62.2					124.4					241.4	241.4	241.4

图10-2 220-GC21S-JZY-02 220-GC21S-JZY转角塔材料汇总表（一）

材 料 汇 总 表

材料	材质	规格	1	2	3	4	5	6	7	8	9	10	11	呼高(m) 10	12	15
钢板	Q345	−8	114.4	110.1	15.8		10.4	3.9	84.4				23.4	339.0	362.4	339.0
		−6	122.4	103.3		12.1								237.8	237.8	237.8
		小计	305.4	288.5	72.0	70.1	232.4	194.6	351.3	240.0	878.7	891.5	963.7	2633.0	2645.8	2718.0
	Q235	−22					0.6							0.6	0.6	0.6
		−20		0.6	0.6	0.6								1.7	1.7	1.7
		−18			1.5	1.0				3.6				6.2	6.2	6.2
		−16				1.4		1.4						2.7	2.7	2.7
		−14	0.7	1.3					1.6	12.1				15.7	15.7	15.7
		−12	0.2	0.2			1.4		1.4	1.4			1.4	4.6	4.6	5.9
		−10	1.3	1.0	1.7			0.6	0.2					4.7	4.7	4.7
		−8			0.2				14.5					14.7	14.7	14.7
		−6	61.9	62.6					15.8		19.4	31.0	26.6	159.8	171.3	166.9
		−2											6.7			6.7
		小计	64.1	65.2	4.0	1.9	3.6	1.9	33.4	17.0	19.4	31.0	34.6	210.6	222.1	225.8
螺栓	6.8	M16×40	33.8	32.1	2.0	2.0	1.4	1.7	5.5		4.6	4.0	6.9	83.1	82.5	85.4
		M16×50	17.8	19.7	2.7	2.7	3.2	2.9	8.0	7.7	7.0	5.1	12.8	71.7	69.8	77.5
		M16×60	0.5	1.1						2.8				4.4	4.4	4.4
		小计	52.1	52.9	4.7	4.7	4.6	4.6	13.5	10.5	11.6	9.1	19.7	159.2	156.7	167.3
	6.8	M20×45	67.5	60.8	2.4	2.4	1.9	5.9	42.1		7.6	14.3	11.9	190.6	197.3	194.9
		M20×55	31.0	39.8	13.9	13.9	10.9	13.6	149.3	11.8	35.1	63.1	59.3	319.3	347.3	343.5
		M20×65	0.6	3.8	3.2	3.2	11.8	1.6	37.1	1.3	24.3	27.5	67.2	86.9	90.1	129.8
		M20×75							18.0					18.0	18.0	18.0
		M20×85							1.5					1.5	1.5	1.5
		M20×95							1.6					1.6	1.6	1.6
		小计	99.1	104.4	19.5	19.5	24.6	21.1	249.6	13.1	67.0	104.9	138.4	617.9	655.8	689.3
	8.8	M24×65							30.0	32.0	32.0	16.0		94.0	78.0	62.0
		M24×75							24.7	17.2	30.1	47.3	30.1	72.0	89.2	72.0
		M24×85							26.4		51.7	52.8	52.8	78.1	79.2	79.2
		小计							81.1	49.2	113.8	116.1	82.9	244.1	246.4	213.2
	6.8	M16×50（双帽）	2.3	2.3										4.6	4.6	4.6
		M16×60（双帽）	0.8	0.8					0.8					2.4	2.4	2.4
		小计	3.1	3.1					0.8					7.0	7.0	7.0
	6.8	M20×60（双帽）	18.1	16.6										34.7	34.7	34.7
		M20×70（双帽）	7.7	7.7					5.4					20.8	20.8	20.8
		M20×80（双帽）			7.4	7.4	15.7	23.9						54.4	54.4	54.4
		M20×90（双帽）					9.6							9.6	9.6	9.6
		小计	25.8	24.3	7.4	7.4	25.3	23.9	5.4					119.5	119.5	119.5
		螺栓合计	180.1	184.7	31.6	31.6	54.5	49.6	350.4	72.8	192.4	230.1	241.0	1147.7	1185.4	1196.3
脚钉	6.8	M16×180							7.8	6.5	1.3	5.2	4.5	15.6	19.5	18.8
	6.8	M20×200							3.7		3.7	2.5	1.2	7.4	6.2	4.9
	8.8	M24×240							1.8	3.6	5.4	3.6	3.6	10.8	9.0	9.0
		小计							13.3	10.1	10.4	11.3	9.3	33.8	34.7	32.7
垫圈	Q235	−3（φ17.5）								0.1	0.1		0.1	0.3	0.3	0.3
		−4（φ17.5）	0.3	0.3	0.1	0.1	0.1	0.1	0.1					1.1	1.1	1.1
		−3（φ21.5）	1.6	0.4							0.4			2.0	2.4	2.0
		−4（φ21.5）	2.2	2.8									0.2	5.0	5.0	5.2
		小计	4.2	3.6	0.1	0.1	0.1	0.1	0.1		0.1	0.5	0.3	8.4	8.8	8.6
		合计（kg）	2236.2	2415.5	827.2	877.9	1802.1	1723.6	4955.3	3534.7	4139.6	5410.3	7086.5	22512.1	23782.8	25459.0

图 10−2　220−GC21S−JZY−02　220−GC21S−JZY 转角塔材料汇总表（一）（续）

材 料 汇 总 表

下表段号列为 1–11，呼高（m）列为 10、12、15。

材料	材质	规格	1	2	3	4	5	6	7	8	9	10	11	呼高(m) 10	12	15
角钢	Q420	L200×18								1212.9	753.8	1151.8	1954.3	1966.7	2364.7	1212.9
		L200×16							140.3		118.2	118.2	118.2	258.5	258.5	258.5
		L180×14						838.7	62.3					901.0	901.0	901.0
		L180×12					502.5	38.1	49.5					590.0	590.0	590.0
		L160×10				376.9		505.0	78.7					960.7	960.7	960.7
		L140×10							57.5					230.8	230.8	230.8
		L125×10		173.3										1980.2	1980.2	1980.2
		L125×8	276.6	793.8	194.4	245.3		16.4	453.6							1954.3
		小计	276.6	967.1	194.4	622.2	502.5	1398.2	842.0	1212.9	872.0	1270.0	2072.5	6887.9	7285.9	8088.5
	Q345	L160×12							247.3	914.4	719.9	1271.6		1881.6	1161.7	1161.7
		L160×10							654.6				932.4	654.6	654.6	1587.0
		L140×10								783.0			919.4	783.0	783.0	1702.4
		L125×10						150.8			283.7	282.5		434.5	433.3	150.8
		L125×8					264.8		91.6				303.6	356.4	356.4	660.0
		L110×8							428.0				196.0	428.0	428.0	623.9
		L110×7												652.0	652.0	652.0
		L100×8	256.8		144.8		125.2	125.2						90.3	90.3	90.3
		L90×8		90.3										279.0	279.0	279.0
		L90×7	74.3						204.7					544.4	539.1	432.1
		L90×6		33.1		21.6	52.9	118.5	206.0		112.3	107.0		22.5	22.5	22.5
		L80×7			22.5									189.3	189.3	189.3
		L80×6		140.7			48.6							232.8	232.8	232.8
		L75×6	23.2	112.2					97.4					454.5	454.5	524.1
		L75×5	310.7	102.6					41.2				69.6	1534.6	1534.6	1534.6
		L70×5	372.3	454.8	137.9	178.8	199.4	191.4			47.5	45.4		416.0	413.8	368.4
		L63×5	143.2	159.2		21.5	21.9	22.6							1271.6	
		小计	1180.6	1092.8	305.2	221.9	712.7	608.5	1970.8	1697.4	1163.5	1706.5	2421.0	8953.3	9496.4	10210.9
	Q235	L70×5										94.5	184.1	94.5	184.1	
		L63×5		19.9					62.5		128.5	285.4	231.9	210.9	367.9	314.3
		L56×5	107.3	134.8						159.7		82.2	125.1	401.9	484.0	527.0
		L56×4	12.7	35.9		14.4	6.8	27.9	11.4					109.0	109.0	109.0
		L56×3	6.4	6.4										12.8	12.8	12.8
		L50×5	25.6							76.0	85.0	50.5		186.6	152.1	101.6
		L50×4	3.5		11.1	21.7	32.5	85.7						154.5	154.5	154.5
		L45×5							61.2	48.7	21.1	14.2	71.3	131.0	124.1	181.2
		L45×4	107.8	114.2	70.3	81.4	66.9	19.0	58.3		33.4		86.8	551.4	518.0	604.8
		L40×4	26.5	20.1	8.1	12.9	9.5	20.3						97.5	97.5	97.5
		小计	289.8	311.3	109.5	130.5	115.7	153.0	193.3	284.4	267.9	526.7	699.2	1855.5	2114.3	2286.8
钢板	Q420	−20									513.1	520.6	422.6	513.1	520.6	422.6
		−16									100.3	100.3	100.3	100.3	100.3	100.3
		−14						80.5	707.0		121.8	121.8	121.8	909.4	909.4	909.4
		−12		55.5		50.2	47.2		401.0					553.9	553.9	553.9
		−10	33.2	44.9	25.3			37.5	92.7					233.5	233.5	233.5
		−8	32.3	14.5				16.0						62.7	62.7	62.7
		小计	65.5	114.8	25.3	50.2	47.2	134.0	1200.7		735.2	742.8	644.7	2373.0	2380.5	2282.5
	Q345	−46									520.0	520.0	520.0	520.0	520.0	520.0
		−24			55.8	57.6	187.2	190.8						491.4	491.4	491.4
		−16	13.8	13.8					21.5					49.2	49.2	49.2
		−14									148.4	121.0		148.4	121.0	

图 10－3　220－GC21S－JZY－03　220－GC21S－JZY 转角塔材料汇总表（二）

材料汇总表

材料	材质	规格	段号											呼高(m)		
			1	2	3	4	5	6	7	8	9	10	11	10	12	15
钢板	Q345	−12							121.0	240.0	210.3	227.0	443.7	571.3	588.0	804.7
		−10		30.4				5.9	124.4					160.6	160.6	160.6
		−8	137.8	94.5			4.5		84.4					321.3	344.7	321.3
		−6	89.2	129.5	12.7							23.4		231.4	231.4	231.4
		小计	240.8	268.2	68.5	57.6	191.8	196.7	351.3	240.0	878.7	891.5	963.7	2493.5	2506.3	2578.5
	Q235	−18			0.5			1.5		3.6				5.6	5.6	5.6
		−16		0.6	0.5	1.4								2.4	2.4	2.4
		−14	0.7	1.5	1.2				1.6	12.1				17.0	17.0	17.0
		−12	0.2	1.5				1.0	1.4	1.4			1.4	5.5	5.5	6.9
		−10	1.6			1.1	0.6	1.0	0.2					4.4	4.4	4.4
		−8		0.7					14.5					15.2	15.2	15.2
		−6	61.9	57.1					15.8					154.2	165.7	161.3
		−2									19.4	31.0	26.6	6.7		6.7
		小计	64.4	61.4	1.7	1.6	1.9	3.6	33.4	17.0	19.4	31.0	26.6	204.4	215.9	219.6
螺栓	6.8	M16×40	32.8	31.1	3.5	2.6	1.9	0.3	5.5		4.6	4.0	6.9	82.3	81.7	84.6
		M16×50	18.9	20.6	1.1	3.8	3.0	6.2	8.0	7.7	7.0	5.1	12.8	76.3	74.4	82.1
		M16×60	0.5	1.2						2.8				4.5	4.5	4.5
		小计	52.2	52.9	4.6	6.4	4.9	6.5	13.5	10.5	11.6	9.1	19.7	163.1	160.6	171.2
	6.8	M20×45	57.8	58.6	8.1	5.9	7.0	1.6	42.1		7.6	14.3	11.9	188.7	195.4	193.0
		M20×55	38.6	52.8	9.1	11.8	12.4	22.1	149.3	11.8	35.1	63.1	59.3	343.0	371.0	367.2
		M20×65	0.6	10.2	0.3	0.3	1.6	15.0	37.1	1.3	24.3	27.5	67.2	90.7	93.9	133.6
		M20×75							18.0					18.0	18.0	18.0
		M20×85							1.5					18.0	18.0	18.0
		M20×95							1.6					1.5	1.5	1.5
		小计	97.0	121.6	17.5	18.0	21.0	38.7	249.6	13.1	67.0	104.9	138.4	643.5	681.4	714.9
	8.8	M24×65							30.0	32.0	32.0	16.0		94.0	78.0	62.0
		M24×75						25.8	24.7	17.2	30.1	47.3	30.1	97.8	115.0	97.8
		M24×85							26.4		51.7	52.8	52.8	78.1	79.2	79.2
		小计						25.8	81.1	49.2	113.8	116.1	82.9	269.9	272.2	239.0
	6.8	M16×50（双帽）	2.3	2.3										4.6	4.6	4.6
		M16×60（双帽）	0.8	0.8				0.8						2.4	2.4	2.4
		小计	3.1	3.1				0.8						7.0	7.0	7.0
	6.8	M20×60（双帽）	18.1	13.0										31.1	31.1	31.1
		M20×70（双帽）	7.7	11.6					5.4					24.7	24.7	24.7
		M20×80（双帽）			7.4	7.4	23.9	14.8						53.5	53.5	53.5
		M20×90（双帽）						9.6						9.6	9.6	9.6
		小计	25.8	24.6	7.4	7.4	23.9	24.4	5.4					118.9	118.9	118.9
		螺栓合计	178.1	202.2	29.5	31.8	49.8	95.4	350.4	72.8	192.4	230.1	241.0	1202.4	1240.1	1251.0
脚钉	6.8	M16×180							7.8	6.5	1.3	5.2	4.5	15.6	19.5	18.8
	6.8	M20×200							3.7		3.7	2.5	1.2	7.4	6.2	4.9
	8.8	M24×240							1.8	3.6	5.4	3.6	3.6	10.8	9.0	9.0
		小计							13.3	10.1	10.4	11.3	9.3	33.8	34.7	32.7
垫圈	Q235	−3（φ17.5）	0.1	0.1					0.1					0.3	0.3	0.3
		−4（φ17.5）	0.3	0.3	0.1	0.1	0.1	0.1	0.1		0.1	0.1	0.1	1.1	1.1	1.1
		−3（φ21.5）	1.6	0.4							0.4			2.0	2.4	2.0
		−4（φ21.5）	2.2	2.8									0.2	5.0	5.0	5.2
		小计	4.2	3.6	0.1	0.1	0.1	0.1	0.1		0.5	0.1	0.3	8.4	8.8	8.6
合计（kg）			2300.0	3021.5	734.2	1115.9	1621.7	2589.4	4955.3	3534.7	4139.6	5410.3	7086.5	24012.2	25283.0	26959.1

图 10−3　220−GC21S−JZY−03　220−GC21S−JZY 转角塔材料汇总表（二）（续）

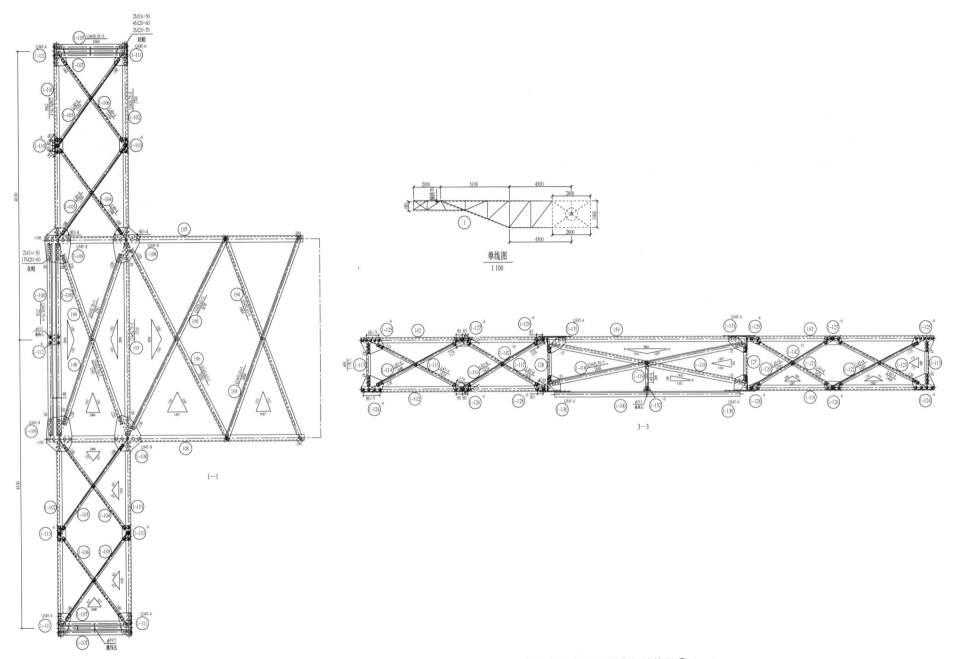

图 10-4　220-GC21S-JZY-04　220-GC21S-JZY 转角塔内角侧地线支架结构图①（一）

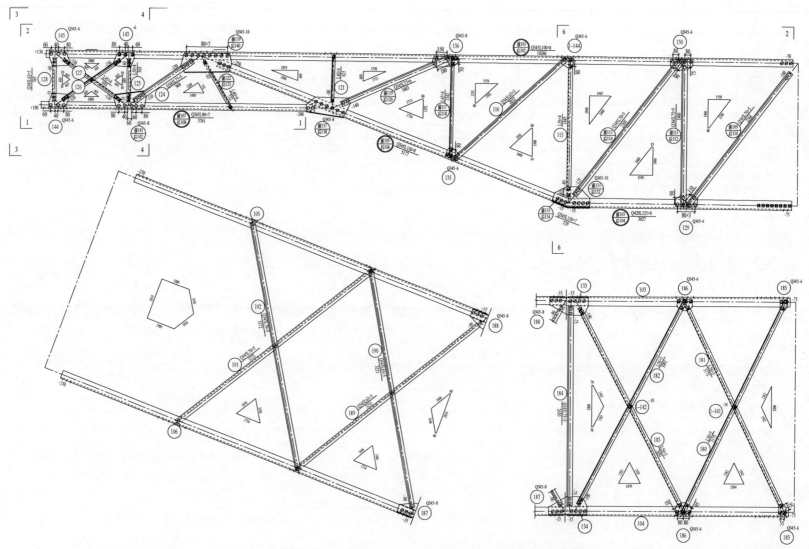

图 10-4　220-GC21S-JZY-04　220-GC21S-JZY 转角塔内角侧地线支架结构图①（一）（续）

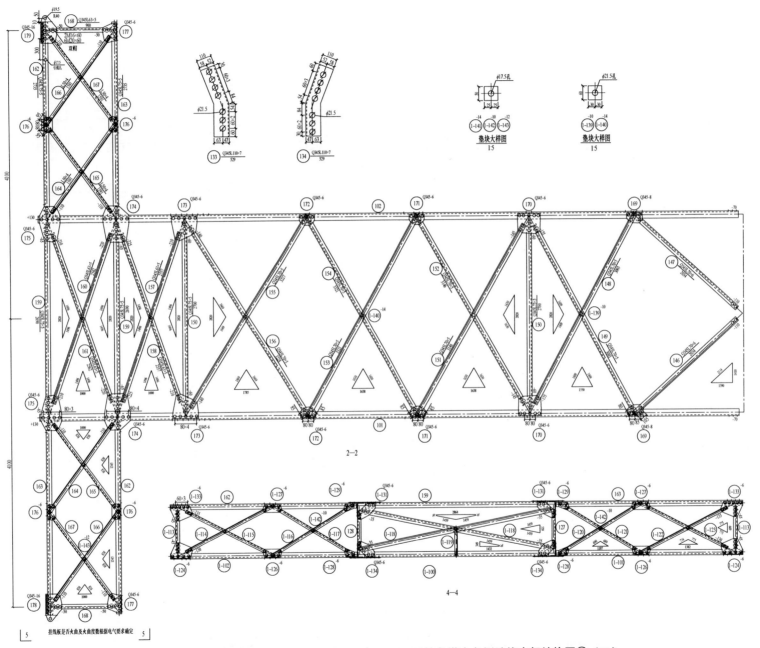

图 10-5　220-GC21S-JZY-05　220-GC21S-JZY 转角塔内角侧地线支架结构图①（二）

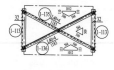

5—5

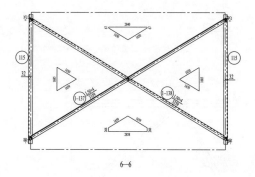

6—6

构 件 明 细 表

编号	规格	长度（mm）	数量	一件	小计	备注
101	Q345L100×8	10260	1	125.95	126.0	
102	Q345L100×8	10260	1	125.95	126.0	
103	Q420L125×8	3027	1	46.93	46.9	
104	Q420L125×8	3027	1	46.93	46.9	
105	Q345L110×8	5177	1	70.06	70.1	切角
106	Q345L110×8	5177	1	70.06	70.1	切角
107	Q345L90×7	3761	1	36.32	36.3	切角
108	Q345L90×7	3761	1	36.32	36.3	切角
109	Q345L70×5	2268	1	12.24	12.2	
110	Q345L70×5	2268	1	12.24	12.2	切角
111	Q345L75×5	1960	1	11.40	11.4	
112	Q345L75×5	1960	1	11.40	11.4	
113	Q345L70×5	2305	1	12.44	12.4	切角
114	Q345L70×5	2305	1	12.44	12.4	切角
115	L56×4	1845	2	6.36	12.7	
116	Q345L63×5	2052	2	9.89	19.8	
117	L45×4	1342	1	3.67	3.7	
118	L45×4	1342	1	3.67	3.7	
119	Q345L75×6	1603	1	11.07	11.1	
120	Q345L75×6	1603	1	11.07	11.1	
121	L40×4	625	2	1.51	3.0	
122	L40×4	732	1	1.77	1.8	切角
123	L40×4	732	1	1.77	1.8	切角
124	Q345L75×5	969	2	5.64	11.3	
125	L50×4	565	2	1.73	3.5	
126	L45×4	959	2	2.62	5.2	
127	L45×4	959	2	2.62	5.2	切角
128	Q345L63×5	565	2	2.72	5.4	
129	Q345-6×162	303	2	2.32	4.6	
130	Q345-6×146	304	2	2.10	4.2	
131	Q345-10×270	515	1	10.93	10.9	
132	Q345-10×270	515	1	10.93	10.9	
133	Q345L110×7	529	1	6.31	6.3	制弯，铲背
134	Q345L110×7	529	1	6.31	6.3	制弯，铲背
135	Q345-6×136	185	2	1.19	2.4	
136	Q345-8×147	362	2	3.36	6.7	
137	Q345-8×304	612	1	11.72	11.7	火曲；卷边
138	Q345-8×304	612	1	11.72	11.7	火曲；卷边
139	Q345-10×300	698	1	16.48	16.5	火曲；卷边
140	Q345-10×300	698	1	16.48	16.5	火曲；卷边
141	Q345-8×270	454	1	7.73	7.7	火曲；卷边
142	Q345-8×270	454	1	7.73	7.7	火曲；卷边
143	-6×184	288	2	2.51	5.0	
144	Q345-6×179	279	2	2.37	4.7	
145	Q345-6×184	288	2	2.51	5.0	
146	Q345L70×6	2034	1	13.03	13.0	
147	Q345L70×6	2034	1	13.03	13.0	切角
148	Q345L70×5	3093	1	16.69	16.7	
149	Q345L70×5	3093	1	16.69	16.7	切角
150	Q345L75×5	2700	2	15.71	31.4	
151	Q345L70×5	3146	1	16.98	17.0	
152	Q345L70×5	3146	1	16.98	17.0	切角
153	Q345L70×5	3321	1	17.92	17.9	
154	Q345L70×5	3321	1	17.92	17.9	切角
155	Q345L70×5	3227	1	17.42	17.4	
156	Q345L70×5	3228	1	17.42	17.4	切角
157	Q345L63×5	2557	1	12.33	12.3	
158	Q345L63×5	2557	1	12.33	12.3	切角
159	Q345L75×5	2690	2	15.65	31.3	
160	Q345L63×5	2562	1	12.35	12.4	
161	Q345L63×5	2562	1	12.35	12.4	切角
162	Q345L75×5	2735	2	15.91	31.8	
163	Q345L75×5	2735	2	15.91	31.8	
164	L50×4	1591	2	4.87	9.7	
165	L50×4	1591	2	4.87	9.7	切角
166	L50×4	1591	2	4.87	9.7	
167	L50×4	1591	2	4.87	9.7	切角
168	Q345L63×5	900	2	4.34	8.7	
169	Q345-8×146	233	2	2.15	4.3	
170	Q345-6×287	340	2	4.61	9.2	
171	Q345-6×147	220	2	1.52	3.0	
172	Q345-6×147	220	2	1.52	3.0	
173	Q345-6×352	380	2	6.30	12.6	
174	Q345-6×380	520	2	9.31	18.6	
175	Q345-6×300	506	2	7.15	14.3	
176	-6×116	222	4	1.22	4.9	
177	Q345-6×200	273	2	2.58	5.2	
178	Q345-16×200	273	1	6.87	6.9	火曲，电焊
179	Q345-16×200	273	1	6.87	6.9	火曲，电焊
180	L56×5	3173	1	13.49	13.5	
181	L56×5	3173	1	13.49	13.5	
182	L56×5	3091	1	13.14	13.1	
183	L56×5	3091	1	13.14	13.1	
184	Q345L75×5	2650	1	15.42	15.4	
185	Q345-6×105	149	1	0.74	1.5	
186	Q345-6×149	210	2	1.48	3.0	
187	Q345-8×239	533	1	8.03	8.0	火曲
188	Q345-8×239	533	1	8.03	8.0	火曲
189	Q345L63×5	3231	1	15.58	15.6	
190	Q345L63×5	3231	1	15.58	15.6	切角
191	Q345L70×5	3372	1	18.20	18.2	
192	Q345L70×5	3372	1	18.20	18.2	切角
193	Q345L63×5	3084	1	14.87	14.9	
194	Q345L63×5	3084	1	14.87	14.9	
195	Q345L63×5	3058	1	14.75	14.7	
196	Q345L63×5	3058	1	14.75	14.7	切角
197	Q345L75×5	2720	1	15.82	15.8	
198	Q345L70×5	2561	1	13.82	13.8	
199	Q345L70×5	2561	1	13.82	13.8	切角
1-100	Q345L75×5	2720	2	15.82	31.6	
1-101	Q345L75×5	2740	2	15.94	31.9	
1-102	Q345L75×5	2740	2	15.94	31.9	
1-103	L40×4	1599	2	3.87	7.7	
1-104	L40×4	1599	2	3.87	7.7	切角
1-105	L40×4	1559	2	3.78	7.6	
1-106	L40×4	1559	2	3.78	7.6	切角
1-107	Q345L70×5	1060	4	5.72	22.9	
1-108	Q345-8×380	507	2	12.10	24.2	
1-109	Q345-8×380	507	2	12.10	24.2	
1-110	-6×115	216	4	1.18	4.7	
1-111	Q345-6×192	303	4	2.75	11.0	
1-112	-6×130	198	1	1.21	1.2	电焊
1-113	L56×3	609	1	1.60	6.4	
1-114	L45×4	1446	2	3.96	7.9	
1-115	L45×4	1439	2	3.94	7.9	
1-116	L45×4	1424	2	3.90	7.8	切角
1-117	L45×4	1426	2	3.90	7.8	
1-118	Q345L70×5	2848	4	15.37	61.5	
1-119	L40×4	400	2	0.97	1.9	下压扁
1-120	L45×4	1426	2	3.90	7.8	
1-121	L45×4	1424	2	3.90	7.8	切角
1-122	L45×4	1439	2	3.94	7.9	
1-123	L45×4	1446	2	3.96	7.9	切角
1-124	-6×223	320	4	3.36	13.5	
1-125	-6×233	325	2	3.57	7.1	电焊
1-126	-6×116	271	4	1.49	6.0	
1-127	-6×112	272	4	1.44	5.8	
1-128	-6×116	152	4	0.84	3.3	
1-129	-6×112	152	4	0.81	3.2	
1-130	Q345-6×149	327	2	2.30	4.6	
1-131	Q345-6×140	345	4	2.29	9.1	
1-132	-6×74	130	1	0.46	0.5	电焊
1-133	-6×220	325	2	3.37	6.7	
1-134	Q345-6×149	327	2	2.30	4.6	
1-135	L40×4	1183	2	2.87	5.7	切角
1-136	L40×4	1183	2	2.87	5.7	
1-137	L50×4	3359	1	10.28	10.3	
1-138	L50×4	3359	1	10.28	10.3	切角
1-139	-10×60	60	1	0.28	0.3	
1-140	-14×60	60	1	0.40	0.4	
1-141	-14×50	50	1	0.27	0.3	
1-142	-10×50	50	5	0.20	1.0	
1-143	-12×50	50	1	0.24	0.2	
1-144	Q345-6×130	135	2	0.83	1.7	
	合计				2051.2kg	

螺栓、垫圈、脚钉明细表

名称	级别	规格	符号	数量	质量（kg）	备注
螺栓	6.8	M16×40		235	33.8	
		M16×50		111	17.8	
		M16×50		12	2.3	双帽
		M16×60		3	0.5	
		M16×60		4	0.8	双帽
		M20×45		250	67.5	
		M20×55		105	31.0	
		M20×60		50	18.1	双帽
		M20×65		2	0.6	
		M20×70		20	7.7	双帽
垫圈	Q235	-3（φ17.5）		6	0.1	
		-4（φ17.5）	规格×个数	44	0.3	
		-3（φ21.5）		16	1.6	
		-4（φ21.5）		22	2.2	
	合计				184.3kg	

图 10-5 220-GC21S-JZY-05 220-GC21S-JZY 转角塔内角侧地线支架结构图①（二）（续）

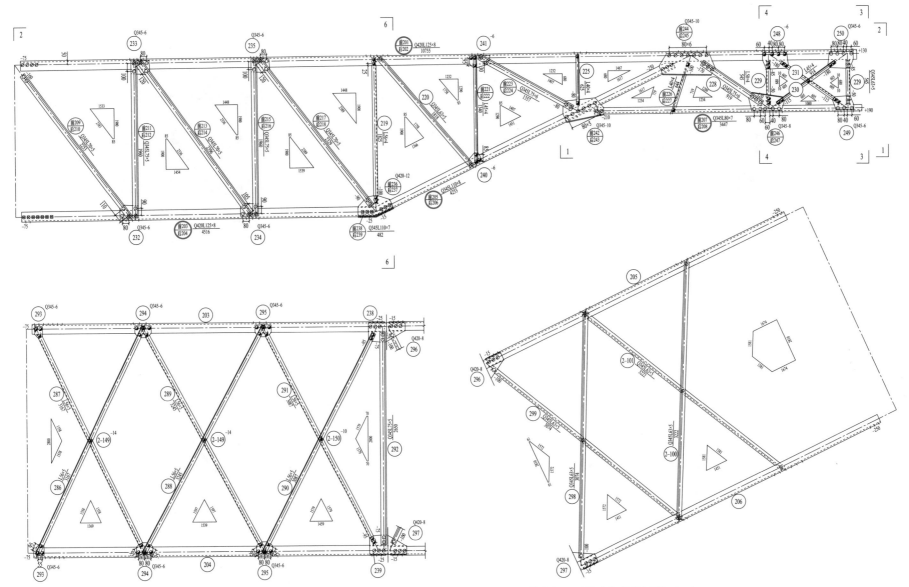

图 10-6 220-GC21S-JZY-06 220-GC21S-JZY 转角塔外角侧地线支架结构图②（一）

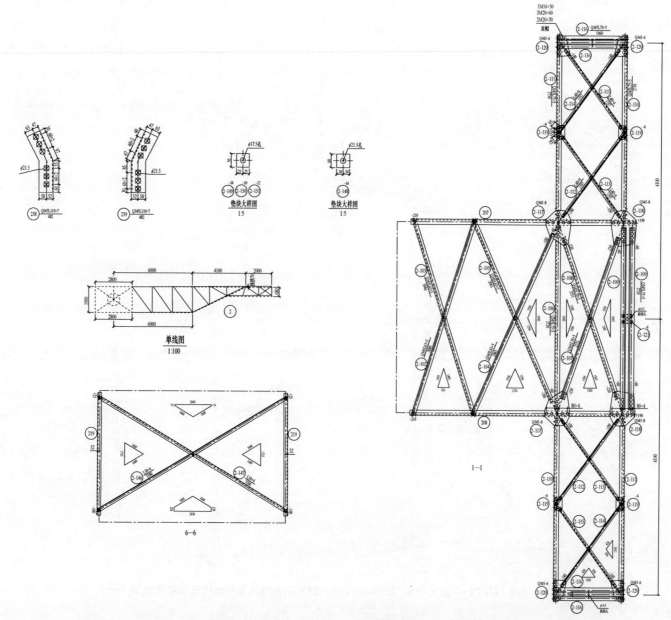

图 10-6　220-GC21S-JZY-06　220-GC21S-JZY 转角塔外角侧地线支架结构图②（一）（续）

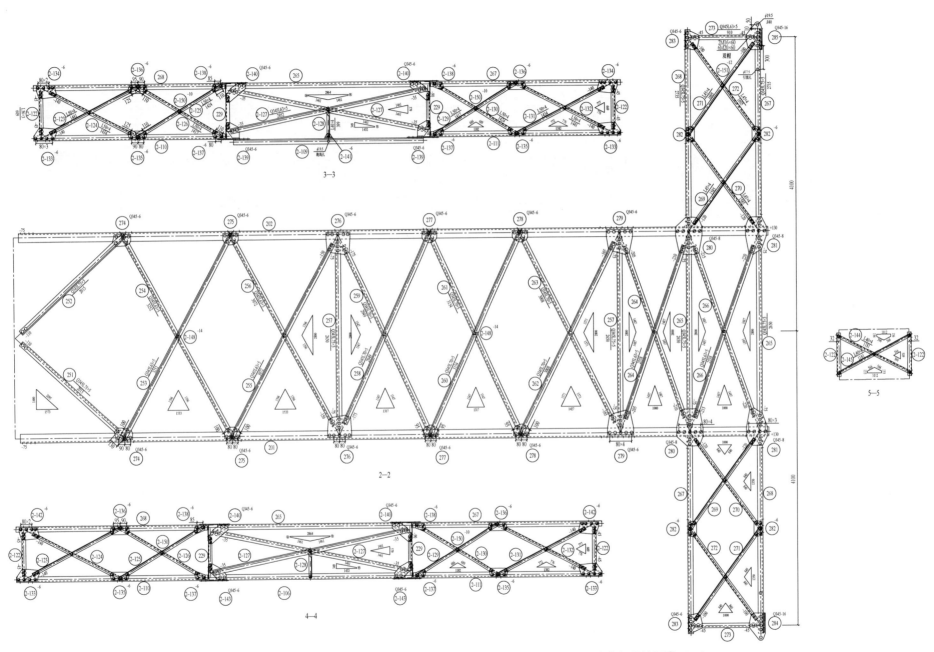

图10-7　220-GC21S-JZY-07　220-GC21S-JZY转角塔外角侧地线支架结构图②（二）

螺栓、垫圈、脚钉明细表

名称	级别	规格	符号	数量	质量（kg）	备注
螺栓	6.8	M16×40	◐	223	32.1	
		M16×50	◑	123	19.7	
		M16×50	⊙	12	2.3	双帽
		M16×60	⊠	6	1.1	
		M16×60	⊙	4	0.8	双帽
		M20×45	⊙	225	60.8	
		M20×55	⊘	135	39.8	
		M20×60	⊙	46	16.6	双帽
		M20×65	⊠	12	3.8	
		M20×70	⊙	20	7.7	双帽
垫圈	Q235	−3（φ17.5）	规格×个数	6	0.1	
		−4（φ17.5）		34	0.3	
		−3（φ21.5）		4	0.4	
		−4（φ21.5）		28	2.8	
合计					188.3kg	

构 件 明 细 表

编号	规格	长度（mm）	数量	一件 质量（kg）	小计	备注	编号	规格	长度（mm）	数量	一件 质量（kg）	小计	备注
201	Q420L125×8	10755	1	166.75	166.7		278	Q345−6×161	220	2	1.68	3.4	
202	Q420L125×8	10755	1	166.75	166.7		279	Q345−6×346	380	2	6.20	12.4	
203	Q420L125×8	4516	1	70.02	70.0		280	Q345−8×380	520	2	12.42	24.8	
204	Q420L125×8	4516	1	70.02	70.0		281	Q345−8×300	526	2	9.92	19.8	
205	Q345L110×8	4253	1	57.55	57.6	切角	282	−6×114	219	4	1.19	4.7	
206	Q345L110×8	4253	1	57.55	57.6	切角	283	Q345−6×195	263	2	2.42	4.8	
207	Q345L80×7	3447	1	29.39	29.4	切角	284	Q345−16×195	263	1	6.46	6.5	火曲,电焊
208	Q345L80×7	3447	1	29.39	29.4	切角	285	Q345−16×195	264	1	6.48	6.5	火曲,电焊
209	Q345L70×5	2253	1	12.16	12.2	切角	286	L56×5	3167	1	13.46	13.5	
210	Q345L70×5	2253	1	12.16	12.2	切角	287	L56×5	3167	1	13.46	13.5	切角
211	Q345L75×5	1960	1	11.40	11.4		288	L56×5	3245	1	13.79	13.8	
212	Q345L75×5	1960	1	11.40	11.4		289	L56×5	3245	1	13.79	13.8	切角
213	Q345L70×5	2396	1	12.93	12.9	切角	290	L56×5	3087	1	13.12	13.1	
214	Q345L70×5	2396	1	12.93	12.9	切角	291	L56×5	3087	1	13.12	13.1	切角
215	Q345L75×5	1960	1	11.40	11.4		292	Q345L75×5	2650	1	15.42	15.4	
216	Q345L75×5	1960	1	11.40	11.4		293	Q345−6×105	150	2	0.74	1.5	
217	Q345L70×5	2329	1	12.57	12.6	切角	294	Q345−6×150	210	2	1.48	3.0	
218	Q345L70×5	2329	1	12.57	12.6	切角	295	Q345−6×149	210	2	1.48	3.0	
219	L56×4	1825	2	6.29	12.6		296	Q420−8×245	487	1	7.49	7.5	火曲
220	Q345L63×5	1818	2	8.77	17.5		297	Q420−8×245	487	1	7.49	7.5	火曲
221	L45×4	1340	1	3.67	3.7		298	Q345L63×5	3074	1	14.82	14.8	
222	L45×4	1340	1	3.67	3.7		299	Q345L63×5	3074	1	14.82	14.8	切角
223	Q345L75×6	1357	1	9.37	9.4		2−100	Q345L63×5	3222	1	15.54	15.5	
224	Q345L75×6	1357	1	9.37	9.4		2−101	Q345L63×5	3222	1	15.54	15.5	切角
225	L40×4	625	2	1.51	3.0		2−102	Q345L63×5	3046	1	14.69	14.7	
226	L40×4	644	1	1.56	1.6	切角	2−103	Q345L63×5	3046	1	14.69	14.7	切角
227	L40×4	644	1	1.56	1.6	切角	2−104	Q345L63×5	2963	1	14.29	14.3	
228	Q345L75×6	919	2	6.35	12.7		2−105	Q345L63×5	2963	1	14.29	14.3	切角
229	Q345L63×5	545	4	2.63	10.5		2−106	Q345L75×5	2720	1	15.82	15.8	
230	L45×4	914	2	2.50	5.0		2−107	Q345L70×5	2551	1	13.77	13.8	
231	L45×4	914	2	2.50	5.0		2−108	Q345L70×5	2551	1	13.77	13.8	
232	Q345−6×162	236	2	1.81	3.6		2−109	Q345L75×5	2720	2	15.82	31.6	
233	Q345−6×172	238	2	1.94	3.9		2−110	Q345L75×5	2730	2	15.88	31.8	
234	Q345−6×160	233	2	1.76	3.5		2−111	Q345L75×5	2730	2	15.88	31.8	
235	Q345−6×170	241	2	1.94	3.9		2−112	L40×4	1597	2	3.87	7.7	
236	Q420−12×238	458	2	10.28	10.3		2−113	L40×4	1597	2	3.87	7.7	切角
238	Q345L110×7	482	1	5.75	5.7	制弯,铲背	2−114	L40×4	1557	2	3.77	7.5	
239	Q345L110×7	482	1	5.75	5.7	制弯,铲背	2−115	L40×4	1557	2	3.77	7.5	切角
240	−6×134	190	2	1.20	2.4		2−116	Q345L70×5	1060	4	5.72	22.9	
241	−6×150	271	2	1.92	3.8		2−117	Q345−8×387	511	2	12.45	24.9	
242	Q345−10×306	529	1	12.75	12.7	火曲,卷边	2−118	Q345−8×387	511	2	12.45	24.9	
243	Q345−10×306	529	1	12.75	12.7	火曲,卷边	2−119	−6×112	216	4	1.15	4.6	
244	Q345−10×323	724	1	18.37	18.4	火曲,卷边	2−120	Q345−6×189	303	4	2.71	10.8	
245	Q345−10×323	724	1	18.37	18.4	火曲,卷边	2−121	−6×130	198	1	1.21	1.2	电焊
246	Q345−8×270	459	1	7.81	7.8	火曲,卷边	2−122	L56×3	604	4	1.58	6.3	
247	Q345−8×270	459	1	7.81	7.8	火曲,卷边	2−123	L50×4	1439	2	4.40	8.8	
248	−6×209	329	2	3.26	6.5		2−124	L50×4	1430	2	4.37	8.7	切角
249	Q345−6×169	275	2	2.20	4.4		2−125	L50×4	1423	2	4.35	8.7	
250	Q345−6×209	329	2	3.26	6.5		2−127	Q345L63×5	2851	4	13.75	55.0	
251	Q345L75×5	2015	1	11.72	11.7	切角	2−128	L40×4	397	2	0.96	1.9	下压扁
252	Q345L75×5	2015	1	11.72	11.7		2−129	L50×4	1410	2	4.31	8.6	
253	Q345L63×5	3252	1	15.68	15.7		2−130	L50×4	1423	2	4.35	8.7	切角
254	Q345L63×5	3252	1	15.68	15.7		2−131	L50×4	1430	2	4.37	8.7	
255	Q345L63×5	3072	1	14.81	14.8		2−132	L50×4	1439	2	4.40	8.8	切角
256	Q345L63×5	3072	1	14.81	14.8		2−133	−6×170	330	4	2.65	10.6	
257	Q345L75×5	2650	2	15.42	30.8		2−134	−6×183	290	2	2.51	5.0	电焊
258	Q345L70×5	2949	1	15.92	15.9		2−135	−6×114	274	4	1.48	5.9	
259	Q345L70×5	2949	1	15.92	15.9		2−136	−6×115	274	4	1.49	6.0	
260	Q345L70×5	3154	1	17.02	17.0		2−137	−6×115	153	4	0.84	3.3	
261	Q345L70×5	3154	1	17.02	17.0		2−138	−6×114	154	4	0.83	3.3	
262	Q345L70×5	3008	1	16.23	16.2		2−139	Q345−6×142	320	2	2.15	4.3	
263	Q345L70×5	3008	1	16.23	16.2		2−140	Q345−6×133	375	4	2.37	9.5	
264	Q345L63×5	2558	2	12.33	24.7		2−141	−6×74	130	1	0.46	0.5	电焊
265	Q345L75×5	2650	2	15.42	30.8		2−142	−6×170	290	2	2.33	4.7	
266	Q345L63×5	2538	2	12.24	24.5		2−143	Q345−6×142	320	2	2.15	4.3	
267	Q345L75×5	2735	2	15.91	31.8		2−144	L40×4	1181	2	2.86	5.7	切角
268	Q345L75×5	2735	2	15.91	31.8		2−145	L40×4	1181	2	2.86	5.7	
269	L45×4	1585	2	4.34	8.7		2−146	L50×4	3380	1	10.34	10.3	切角
270	L45×4	1585	2	4.34	8.7	切角	2−147	L50×4	3380	1	10.34	10.3	切角
271	L45×4	1605	2	4.39	8.8		2−148	−14×60	60	2	0.40	0.8	
272	L45×4	1605	2	4.39	8.8	切角	2−149	−14×50	50	2	0.27	0.5	
273	Q345L63×5	910	2	4.39	8.8		2−150	−10×50	50	5	0.20	1.0	
274	Q345−6×165	253	2	1.97	3.9		2−151	−12×50	50	1	0.24	0.2	
275	Q345−6×159	220	2	1.66	3.3		合计					2226.6kg	
276	Q345−6×311	340	2	4.99	10.0								
277	Q345−6×158	220	2	1.64	3.3								

图 10−7 220−GC21S−JZY−07 220−GC21S−JZY 转角塔外角侧地线支架结构图②（二）（续）

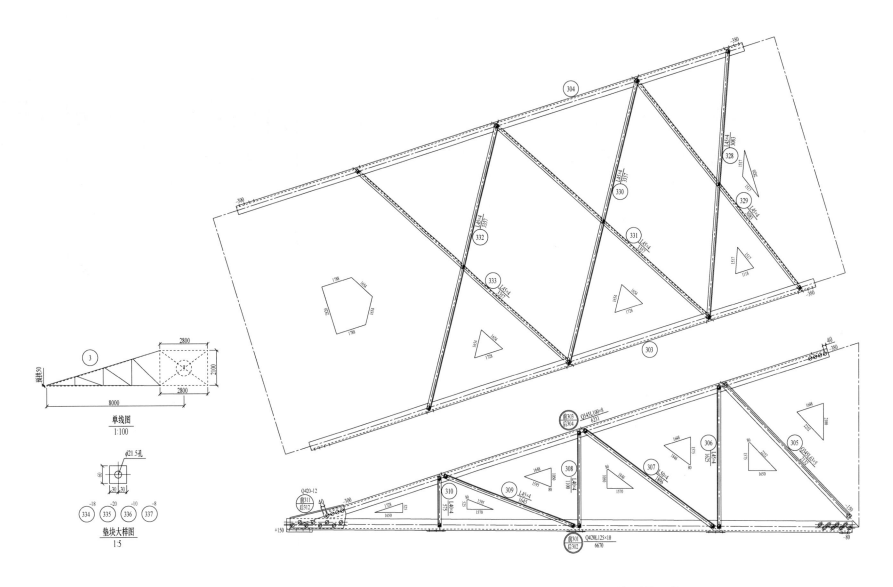

图 10-8 220-GC21S-JZY-08 220-GC21S-JZY 转角塔内角侧上导线横担结构图③

构 件 明 细 表

编号	规格	长度(mm)	数量	质量（kg） 一件	质量（kg） 小计	备注
301	Q420L125×10	6670	1	127.62	127.6	
302	Q420L125×10	6670	1	127.62	127.6	
303	Q345L100×8	6231	1	76.49	76.5	切角
304	Q345L100×8	6231	1	76.49	76.5	切角
305	Q345L63×5	2132	2	10.28	20.6	
306	L45×4	1625	2	4.45	8.9	
307	L50×4	1896	2	5.80	11.6	
308	L40×4	1100	2	2.66	5.3	
309	L45×4	1645	2	4.50	9.0	
310	L40×4	575	2	1.39	2.8	
311	Q420 – 12×302	649	1	18.50	18.5	火曲；卷边
312	Q420 – 12×302	649	1	18.50	18.5	火曲；卷边
313	Q345L70×5	3263	1	17.61	17.6	
314	Q345L70×5	3263	1	17.61	17.6	切角
315	Q345L70×5	3310	1	17.86	17.9	
316	Q345L70×5	3310	1	17.86	17.9	切角
317	Q345L70×5	3310	1	17.86	17.9	
318	Q345L70×5	3310	1	17.86	17.9	切角
319	Q345L70×5	3090	1	16.68	16.7	
320	Q345L70×5	3090	1	16.68	16.7	切角
321	Q345L80×7	2640	1	22.51	22.5	
322	Q345 – 8×125	160	2	1.26	2.5	
323	Q345 – 8×160	220	2	2.22	4.4	
324	Q345 – 8×159	220	2	2.21	4.4	
325	Q345 – 8×160	220	2	2.21	4.4	
326	Q345 – 24×309	481	1	28.09	28.1	火曲
327	Q345 – 24×309	481	1	28.09	28.1	火曲
328	L45×4	3083	1	8.44	8.4	
329	L45×4	3083	1	8.44	8.4	
330	L45×4	3357	1	9.18	9.2	
331	L45×4	3357	1	9.18	9.2	
332	L45×4	3357	1	9.18	9.2	
333	L45×4	3357	1	9.18	9.2	
334	– 18×60	60	3	0.51	1.5	
335	– 20×60	60	1	0.57	0.6	
336	– 10×60	60	6	0.28	1.7	
337	– 8×60	60	1	0.23	0.2	
合计					795.5kg	

螺栓、垫圈、脚钉明细表

名称	级别	规格	符号	数量	质量（kg）	备注
螺栓	6.8	M16×40	◑	14	2.0	
		M16×50	◑	17	2.7	
		M20×45	○	9	2.4	
		M20×55	⊘	47	13.9	
		M20×65	⊗	10	3.2	
		M20×80	○	14	7.4	双帽
垫圈	Q235	– 4（φ17.5）	规格×个数	6	0.1	
合计					31.7kg	

图 10－8　220－GC21S－JZY－08　220－GC21S－JZY 转角塔内角侧上导线横担结构图③（续）

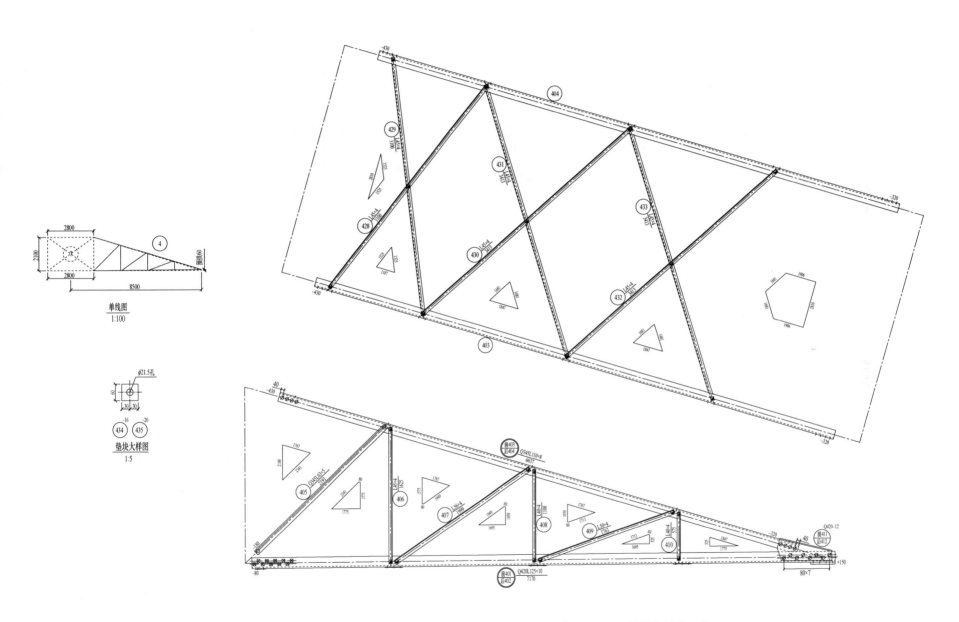

图 10-9　220-GC21S-JZY-09　220-GC21S-JZY 转角塔外角侧上导线横担结构图④

构 件 明 细 表

编号	规格	长度(mm)	数量	质量（kg）一件	质量（kg）小计	备注
401	Q420L125×10	7170	1	137.18	137.2	切角
402	Q420L125×10	7170	1	137.18	137.2	切角
403	Q345L110×8	6637	1	89.81	89.8	切角
404	Q345L110×8	6637	1	89.81	89.8	切角
405	Q345L63×5	2191	2	10.57	21.1	
406	L45×4	1625	2	4.45	8.9	
407	L56×4	1999	2	6.89	13.8	
408	L40×4	1100	2	2.66	5.3	
409	L50×4	1763	2	5.39	10.8	
410	L40×4	575	2	1.39	2.8	
411	Q420－12×293	688	1	19.02	19.0	火曲；卷边
412	Q420－12×293	688	1	19.02	19.0	火曲；卷边
413	Q345L70×5	3318	1	17.91	17.9	
414	Q345L70×5	3318	1	17.91	17.9	切角
415	Q345L70×5	3375	1	18.21	18.2	
416	Q345L70×5	3375	1	18.21	18.2	切角
417	Q345L70×5	3375	1	18.21	18.2	
418	Q345L70×5	3375	1	18.21	18.2	切角
419	Q345L70×5	3169	1	17.10	17.1	
420	Q345L70×5	3169	1	17.10	17.1	切角
421	Q345L90×6	2660	1	22.21	22.2	
422	Q345－6×130	159	2	0.98	2.0	
423	Q345－6×162	220	2	1.69	3.4	
424	Q345－6×162	220	2	1.69	3.4	
425	Q345－6×163	220	2	1.69	3.4	
426	Q345－24×324	474	1	29.02	29.0	火曲
427	Q345－24×324	474	1	29.02	29.0	火曲
428	L45×4	3100	1	8.48	8.5	
429	L45×4	3100	1	8.48	8.5	
430	L45×4	3413	1	9.34	9.3	
431	L45×4	3413	1	9.34	9.3	
432	L45×4	3413	1	9.34	9.3	
433	L45×4	3413	1	9.34	9.3	
434	－16×60	60	3	0.45	1.4	
435	－20×60	60	1	0.57	0.6	
合计					846.1kg	

螺栓、垫圈、脚钉明细表

名称	级别	规格	符号	数量	质量（kg）	备注
螺栓	6.8	M16×40	◑	14	2.0	
		M16×50	◐	17	2.7	
		M20×45	○	9	2.4	
		M20×55	⊘	47	13.9	
		M20×65	⊗	10	3.2	
		M20×80	⊙	14	7.4	双帽
垫圈	Q235	－4（φ17.5）	规格×个数	6	0.1	
合计					31.7kg	

图 10-9 220－GC21S－JZY－09 220－GC21S－JZY 转角塔外角侧上导线横担结构图④（续）

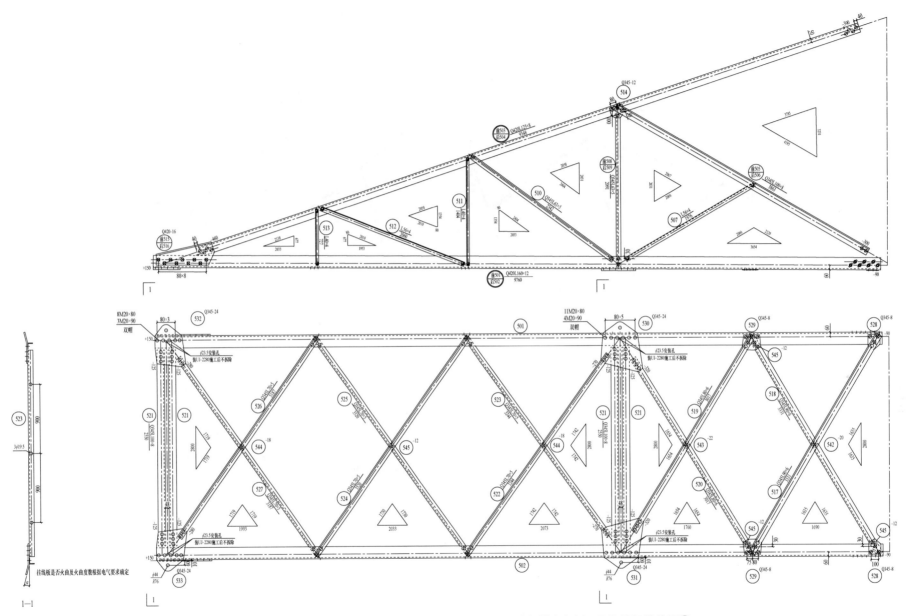

图 10-10　220-GC21S-JZY-10　220-GC21S-JZY 转角塔内角侧下导线横担结构图⑤

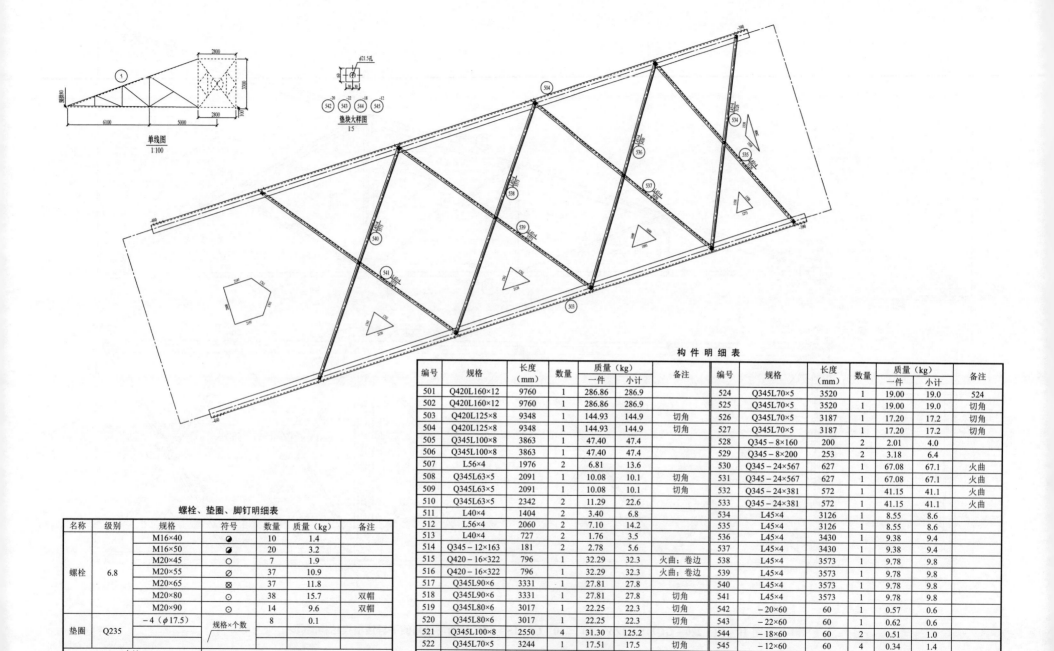

单线图
1:100

垫块大样图
1:5

构件明细表

编号	规格	长度(mm)	数量	质量(kg)一件	质量(kg)小计	备注	编号	规格	长度(mm)	数量	质量(kg)一件	质量(kg)小计	备注
501	Q420L160×12	9760	1	286.86	286.9		524	Q345L70×5	3520	1	19.00	19.0	524
502	Q420L160×12	9760	1	286.86	286.9		525	Q345L70×5	3520	1	19.00	19.0	切角
503	Q420L125×8	9348	1	144.93	144.9	切角	526	Q345L70×5	3187	1	17.20	17.2	切角
504	Q420L125×8	9348	1	144.93	144.9	切角	527	Q345L70×5	3187	1	17.20	17.2	切角
505	Q345L100×8	3863	1	47.40	47.4		528	Q345−8×160	200	2	2.01	4.0	
506	Q345L100×8	3863	1	47.40	47.4		529	Q345−8×200	253	2	3.18	6.4	
507	L56×4	1976	2	6.81	13.6		530	Q345−24×567	627	1	67.08	67.1	火曲
508	Q345L63×5	2091	1	10.08	10.1	切角	531	Q345−24×567	627	1	67.08	67.1	火曲
509	Q345L63×5	2091	1	10.08	10.1	切角	532	Q345−24×381	572	1	41.15	41.1	火曲
510	Q345L63×5	2342	2	11.29	22.6		533	Q345−24×381	572	1	41.15	41.1	火曲
511	L40×4	1404	2	3.40	6.8		534	L45×4	3126	1	8.55	8.6	
512	L56×4	2060	2	7.10	14.2		535	L45×4	3126	1	8.55	8.6	
513	L40×4	727	2	1.76	3.5		536	L45×4	3430	1	9.38	9.4	
514	Q345−12×163	181	2	2.78	5.6		537	L45×4	3430	1	9.38	9.4	
515	Q420−16×322	796	1	32.29	32.3	火曲；卷边	538	L45×4	3573	1	9.78	9.8	
516	Q420−16×322	796	1	32.29	32.3	火曲；卷边	539	L45×4	3573	1	9.78	9.8	
517	Q345L90×6	3331	1	27.81	27.8		540	L45×4	3573	1	9.78	9.8	
518	Q345L90×6	3331	1	27.81	27.8	切角	541	L45×4	3573	1	9.78	9.8	
519	Q345L80×6	3017	1	22.25	22.3	切角	542	−20×60	60	1	0.57	0.6	
520	Q345L80×6	3017	1	22.25	22.3	切角	543	−22×60	60	1	0.62	0.6	
521	Q345L100×8	2550	4	31.30	125.2		544	−18×60	60	2	0.51	1.0	
522	Q345L70×5	3244	1	17.51	17.5	切角	545	−12×60	60	4	0.34	1.4	
523	Q345L70×5	3244	1	17.51	17.5	切角		合计				1747.9kg	

螺栓、垫圈、脚钉明细表

名称	级别	规格	符号	数量	质量(kg)	备注
螺栓	6.8	M16×40	◐	10	1.4	
		M16×50	◑	20	3.2	
		M20×45	○	7	1.9	
		M20×55	∅	37	10.9	
		M20×65	⊗	37	11.8	
		M20×80		38	15.7	双帽
		M20×90	⊙	14	9.6	双帽
垫圈	Q235	−4(φ17.5)	规格×个数	8	0.1	
合计					54.6kg	

图 10−10 220−GC21S−JZY−10 220−GC21S−JZY 转角塔内角侧下导线横担结构图⑤（续）

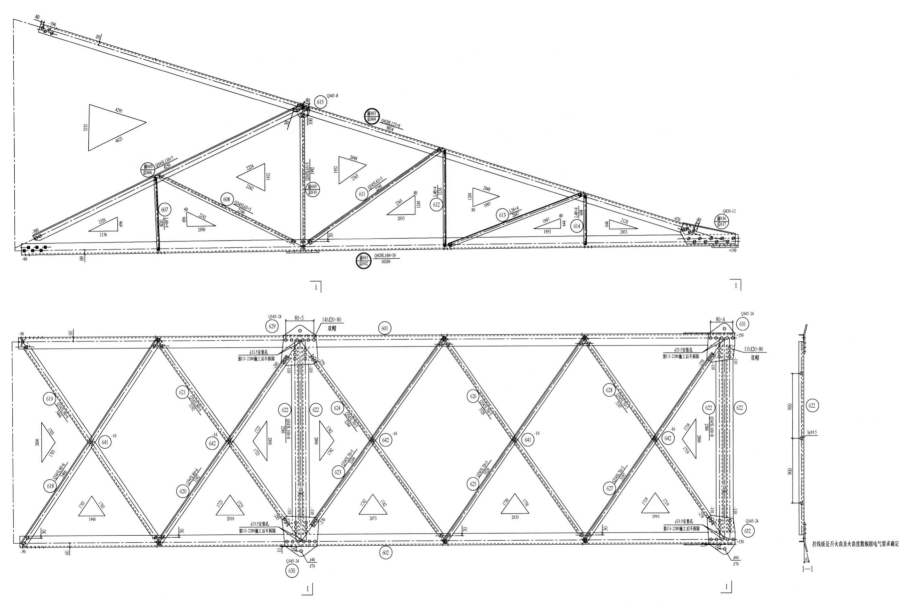

图 10-11　220-GC21S-JZY-11　220-GC21S-JZY 转角塔外角侧下导线横担结构图⑥

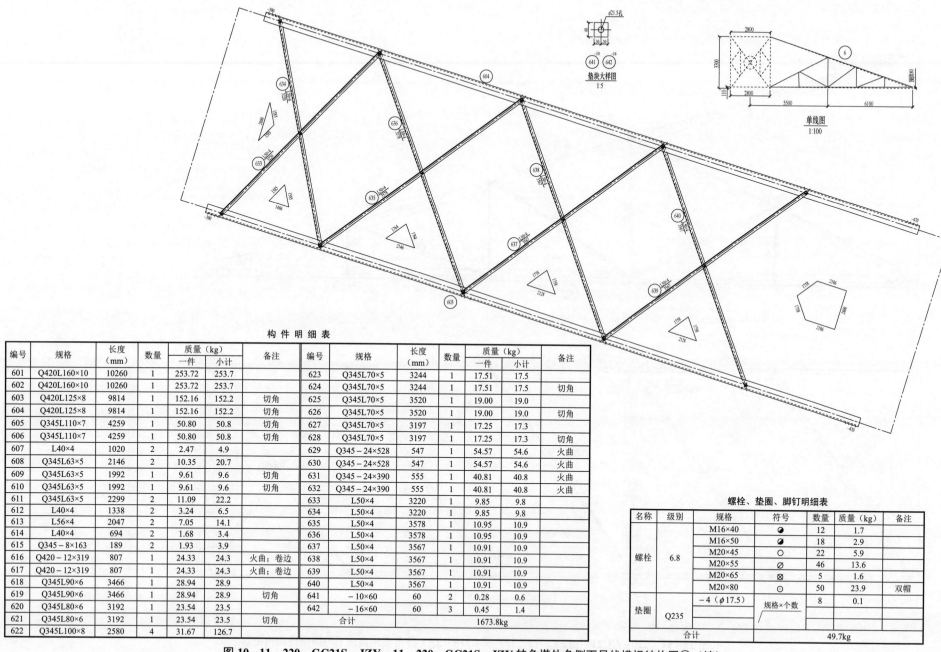

构 件 明 细 表

编号	规格	长度 (mm)	数量	质量(kg) 一件	质量(kg) 小计	备注	编号	规格	长度 (mm)	数量	质量(kg) 一件	质量(kg) 小计	备注
601	Q420L160×10	10260	1	253.72	253.7		623	Q345L70×5	3244	1	17.51	17.5	
602	Q420L160×10	10260	1	253.72	253.7		624	Q345L70×5	3244	1	17.51	17.5	切角
603	Q420L125×8	9814	1	152.16	152.2	切角	625	Q345L70×5	3520	1	19.00	19.0	
604	Q420L125×8	9814	1	152.16	152.2	切角	626	Q345L70×5	3520	1	19.00	19.0	切角
605	Q345L110×7	4259	1	50.80	50.8	切角	627	Q345L70×5	3197	1	17.25	17.3	
606	Q345L110×7	4259	1	50.80	50.8	切角	628	Q345L70×5	3197	1	17.25	17.3	切角
607	L40×4	1020	2	2.47	4.9		629	Q345−24×528	547	1	54.57	54.6	火曲
608	Q345L63×5	2146	2	10.35	20.7		630	Q345−24×528	547	1	54.57	54.6	火曲
609	Q345L63×5	1992	1	9.61	9.6	切角	631	Q345−24×390	555	1	40.81	40.8	火曲
610	Q345L63×5	1992	1	9.61	9.6	切角	632	Q345−24×390	555	1	40.81	40.8	火曲
611	Q345L63×5	2299	2	11.09	22.2		633	L50×4	3220	1	9.85	9.8	
612	L40×4	1338	2	3.24	6.5		634	L50×4	3220	1	9.85	9.8	
613	L56×4	2047	2	7.05	14.1		635	L50×4	3578	1	10.95	10.9	
614	L40×4	694	2	1.68	3.4		636	L50×4	3578	1	10.95	10.9	
615	Q345−8×163	189	2	1.93	3.9		637	L50×4	3567	1	10.91	10.9	
616	Q420−12×319	807	1	24.33	24.3	火曲；卷边	638	L50×4	3567	1	10.91	10.9	
617	Q420−12×319	807	1	24.33	24.3	火曲；卷边	639	L50×4	3567	1	10.91	10.9	
618	Q345L90×6	3466	1	28.94	28.9		640	L50×4	3567	1	10.91	10.9	
619	Q345L90×6	3466	1	28.94	28.9	切角	641	−10×60	60	2	0.28	0.6	
620	Q345L80×6	3192	1	23.54	23.5		642	−16×60	60	3	0.45	1.4	
621	Q345L80×6	3192	1	23.54	23.5	切角		合计				1673.8kg	
622	Q345L100×8	2580	4	31.67	126.7								

螺栓、垫圈、脚钉明细表

名称	级别	规格	符号	数量	质量(kg)	备注
螺栓	6.8	M16×40	◑	12	1.7	
		M16×50	◖	18	2.9	
		M20×45	○	22	5.9	
		M20×55	⊘	46	13.6	
		M20×65	⊗	5	1.6	
		M20×80	⊙	50	23.9	双帽
垫圈	Q235	−4（φ17.5）	规格×个数	8	0.1	
合计					49.7kg	

图 10−11 220−GC21S−JZY−11 220−GC21S−JZY 转角塔外角侧下导线横担结构图⑥（续）

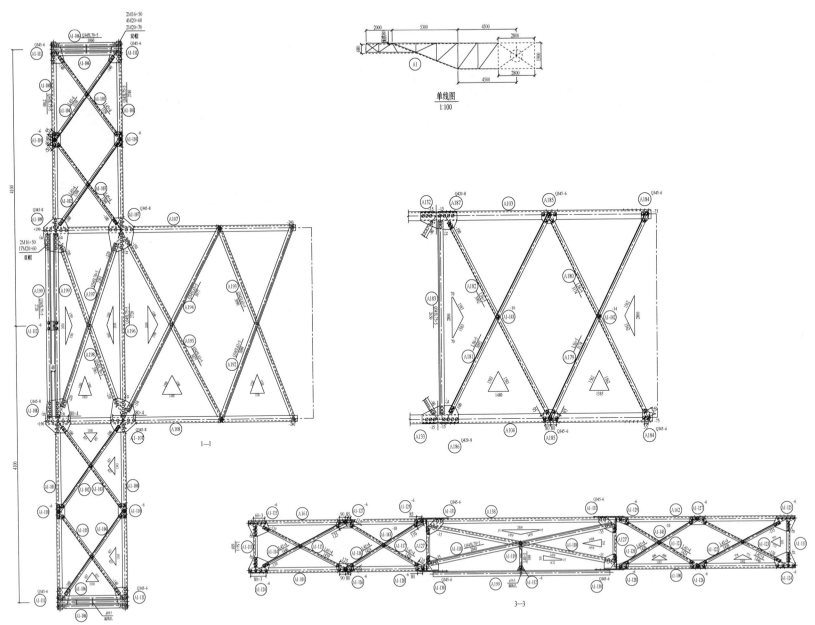

图 10-12　220-GC21S-JZY-12　220-GC21S-JZY 转角塔内角侧地线支架结构图⑭（一）

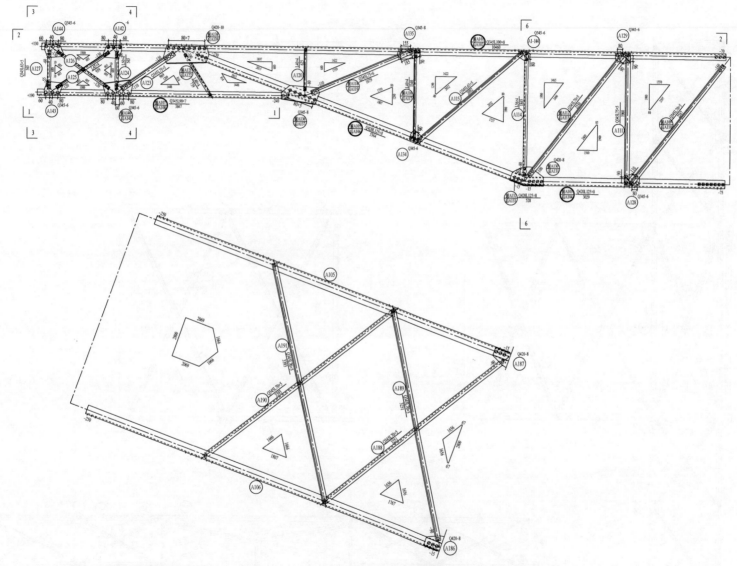

图 10–12　220–GC21S–JZY–12　220–GC21S–JZY 转角塔内角侧地线支架结构图①A（一）（续）

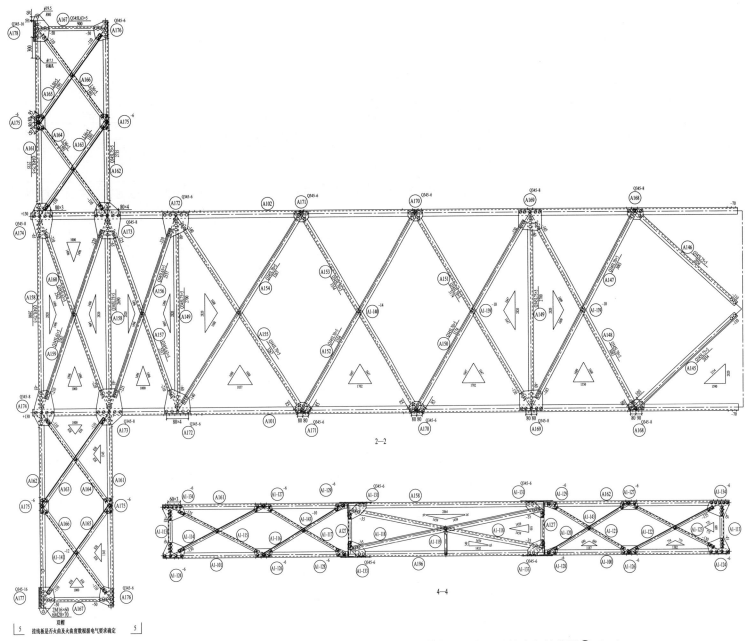

图 10-13　220-GC21S-JZY-13　220-GC21S-JZY 转角塔内角侧地线支架结构图⑭A（二）

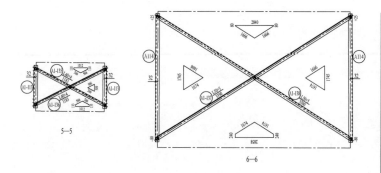

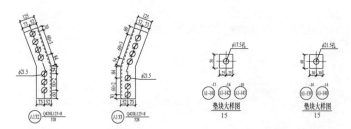

构 件 明 细 表

编号	规格	长度（mm）	数量	一件	小计	备注	编号	规格	长度（mm）	数量	一件	小计	备注
A101	Q345L100×8	10460	1	128.41	128.4		A174	Q345-8×300	506	2	9.54	19.1	
A102	Q345L100×8	10460	1	128.41	128.4		A175	-6×119	226	4	1.27	5.1	
A103	420L125×8	3029	1	46.96	47.0		A176	Q345-6×200	275	2	2.59	5.2	
A104	Q420L125×8	3029	1	46.96	47.0		A177	Q345-16×200	275	1	6.91	6.9	火曲,电焊
A105	Q420L125×8	5364	1	83.16	83.2		A178	Q345-16×200	275	1	6.91	6.9	火曲,电焊
A106	Q420L125×8	5364	1	83.16	83.2	切角	A179	L56×5	3174	1	13.49	13.5	
A107	Q345L90×7	3847	1	37.15	37.1	切角	A180	L56×5	3174	1	13.49	13.5	
A108	Q345L90×7	3847	1	37.15	37.1	切角	A181	L56×5	3092	1	13.14	13.1	
A109	Q345L70×5	2267	1	12.23	12.2	切角	A182	L56×5	3092	1	13.14	13.1	
A110	Q345L70×5	2267	1	12.23	12.2	切角	A183	Q345L75×5	2650	1	15.42	15.4	
A111	Q345L75×5	1960	2	11.40	22.8		A184	Q345-6×105	149	2	0.74	1.5	
A112	Q345L70×5	2330	1	12.58	12.6		A185	Q345-6×149	210	2	1.48	3.0	
A113	Q345L70×5	2330	1	12.58	12.6	切角	A186	Q420-8×239	532	1	8.02	8.0	火曲
A114	L56×4	1845	2	6.36	12.7		A187	Q420-8×239	532	1	8.02	8.0	火曲
A115	Q345L63×5	2092	2	10.09	20.2		A188	Q345L70×5	3251	1	17.55	17.5	切角
A116	L40×4	1340	1	3.25	3.2		A189	Q345L70×5	3251	1	17.55	17.5	
A117	L40×4	1340	1	3.25	3.2		A190	Q345L70×5	3393	1	18.31	18.3	
A118	Q345L75×6	1679	1	11.59	11.6		A191	Q345L70×5	3393	1	18.31	18.3	切角
A119	Q345L75×6	1679	1	11.59	11.6		A192	Q345L63×5	3099	1	14.94	14.9	
A120	L40×4	625	2	1.51	3.0		A193	Q345L63×5	3099	1	14.94	14.9	切角
A121	L40×4	739	1	1.79	1.8	切角	A194	Q345L63×5	3077	1	14.84	14.8	
A122	L40×4	739	1	1.79	1.8	切角	A195	Q345L63×5	3077	1	14.84	14.8	
A123	Q345L75×5	969	2	5.64	11.3		A196	Q345L75×5	2720	1	15.82	15.8	
A124	L50×4	565	2	1.73	3.5		A197	Q345L70×5	2561	1	13.82	13.8	
A125	L45×4	959	2	2.62	5.2		A198	Q345L70×5	2561	1	13.82	13.8	
A126	L45×4	959	2	2.62	5.2	切角	A199	Q345L75×5	2720	2	15.82	31.6	
A127	Q345L63×5	565	2	2.72	5.4		A1-100	Q345L75×5	2740	2	15.94	31.9	
A128	Q345-6×162	223	2	1.71	3.4		A1-101	Q345L75×5	2740	2	15.94	31.9	
A129	Q345-6×146	224	2	1.55	3.1		A1-102	L45×4	1599	2	4.37	8.7	
A130	Q420-8×250	515	1	8.11	8.1		A1-103	L45×4	1599	2	4.37	8.7	切角
A131	Q420-8×250	515	1	8.11	8.1		A1-104	L45×4	1559	2	4.27	8.5	
A132	Q420L125×8	528	1	8.18	8.2	制弯,铲背	A1-105	L45×4	1559	2	4.27	8.5	切角
A133	Q420L125×8	528	1	8.18	8.2	制弯,铲背	A1-106	Q345L70×5	1060	4	5.72	22.9	
A134	Q345-6×150	185	2	1.31	2.6		A1-107	Q345-8×379	507	2	12.10	24.2	
A135	Q345-8×147	367	2	3.40	6.8		A1-108	Q345-8×380	506	1	12.10	12.1	电焊
A136	Q345-8×297	578	1	10.82	10.8	火曲,卷边	A1-109	Q345-8×380	507	1	12.10	12.1	电焊
A137	Q345-8×297	578	1	10.82	10.8	火曲,卷边	A1-110	-6×117	219	4	1.22	4.9	
A138	Q420-10×300	704	1	16.61	16.6	火曲,卷边	A1-111	Q345-6×194	303	2	2.78	11.1	
A139	Q420-10×300	704	1	16.61	16.6	火曲,卷边	A1-112	-6×130	198	1	1.21	1.2	电焊
A140	Q345-6×270	454	1	5.80	5.8	火曲,卷边	A1-113	L56×4	609	4	1.60	6.4	
A141	Q345-6×270	454	1	5.80	5.8	火曲,卷边	A1-114	L45×4	1446	2	3.96	7.9	
A142	-6×184	288	2	2.51	5.0		A1-115	L45×4	1439	2	3.94	7.9	切角
A143	Q345-6×179	279	2	2.37	4.7		A1-116	L45×4	1424	2	3.90	7.8	
A144	Q345-6×184	288	2	2.51	5.0		A1-117	L45×4	1426	2	3.90	7.8	切角
A145	Q345L75×5	2034	1	11.83	11.8		A1-118	Q345L70×5	2848	4	15.37	61.5	
A146	Q345L75×5	2034	1	11.83	11.8	切角	A1-119	L40×4	400	2	0.97	1.9	下压扁
A147	Q345L70×5	3083	1	16.64	16.6		A1-120	L45×4	1426	2	3.90	7.8	
A148	Q345L70×5	3083	1	16.64	16.6	切角	A1-121	L45×4	1424	2	3.90	7.8	切角
A149	Q345L75×5	2700	2	15.71	31.4		A1-122	L45×4	1439	2	3.94	7.9	
A150	Q345L70×5	3174	1	17.13	17.1		A1-123	L45×4	1446	2	3.96	7.9	切角
A151	Q345L70×5	3174	1	17.13	17.1	切角	A1-124	-6×223	320	4	3.36	13.5	
A152	Q345L70×5	3354	1	18.10	18.1		A1-125	-6×220	325	2	3.37	6.7	电焊
A153	Q345L70×5	3354	1	18.10	18.1	切角	A1-126	-6×116	271	4	1.49	6.0	
A154	Q345L70×5	3267	1	17.63	17.6		A1-127	-6×112	272	4	1.44	5.8	
A155	Q345L70×5	3267	1	17.63	17.6	切角	A1-128	-6×116	152	2	0.84	3.3	
A156	Q345L63×5	2557	1	12.33	12.3		A1-129	-6×112	152	4	0.81	3.2	
A157	Q345L63×5	2557	1	12.33	12.3	切角	A1-130	Q345-6×181	224	2	1.93	3.9	电焊
A158	Q345L75×5	2690	2	15.65	31.3		A1-131	Q345-6×140	345	4	2.29	9.1	
A159	Q345L63×5	2562	1	12.35	12.4		A1-132	-6×74	130	1	0.46	0.5	电焊
A160	Q345L63×5	2562	1	12.35	12.4		A1-133	Q345-6×149	327	2	2.30	4.6	
A161	Q345L75×5	2735	2	15.91	31.8		A1-134	-6×220	325	2	3.37	6.7	
A162	Q345L75×5	2735	1	15.91	31.8		A1-135	L40×4	1183	2	2.87	5.7	
A163	L56×5	1591	2	6.76	13.5		A1-136	L40×4	1183	2	2.87	5.7	切角
A164	L56×5	1591	2	6.76	13.5	切角	A1-137	L50×5	3390	1	12.78	12.8	切角
A165	L56×5	1591	2	6.76	13.5		A1-138	L50×5	3390	1	12.78	12.8	切角
A166	L56×5	1591	2	6.76	13.5	切角	A1-139	-10×60	60	2	0.28	0.6	
A167	Q345L63×5	900	2	4.34	8.7		A1-140	-14×60	60	1	0.40	0.4	
A168	Q345-8×147	235	2	2.19	4.4		A1-141	-12×50	50	1	0.24	0.2	
A169	Q345-8×296	340	2	6.33	12.7		A1-142	-14×50	50	1	0.27	0.3	
A170	Q345-6×146	220	2	1.52	3.0		A1-143	-10×50	50	5	0.20	1.0	
A171	Q345-6×146	220	2	1.52	3.0		A1-144	Q345-6×130	135	2	0.83	1.7	
A172	Q345-6×352	380	2	6.30	12.6			合计				2116.5kg	
A173	Q345-8×380	520	2	12.42	24.8								

螺栓、垫圈、脚钉明细表

名称	级别	规格	符号	数量	质量（kg）	备注
螺栓	6.8	M16×40	●	228	32.8	
		M16×50	◑	118	18.9	
		M16×50	⊙	12	2.3	双帽
		M16×60	▨	3	0.5	
		M16×60	⊙	4	0.8	双帽
		M20×45	○	214	57.8	
		M20×55	⊘	131	38.6	
		M20×60	⊙	50	18.1	双帽
		M20×65	⊗	2	0.6	
		M20×70	⊙	20	7.7	双帽
垫圈	Q235	-3(φ17.5)	规格×个数	6	0.1	
		-4(φ17.5)		44	0.3	
		-3(φ21.5)		16	1.6	
		-4(φ21.5)		22	2.2	
	合计				182.3kg	

图 10-13　220-GC21S-JZY-13　220-GC21S-JZY 转角塔内角侧地线支架结构图①A（二）（续）

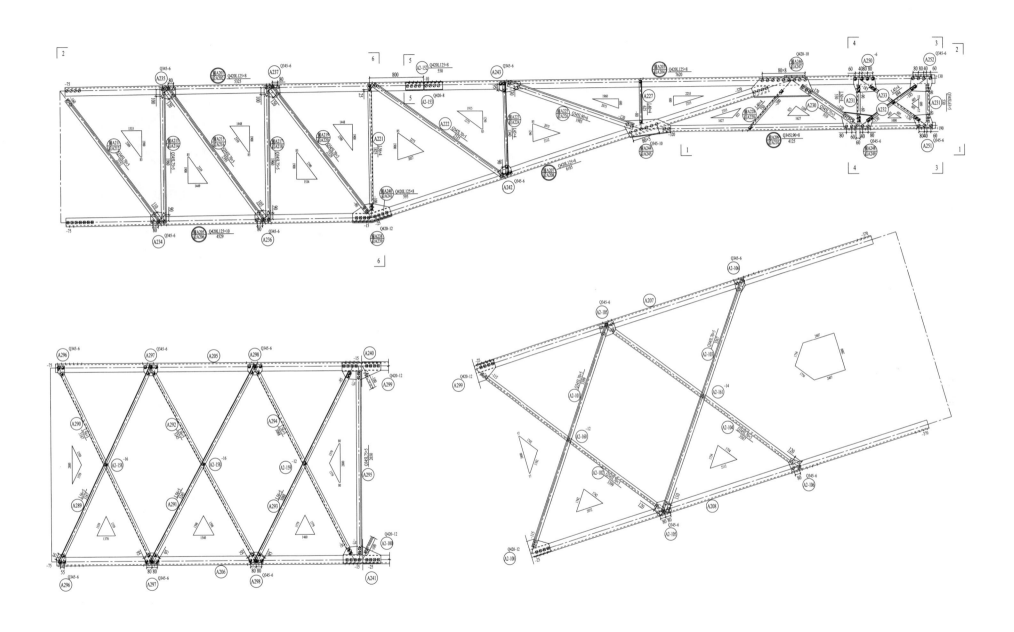

图 10-14　220-GC21S-JZY-14　220-GC21S-JZY 转角塔外角侧地线支架结构图②A（一）

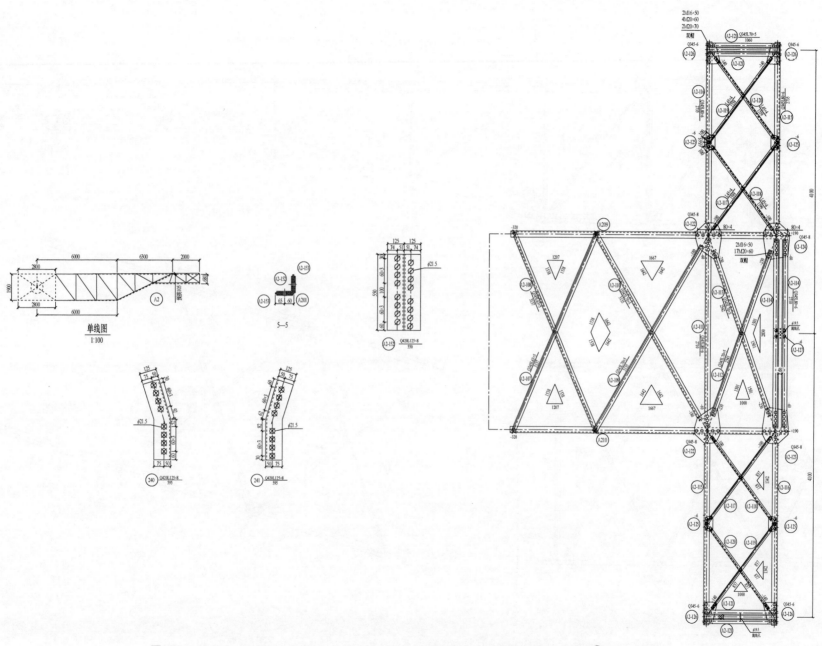

图 10-14　220-GC21S-JZY-14　220-GC21S-JZY 转角塔外角侧地线支架结构图2A（一）（续）

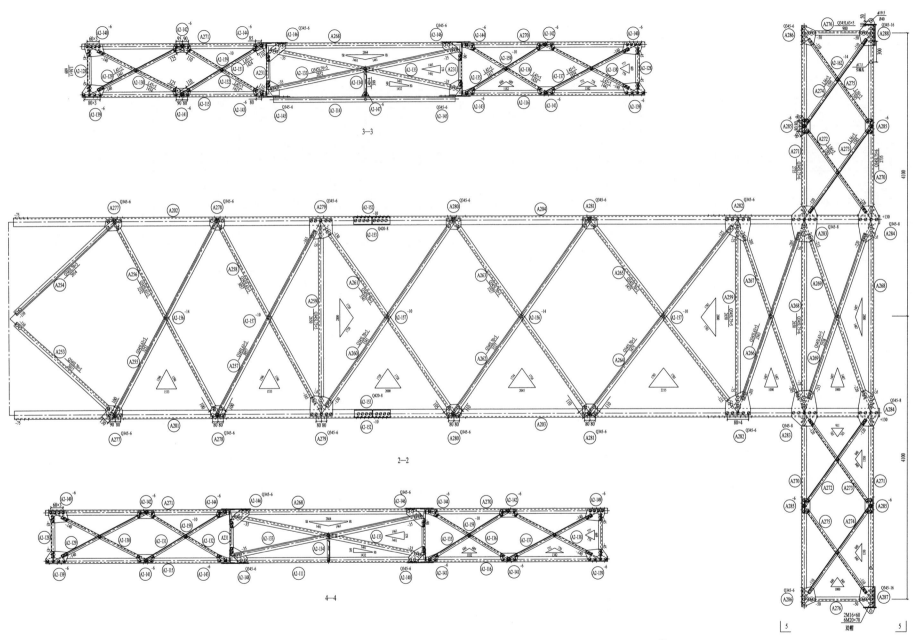

图 10-15 220-GC21S-JZY-15 220-GC21S-JZY 转角塔外角侧地线支架结构图②A（二）

构 件 明 细 表

编号	规格	长度(mm)	数量	质量(kg) 一件	小计	备注	编号	规格	长度(mm)	数量	质量(kg) 一件	小计	备注	编号	规格	长度(mm)	数量	质量(kg) 一件	小计	备注
A201	Q420L125×8	5325	2	82.56	165.1		A270	Q345L75×6	2735	2	18.89	37.8		A2-139	-6×172	329	4	2.67	10.7	
A202	Q420L125×8	5325	2	82.56	165.1		A271	Q345L75×6	2735	2	18.89	37.8		A2-140	-6×170	289	2	2.32	4.6	电焊
A203	Q420L125×8	7620	1	118.14	118.1		A272	L56×5	1585	2	6.74	13.5		A2-141	-6×117	280	4	1.56	6.2	
A204	Q420L125×8	7620	1	118.14	118.1		A273	L56×5	1585	2	6.74	13.5	切角	A2-142	-6×112	272	4	1.45	5.8	
A205	Q420L125×10	4529	1	86.65	86.7		A274	L56×5	1595	2	6.78	13.6		A2-143	-6×118	156	1	0.87	3.5	
A206	Q420L125×10	4529	1	86.65	86.7		A275	L56×5	1595	2	6.78	13.6	切角	A2-144	-6×112	152	4	0.81	3.5	
A207	Q420L125×8	6185	1	95.89	95.9	切角	A276	Q345L63×5	900	2	4.34	8.7		A2-145	Q345-6×181	229	2	1.97	3.9	电焊
A208	Q420L125×8	6185	1	95.89	95.9	切角	A277	Q345-6×162	252	2	1.94	3.9		A2-146	Q345-6×139	379	4	2.48	9.9	
A209	Q345L90×8	4125	1	45.15	45.2	切角	A278	Q345-6×159	220	2	1.66	3.3		A2-147	-6×79	130	1	0.49	0.5	电焊
A210	Q345L90×8	4125	1	45.15	45.2	切角	A279	Q345-6×296	341	2	4.78	9.6		A2-148	Q345-6×140	334	2	2.21	4.4	
A211	Q345L70×5	2252	1	12.15	12.2		A280	Q345-6×163	220	2	1.70	3.4		A2-149	-6×170	289	2	2.32	4.6	
A212	Q345L70×5	2252	1	12.15	12.2	切角	A281	Q345-6×163	220	2	1.74	3.5		A2-150	L40×4	1186	2	2.87	5.7	切角
A213	Q345L75×5	1960	1	11.40	11.4		A282	Q345-6×346	380	2	6.20	12.4		A2-151	L40×4	1186	2	2.87	5.7	
A214	Q345L75×5	1960	1	11.40	11.4		A283	Q345-8×380	520	2	12.42	24.8		A2-152	Q420L125×8	550	2	8.53	17.1	铲背
A215	Q345L70×5	2395	1	12.93	12.9	切角	A284	Q345-8×300	526	2	9.92	19.8		A2-153	Q420-8×105	550	4	3.63	14.5	
A216	Q345L70×5	2395	1	12.93	12.9	切角	A285	-6×117	218	4	1.21	4.8		A2-154	L56×4	3380	1	11.65	11.6	切角
A217	Q345L75×5	1960	1	11.40	11.4		A286	Q345-6×200	275	2	2.59	5.2		A2-155	L56×4	3380	1	11.65	11.6	切角
A218	Q345L75×5	1960	1	11.40	11.4		A287	Q345-16×200	275	1	6.92	6.9	火曲,电焊	A2-156	-14×60	60	2	0.40	0.8	
A219	Q345L70×5	2329	1	12.57	12.6		A288	Q345-16×200	275	1	6.92	6.9	火曲,电焊	A2-157	-8×60	60	3	0.23	0.7	
A220	Q345L70×5	2329	1	12.57	12.6	切角	A289	L56×5	3167	2	13.46	13.5		A2-158	-16×50	50	2	0.31	0.6	
A221	L56×4	1825	2	6.29	12.6		A290	L56×5	3167	2	13.46	13.5	切角	A2-159	-12×50	50	5	0.24	1.2	
A222	Q345L70×5	2335	2	12.60	25.2		A291	L56×5	3245	2	13.79	13.8		A2-160	-12×60	60	1	0.34	0.3	
A223	L45×4	1340	1	3.67	3.7		A292	L56×5	3245	2	13.79	13.8	切角	A2-161	-14×60	60	1	0.40	0.4	
A224	L45×4	1340	1	3.67	3.7		A293	L56×5	3088	2	13.13	13.1		A2-162	-14×50	50	1	0.27	0.3	
A225	Q345L90×6	1985	1	16.57	16.6		A294	L56×5	3088	2	13.13	13.1	切角	合计					2815.4kg	
A226	Q345L90×6	1985	1	16.57	16.6	切角	A295	Q345L75×5	2650	1	15.42	15.4								
A227	L40×4	625	2	1.51	3.0		A296	Q345-6×105	150	2	0.74	1.5								
A228	L40×4	750	1	1.82	1.8		A297	Q345-6×150	210	2	1.48	3.0								
A229	L40×4	750	1	1.82	1.8	切角	A298	Q345-6×149	210	2	1.48	3.0								
A230	Q345L75×5	919	2	5.35	10.7	火曲	A299	Q420-12×259	599	1	14.67	14.7	火曲							
A231	Q345L63×5	530	4	2.56	10.2		A2-100	Q420-12×259	599	1	14.67	14.7	火曲							
A232	L45×4	894	2	2.45	4.9		A2-101	Q345L70×5	3399	1	18.34	18.3								
A233	L45×4	894	2	2.45	4.9	切角	A2-102	Q345L70×5	3399	1	18.34	18.3								
A234	Q345-6×162	236	2	1.81	3.6		A2-103	Q345L70×5	3567	1	19.25	19.3								
A235	Q345-6×172	238	2	1.94	3.9		A2-104	Q345L70×5	3567	1	19.25	19.3	切角							
A236	Q345-6×160	233	2	1.76	3.5		A2-105	Q345-6×142	223	2	1.72	3.4								
A237	Q345-6×170	241	2	1.94	3.9		A2-106	Q345-6×142	162	2	1.09	2.2								
A238	Q420-12×238	581	1	13.06	13.1		A2-107	Q345L63×5	3137	1	15.13	15.1								
A239	Q420-12×238	581	1	13.06	13.1		A2-108	Q345L63×5	3137	1	15.13	15.1	切角							
A240	Q420L125×8	595	1	9.22	9.2	制弯,铲背	A2-109	Q345L70×5	3135	1	16.92	16.9								
A241	Q420L125×8	595	1	9.22	9.2	制弯,铲背	A2-110	Q345L70×5	3135	1	16.92	16.9	切角							
A242	Q345-6×146	190	2	1.31	2.6		A2-111	Q345L80×6	2710	1	19.99	20.0								
A243	Q345-6×150	319	2	2.26	4.5		A2-112	Q345L70×5	2541	1	13.71	13.7								
A244	Q345-10×283	681	1	15.18	15.2	火曲,卷边	A2-113	Q345L70×5	2542	1	13.72	13.7	切角							
A245	Q345-10×283	681	1	15.18	15.2	火曲,卷边	A2-114	Q345L80×6	2710	1	19.99	40.0								
A246	Q420-10×312	913	1	22.43	22.4	火曲,卷边	A2-115	Q345L80×6	2735	1	20.17	40.3								
A247	Q420-10×312	913	1	22.43	22.4	火曲,卷边	A2-116	Q345L80×6	2735	1	20.17	40.3								
A248	Q345-6×276	471	1	6.14	6.1	火曲,卷边	A2-117	L45×4	1599	2	4.37	8.7								
A249	Q345-6×276	471	1	6.14	6.1	火曲,卷边	A2-118	L45×4	1599	2	4.37	8.7	切角							
A250	-6×215	333	2	3.38	6.8		A2-119	L45×4	1559	2	4.27	8.5								
A251	Q345-6×185	287	2	2.51	5.0		A2-120	L45×4	1559	2	4.27	8.5	切角							
A252	-6×215	333	1	3.38	6.8		A2-121	Q345L70×5	1060	4	5.72	22.9								
A253	Q345L70×5	2015	1	10.87	10.9	切角	A2-122	Q345-8×380	521	2	12.45	24.9								
A254	Q345L70×5	2014	1	10.87	10.9		A2-123	Q345-8×380	521	1	12.45	12.4	电焊							
A255	Q345L63×5	3252	1	15.68	15.7	电焊	A2-124	Q345-8×380	521	1	12.45	12.4								
A256	Q345L63×5	3252	1	15.68	15.7		A2-125	-6×117	227	4	1.26	5.0								
A257	Q345L63×5	3057	1	14.74	14.7		A2-126	Q345-6×191	303	2	2.73	10.9								
A258	Q345L63×5	3057	1	14.74	14.7	电焊	A2-127	-6×130	208	1	1.27	1.3	电焊							
A259	Q345L75×5	2650	2	15.42	30.8		A2-128	L56×3	607	4	1.59	6.4								
A260	Q345L70×5	3341	1	18.03	18.0		A2-129	L45×4	1440	2	3.94	7.9								
A261	Q345L70×5	3341	1	18.03	18.0	切角	A2-130	L45×4	1433	2	3.92	7.8	切角							
A262	Q345L70×5	3527	1	19.04	19.0		A2-131	L45×4	1423	2	3.89	7.8								
A263	Q345L70×5	3527	1	19.04	19.0	切角	A2-132	L45×4	1416	2	3.87	7.7	切角							
A264	Q345L70×5	3475	1	18.75	18.8		A2-133	Q345L70×5	2852	4	15.39	61.6								
A265	Q345L70×5	3475	1	18.75	18.8	下压扁	A2-134	L40×4	399	2	0.97	1.9								
A266	Q345L63×5	2563	1	12.36	12.4		A2-135	L45×4	1416	2	3.87	7.7								
A267	Q345L63×5	2563	1	12.36	12.4	切角	A2-136	L45×4	1423	2	3.89	7.8	切角							
A268	Q345L75×5	2650	2	18.30	36.6		A2-137	L45×4	1433	2	3.92	7.8								
A269	Q345L63×5	2538	2	12.24	24.5		A2-138	L45×4	1440	2	3.94	7.9	切角							

螺栓、垫圈、脚钉明细表

名称	级别	规格	符号	数量	质量(kg)	备注
螺栓	6.8	M16×40		216	31.1	
		M16×50		129	20.6	
		M16×50		12	2.3	双帽
		M16×60		7	1.2	
		M16×60		4	0.8	双帽
		M20×45		217	58.6	
		M20×55		179	52.8	
		M20×60		36	13.0	双帽
		M20×65		32	10.2	
		M20×70		30	11.6	双帽
垫圈	Q235	-3(φ17.5)		6	0.1	
		-4(φ17.5)	规格×个数	34	0.3	
		-3(φ21.5)		4	0.4	
		-4(φ21.5)		28	2.8	
合计					205.8kg	

5—5

6—6

图10-15 220-GC21S-JZY-15 220-GC21S-JZY 转角塔外角侧地线支架结构图②A（二）（续）

构 件 明 细 表

编号	规格	长度 （mm）	数量	质量（kg）		备注
				一件	小计	
A301	Q420L125×8	6270	1	97.21	97.2	
A302	Q420L125×8	6270	1	97.21	97.2	
A303	Q345L100×8	5897	1	72.39	72.4	切角
A304	Q345L100×8	5897	1	72.39	72.4	切角
A305	L63×5	2067	2	9.97	19.9	
A306	L45×4	1625	2	4.45	8.9	
A307	L50×4	1819	2	5.56	11.1	
A308	L40×4	1100	2	2.66	5.3	
A309	L45×4	1554	2	4.25	8.5	
A310	L40×4	575	2	1.39	2.8	
A311	Q420−10×286	571	1	12.82	12.8	火曲；卷边
A312	Q420−10×282	561	1	12.47	12.5	火曲；卷边
A313	Q345L70×5	3216	1	17.36	17.4	
A314	Q345L70×5	3216	1	17.36	17.4	切角
A315	Q345L70×5	3260	1	17.59	17.6	
A316	Q345L70×5	3260	1	17.59	17.6	切角
A317	Q345L70×5	3260	1	17.59	17.6	
A318	Q345L70×5	3260	1	17.59	17.6	切角
A319	Q345L70×5	3041	1	16.41	16.4	
A320	Q345L70×5	3041	1	16.41	16.4	切角
A321	Q345L80×7	2640	1	22.51	22.5	
A322	Q345−6×125	171	2	1.01	2.0	
A323	Q345−6×171	220	2	1.78	3.6	
A324	Q345−6×170	220	2	1.77	3.5	
A325	Q345−6×170	220	2	1.77	3.5	
A326	Q345−24×307	482	1	27.92	27.9	火曲
A327	Q345−24×307	482	1	27.92	27.9	火曲
A328	L45×4	3060	1	8.37	8.4	
A329	L45×4	3060	1	8.37	8.4	
A330	L45×4	3308	1	9.05	9.1	
A331	L45×4	3308	1	9.05	9.1	
A332	L45×4	3308	1	9.05	9.1	
A333	L45×4	3308	1	9.05	9.1	
A334	−14×60	60	3	0.40	1.2	
A335	−18×60	60	1	0.51	0.5	
合计					704.6kg	

图 10−16 220−GC21S−JZY−16 220−GC21S−JZY 转角塔内角侧上导线横担结构图 ③A

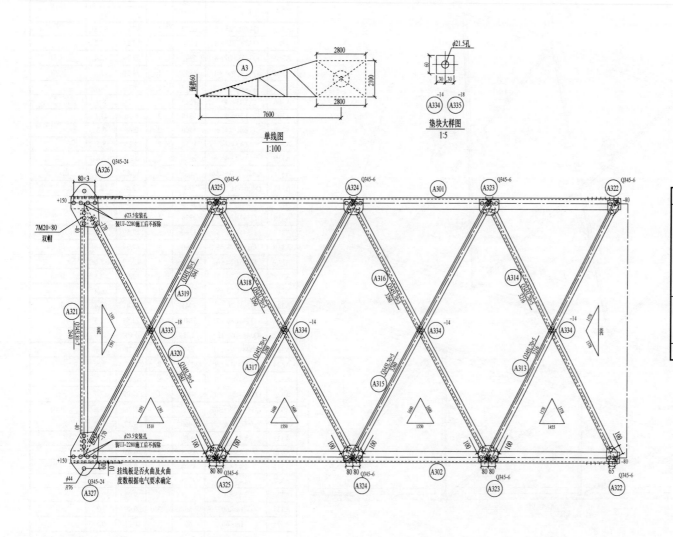

单线图
1:100

φ21.5孔

垫块大样图
1:5

螺栓、垫圈、脚钉明细表

名称	级别	规格	符号	数量	质量（kg）	备注
螺栓	6.8	M16×40	◓	24	3.5	
		M16×50	◓	7	1.1	
		M20×45	○	29	7.8	
		M20×55	⊘	32	9.4	
		M20×65	⊗	1	0.3	
		M20×80	⊙	14	7.4	双帽
垫圈	Q235	−4（φ17.5）		6	0.1	规格×个数
合计					29.6kg	

图 10−16 220−GC21S−JZY−16 220−GC21S−JZY 转角塔内角侧上导线横担结构图 ③A（续）

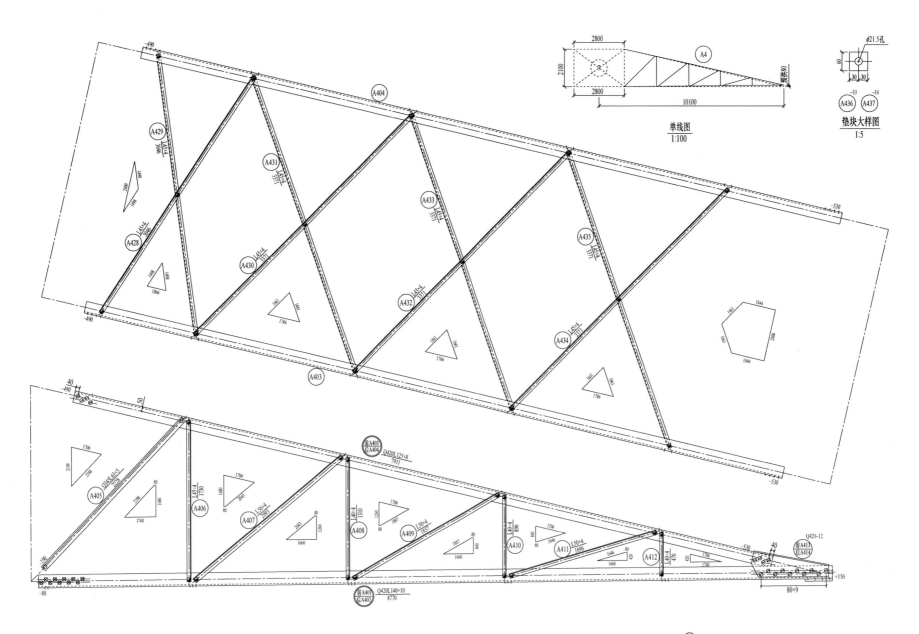

图 10－17　220－GC21S－JZY－17　220－GC21S－JZY 转角塔外角侧上导线横担结构图 ④A

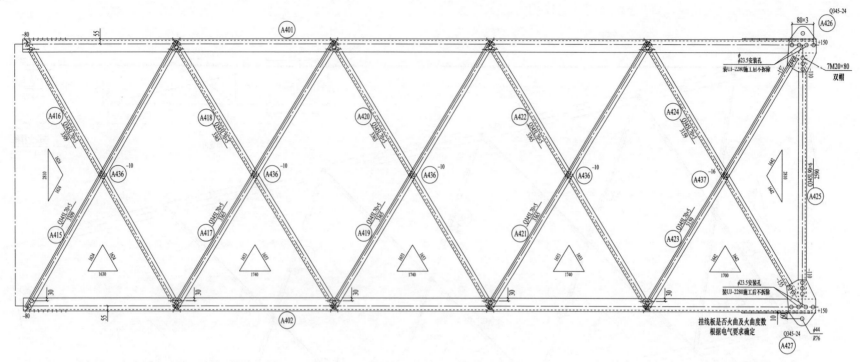

构 件 明 细 表

编号	规格	长度(mm)	数量	质量（kg）一件	小计	备注	编号	规格	长度(mm)	数量	质量（kg）一件	小计	备注
A401	Q420L140×10	8770	1	188.45	188.4	切角	A420	Q345L70×5	3365	1	18.16	18.2	切角
A402	Q420L140×10	8770	1	188.45	188.4	切角	A421	Q345L70×5	3365	1	18.16	18.2	
A403	Q420L125×8	7911	1	122.65	122.7	切角	A422	Q345L70×5	3365	1	18.16	18.2	
A404	Q420L125×8	7911	1	122.65	122.7	切角	A423	Q345L70×5	3159	1	17.05	17.0	
A405	Q345L63×5	2228	2	10.74	21.5		A424	Q345L70×5	3159	1	17.05	17.0	切角
A406	L45×4	1730	2	4.73	9.5		A425	Q345L90×6	2590	1	21.63	21.6	
A407	L56×4	2093	2	7.21	14.4	火曲	A426	Q345-24×310	492	1	28.78	28.8	
A408	L40×4	1310	2	3.17	6.3	火曲	A427	Q345-24×310	492	1	28.78	28.8	
A409	L50×4	1857	2	5.68	11.4		A428	L45×4	3046	1	8.33	8.3	
A410	L40×4	890	2	2.16	4.3		A429	L45×4	3046	1	8.33	8.3	
A411	L50×4	1696	2	5.19	10.4		A430	L45×4	3371	1	9.22	9.2	
A412	L40×4	470	2	1.14	2.3		A431	L45×4	3371	1	9.22	9.2	
A413	Q420-12×306	869	1	25.11	25.1	火曲；卷边	A432	L45×4	3371	1	9.22	9.2	
A414	Q420-12×306	869	1	25.11	25.1	火曲；卷边	A433	L45×4	3371	1	9.22	9.2	
A415	Q345L70×5	3309	1	17.86	17.9		A434	L45×4	3371	1	9.22	9.2	
A416	Q345L70×5	3309	1	17.86	17.9	切角	A435	L45×4	3371	1	9.22	9.2	
A417	Q345L70×5	3365	1	18.16	18.2		A436	-10×60	60	4	0.28	1.1	
A418	Q345L70×5	3365	1	18.16	18.2	切角	A437	-16×60	60	1	0.45	0.5	
A419	Q345L70×5	3365	1	18.16	18.2		合计					1084.0kg	

螺栓、垫圈、脚钉明细表

名称	级别	规格	符号	数量	质量（kg）	备注
螺栓	6.8	M16×40	●	18	2.6	
		M16×50	●	24	3.8	
		M20×45	○	22	5.9	
		M20×55	∅	40	11.8	
		M20×65	⊗	1	0.3	
		M20×80	⊙	14	7.4	双帽
垫圈	Q235	-4（φ17.5）	规格×个数	6	0.1	
合计					31.9kg	

图 10-17　220-GC21S-JZY-17　220-GC21S-JZY 转角塔外角侧上导线横担结构图　4A（续）

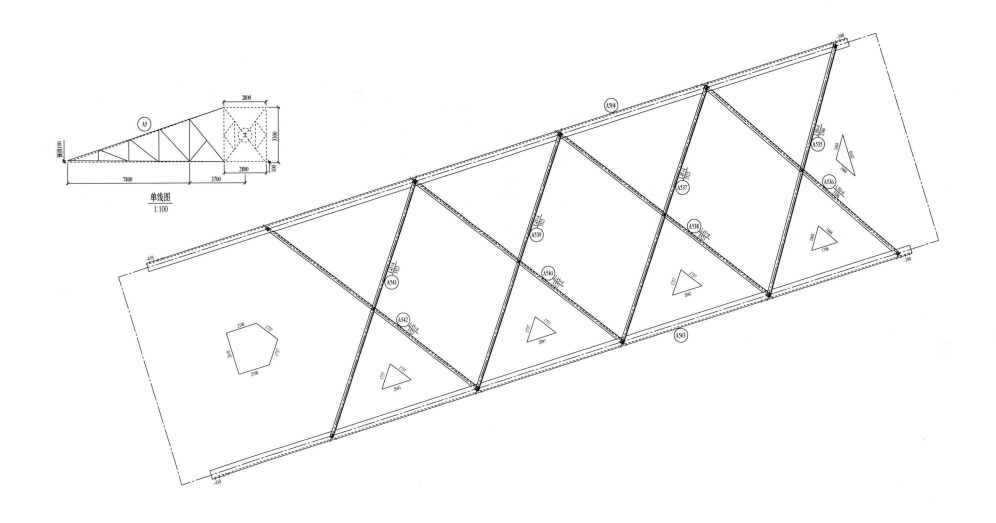

图 10−18 220−GC21S−JZY−18 220−GC21S−JZY 转角塔内角侧下导线横担结构图 ⑤Ⓐ

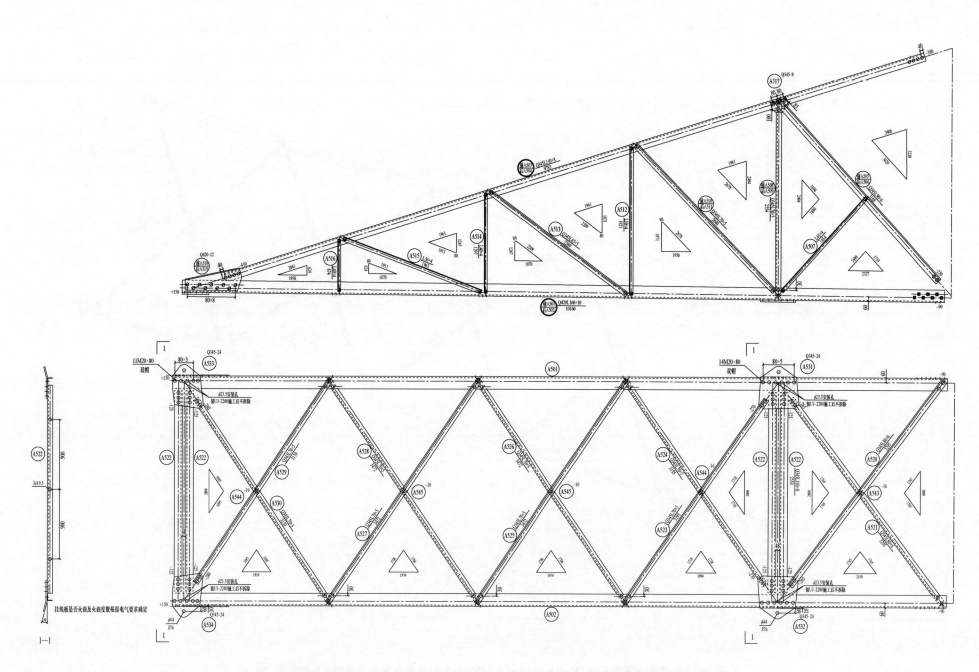

图 10-18　220-GC21S-JZY-18　220-GC21S-JZY 转角塔内角侧下导线横担结构图 ⑤A（续）

构 件 明 细 表

编号	规格	长度(mm)	数量	一件	小计	备注	编号	规格	长度(mm)	数量	一件	小计	备注
A501	Q420L160×10	10160	1	251.25	251.2		A524	Q345L70×5	3195	1	17.24	17.2	切角
A502	Q420L160×10	10160	1	251.25	251.2		A525	Q345L70×5	3472	1	18.74	18.7	
A503	Q345L110×8	9783	1	132.38	132.4	切角	A526	Q345L70×5	3472	1	18.74	18.7	
A504	Q345L110×8	9783	1	132.38	132.4	切角	A527	Q345L70×5	3472	1	18.74	18.7	
A505	Q345L90×6	3168	1	26.45	26.5		A528	Q345L70×5	3472	1	18.74	18.7	切角
A506	Q345L90×6	3168	1	26.45	26.5		A529	Q345L70×5	3139	1	16.94	16.9	切角
A507	L45×4	1654	2	4.53	9.1		A530	Q345L70×5	3139	1	16.94	16.9	切角
A508	Q345L70×5	2554	1	13.78	13.8	切角	A531	Q345-24×520	538	1	52.85	52.9	火曲
A509	Q345L70×5	2554	1	13.78	13.8	切角	A532	Q345-24×520	538	1	52.85	52.9	火曲
A510	Q345L70×5	2640	1	14.25	14.2	切角	A533	Q345-24×376	574	1	40.77	40.8	火曲
A511	Q345L70×5	2640	1	14.25	14.2	切角	A534	Q345-24×376	574	1	40.77	40.8	火曲
A512	L50×4	1921	2	5.88	11.8		A535	L50×4	3386	1	10.36	10.4	
A513	Q345L63×5	2269	2	10.94	21.9		A536	L50×4	3386	1	10.36	10.4	
A514	L40×4	1297	2	3.14	6.3		A537	L45×4	3523	1	9.64	9.6	
A515	L56×4	1963	1	6.76	6.8		A538	L45×4	3523	1	9.64	9.6	
A516	L40×4	674	2	1.63	3.3		A539	L45×4	3523	1	9.64	9.6	
A517	Q345-8×164	220	2	2.27	4.5		A540	L45×4	3523	1	9.64	9.6	
A518	Q420-12×331	755	1	23.61	23.6	火曲；卷边	A541	L45×4	3523	1	9.64	9.6	
A519	Q420-12×331	755	1	23.61	23.6	火曲；卷边	A542	L45×4	3523	1	9.64	9.6	
A520	Q345L80×6	3295	1	24.30	24.3		A543	-16×60	60	1	0.45	0.5	
A521	Q345L80×6	3295	1	24.30	24.3	切角	A544	-16×60	60	2	0.45	0.9	
A522	Q345L100×8	2550	4	31.30	125.2		A545	-10×60	60	2	0.28	0.6	
A523	Q345L70×5	3195	1	17.24	17.2	切角	合计				1571.7kg		

螺栓、垫圈、脚钉明细表

名称	级别	规格	符号	数量	质量(kg)	备注
螺栓	6.8	M16×40	◗	13	1.9	
		M16×50	◗	19	3.0	
		M20×45	○	26	7.0	
		M20×55	⊘	42	12.4	
		M20×65	⊠	5	1.6	
		M20×80	⊙	50	23.9	双帽
垫圈	Q235	-4(φ17.5)	规格×个数	8	0.1	
合计					49.9kg	

图 10-18　220-GC21S-JZY-18　220-GC21S-JZY 转角塔内角侧下导线横担结构图 ⑤A（续）

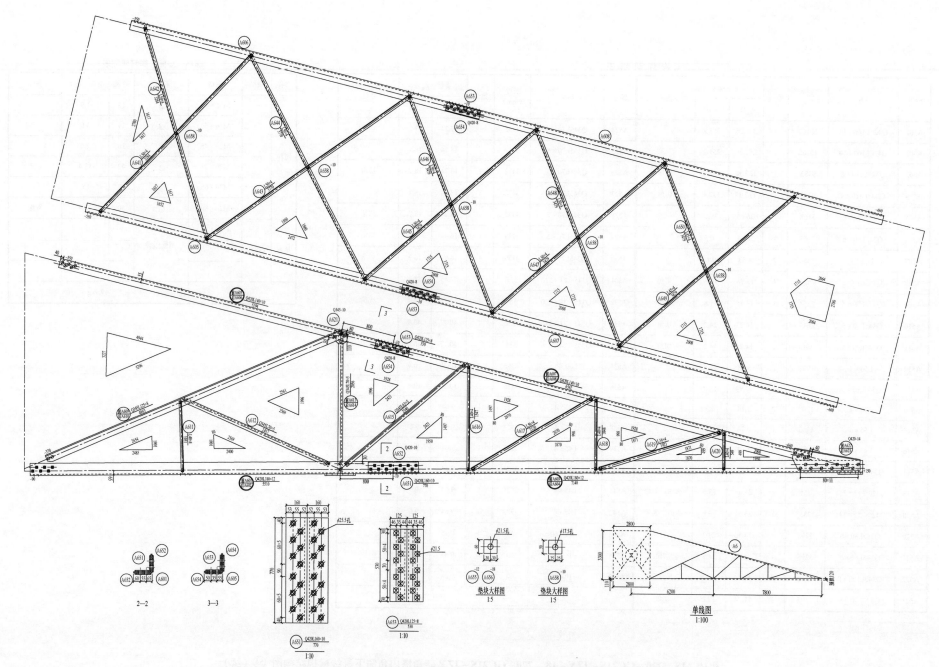

图 10-19　220-GC21S-JZY-19　220-GC21S-JZY 转角塔外角侧下导线横担结构图 ⑥A

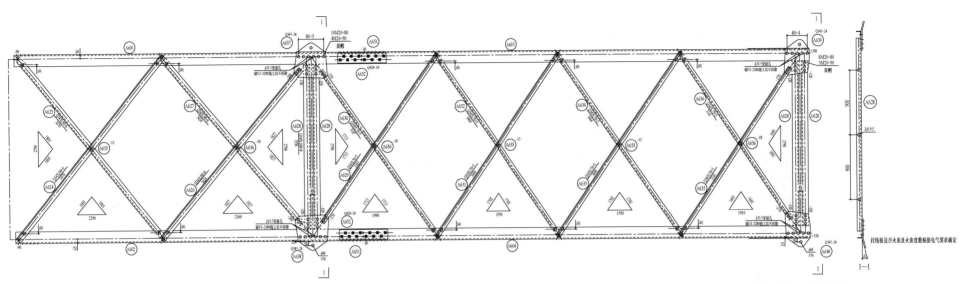

构 件 明 细 表

编号	规格	长度(mm)	数量	一件	小计	备注	编号	规格	长度(mm)	数量	一件	小计	备注
A601	Q420L180×12	5510	1	182.66	182.7		A630	Q345L70×5	3187	1	17.20	17.2	切角
A602	Q420L180×12	5510	1	182.66	182.7		A631	Q345L70×5	3464	1	18.70	18.7	
A603	Q420L180×12	7140	1	236.69	236.7		A632	Q345L70×5	3464	1	18.70	18.7	
A604	Q420L180×12	7140	1	236.69	236.7		A633	Q345L70×5	3464	1	18.70	18.7	
A605	Q420L140×10	5194	1	111.57	111.6		A634	Q345L70×5	3464	1	18.70	18.7	切角
A606	Q420L140×10	5194	1	111.57	111.6		A635	Q345L70×5	3141	1	16.95	17.0	
A607	Q420L140×10	6562	1	140.95	141.0	切角	A636	Q345L70×5	3141	1	16.95	17.0	切角
A608	Q420L140×10	6562	1	140.95	141.0	切角	A637	Q345-24×535	538	1	54.32	54.3	火曲
A609	Q345L125×8	4863	1	75.40	75.4	切角	A638	Q345-24×535	538	1	54.32	54.3	火曲
A610	Q345L125×8	4863	1	75.40	75.4	切角	A639	Q345-24×388	560	1	41.08	41.1	火曲
A611	L40×4	1051	2	2.55	5.1		A640	Q345-24×388	560	1	41.08	41.1	火曲
A612	Q345L70×5	2417	2	13.04	26.1		A641	L50×4	3284	1	10.05	10.0	
A613	Q345L70×5	2056	1	11.10	11.1	切角	A642	L50×4	3284	1	10.05	10.0	
A614	Q345L70×5	2056	1	11.10	11.1	切角	A643	L50×4	3770	1	11.53	11.5	
A615	Q345L63×5	2346	2	11.31	22.6		A644	L50×4	3770	1	11.53	11.5	
A616	L40×4	1547	2	3.75	7.5		A645	L50×4	3479	1	10.64	10.6	
A617	L56×4	2120	2	7.31	14.6		A646	L50×4	3479	1	10.64	10.6	
A618	L40×4	1048	2	2.54	5.1		A647	L50×4	3479	1	10.64	10.6	
A619	L56×4	1921	2	6.62	13.2		A648	L50×4	3479	1	10.64	10.6	
A620	L40×4	549	2	1.33	2.7		A649	L45×4	3479	1	9.52	9.5	
A621	Q345-10×174	214	2	2.93	5.9		A650	L45×4	3479	1	9.52	9.5	
A622	Q420-14×350	1047	1	40.27	40.3	火曲；卷边	A651	Q420L160×10	770	2	19.03	38.1	铲背
A623	Q420-14×350	1047	1	40.27	40.3	火曲；卷边	A652	Q420-10×155	770	4	9.37	37.5	
A624	Q345L90×6	3670	1	30.64	30.6		A653	Q420L125×8	530	2	8.22	16.4	铲背
A625	Q345L90×6	3670	1	30.64	30.6	切角	A654	Q420-8×120	530	4	3.99	16.0	
A626	Q345L90×6	3424	1	28.59	28.6		A655	-12×60	60	3	0.34	1.0	
A627	Q345L90×6	3424	1	28.59	28.6	切角	A656	-18×60	60	3	0.51	1.0	
A628	Q345L100×8	2550	4	31.30	125.2		A658	-10×50	50	5	0.20	1.0	
A629	Q345L70×5	3187	1	17.20	17.2		合计					2493.9kg	

螺栓、垫圈、脚钉明细表

名称	级别	规格	符号	数量	质量（kg）	备注
螺栓	6.8	M16×40	◑	2	0.3	
		M16×50	◐	39	6.2	
		M20×45	○	6	1.6	
		M20×55	⊘	75	22.1	
		M20×65	⊠	47	14.8	
		M20×80	⊙	36	14.8	双帽
		M20×90	⊙	14	9.6	双帽
	8.8	M24×75	⊠	48	25.8	
垫圈	Q235	-4（φ17.5）	规格×个数	8	0.1	
合计					95.3kg	

图 10-19　220-GC21S-JZY-19　220-GC21S-JZY 转角塔外角侧下导线横担结构图 ⑥A（续）

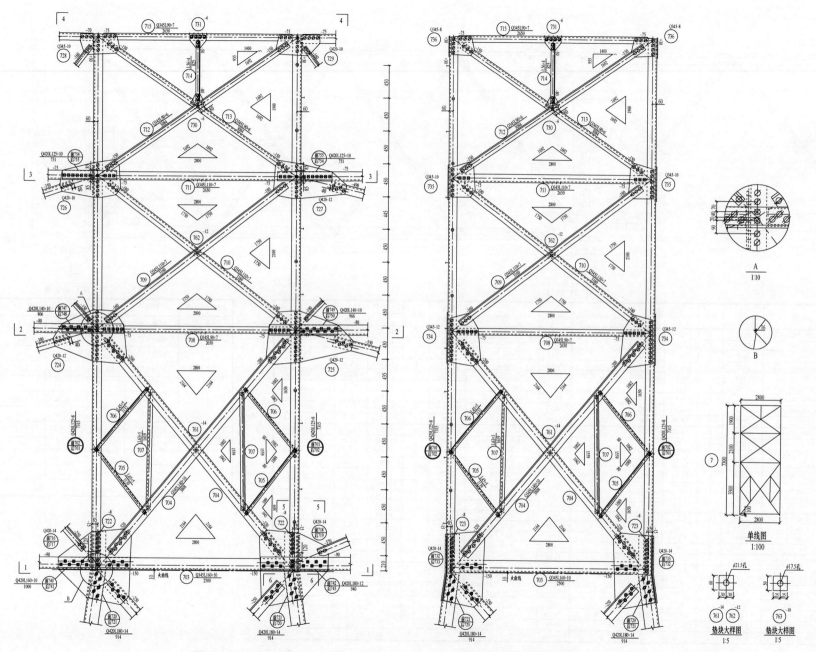

图 10-20　220-GC21S-JZY-20　220-GC21S-JZY 转角塔塔身结构图⑦（一）

构 件 明 细 表

编号	规格	长度(mm)	数量	质量(kg)一件	小计	备注	编号	规格	长度(mm)	数量	质量(kg)一件	小计	备注
701	Q420L125×8	7315	2	113.41	226.8	脚钉	733	Q420−14×567	1035	2	64.59	129.2	火曲
702	Q420L125×8	7315	2	113.41	226.8		734	Q345−12×445	720	4	30.24	121.0	
703	Q345L160×10	2500	4	61.82	247.3		735	Q345−10×350	482	4	13.30	53.2	
704	Q345L140×10	3808	8	81.83	654.6		736	Q345−8×262	328	4	5.41	21.7	
705	L45×5	1139	8	3.84	30.7		737	Q345L110×8	1692	4	22.90	91.6	
706	L45×5	1132	8	3.81	30.5		738	L45×4	2560	2	7.00	14.0	
707	L63×5	1619	8	7.81	62.5		739	Q345−10×288	516	4	11.67	46.7	
708	Q345L90×7	2650	4	25.59	102.4		740	Q420L160×10	1000	1	24.73	24.7	
709	Q345L110×7	3160	4	37.69	150.8	切角	741	Q420L160×10	1000	1	24.73	24.7	
710	Q345L110×7	3160	4	37.69	150.8	切角	742	Q420L180×12	940	1	31.17	31.2	
711	Q345L110×7	2650	4	31.61	126.4		743	Q420L180×12	940	1	31.17	31.2	
712	Q345L90×6	3084	4	25.75	103.0	切角	744	Q345L75×6	1761	4	12.16	48.6	
713	Q345L90×6	3084	4	25.75	103.0	切角	745	L45×4	2670	2	7.31	14.6	
714	L56×4	825	4	2.84	11.4		746	Q345−8×226	391	4	5.57	22.3	
715	Q345L90×7	2650	4	25.59	102.4		747	Q420L140×10	866	1	18.61	18.6	
716	Q420−14×1009	1035	1	114.93	114.9	火曲	748	Q420L140×10	866	1	18.61	18.6	
717	Q420−14×1009	1035	1	114.93	114.9	火曲	749	Q420L140×10	966	1	20.76	20.8	
718	Q420−14×961	1035	1	109.38	109.4	火曲	750	Q420L140×10	966	1	20.76	20.8	
719	Q420−14×961	1035	1	109.38	109.4	火曲	751	Q345L75×6	1767	4	12.20	48.8	切角
720	Q420L180×14	914	2	35.08	70.2	制弯，铲背	752	L45×4	2710	2	7.41	14.8	
721	Q420L180×14	914	2	35.08	70.2	制弯，铲背，脚钉	753	Q345−8×229	377	4	5.44	21.8	
722	−8×60	480	4	1.81	7.2		754	Q420L125×10	751	2	14.37	28.7	
723	−8×60	480	4	1.81	7.2		755	Q420L125×10	751	2	14.37	28.7	
724	Q420−12×711	1051	2	70.46	140.9		756	Q345L75×5	1771	4	10.30	41.2	
725	Q420−12×711	1241	2	83.18	166.4		757	L45×4	2710	2	7.41	14.8	
726	Q420−10×483	858	2	32.58	65.2		758	Q345−16×223	384	2	10.76	21.5	火曲
727	Q420−12×483	1029	2	46.88	93.8		759	Q345−8×384	389	1	9.40	9.4	
728	Q345−10×283	549	2	12.24	24.5		760	Q345−8×384	387	1	9.36	9.4	
729	Q420−10×285	614	2	13.76	27.5		761	−14×60	60	4	0.40	1.6	
730	−6×206	209	4	2.04	8.2		762	−12×60	60	4	0.34	1.4	
731	−6×175	230	4	1.90	7.6		763	−10×50	50	1	0.20	0.2	
732	Q420−14×567	1035	2	64.59	129.2	火曲	合计					4591.9kg	

螺栓、垫圈、脚钉明细表

名称	级别	规格	符号	数量	质量(kg)	备注
螺栓	6.8	M16×40	◑	38	5.5	
		M16×50	◖	50	8.0	
		M16×60	⊙	4	0.8	双帽
		M20×45	○	156	42.1	
		M20×55	⊘	506	149.3	
		M20×65	⊗	116	37.1	
		M20×70	⊙	18	5.4	双帽
		M20×75	⊘	52	18.0	
		M20×85	⊠	4	1.5	
		M20×95	⊗	4	1.6	
	8.8	M24×65	⊘	60	30.0	
		M24×75	⊗	46	24.7	
		M24×85	⊘	46	26.4	
脚钉	6.8	M16×180	⊕—⊢	24	7.8	双帽
		M20×200	⊕—⊢	6	3.7	双帽
	8.8	M24×240	⊕—⊢	2	1.8	双帽
垫圈	Q235	−4(ϕ17.5)	规格×个数	6	0.1	
合计					363.8kg	

说明：本段与横担相连节点，以横担图为准，放样确定。

图 10−20 220−GC21S−JZY−20 220−GC21S−JZY 转角塔塔身结构图⑦（一）（续）

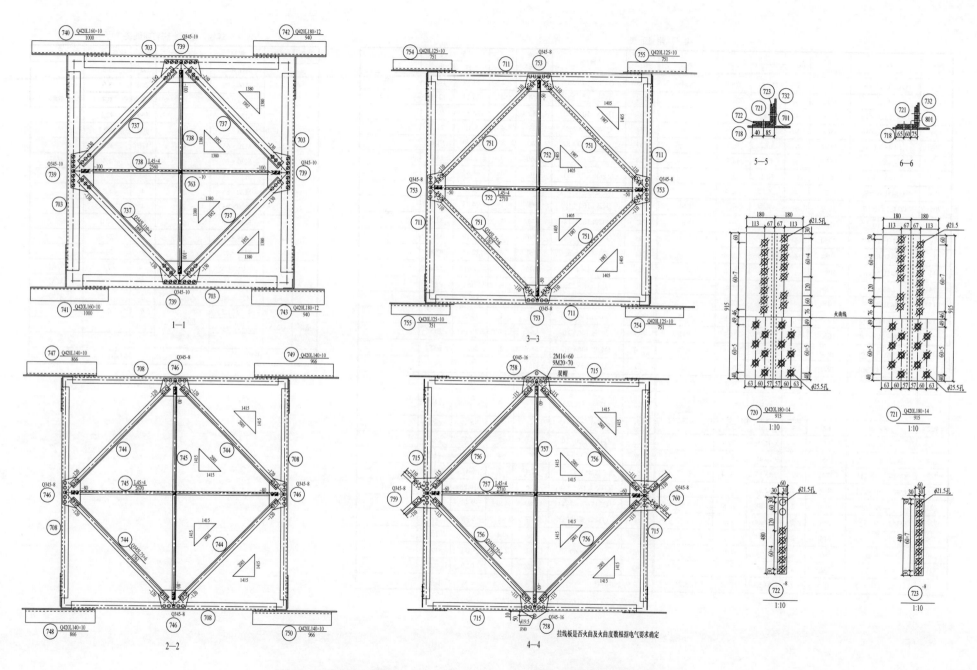

图 10-21 220-GC21S-JZY-21 220-GC21S-JZY 转角塔塔身结构图⑦（二）

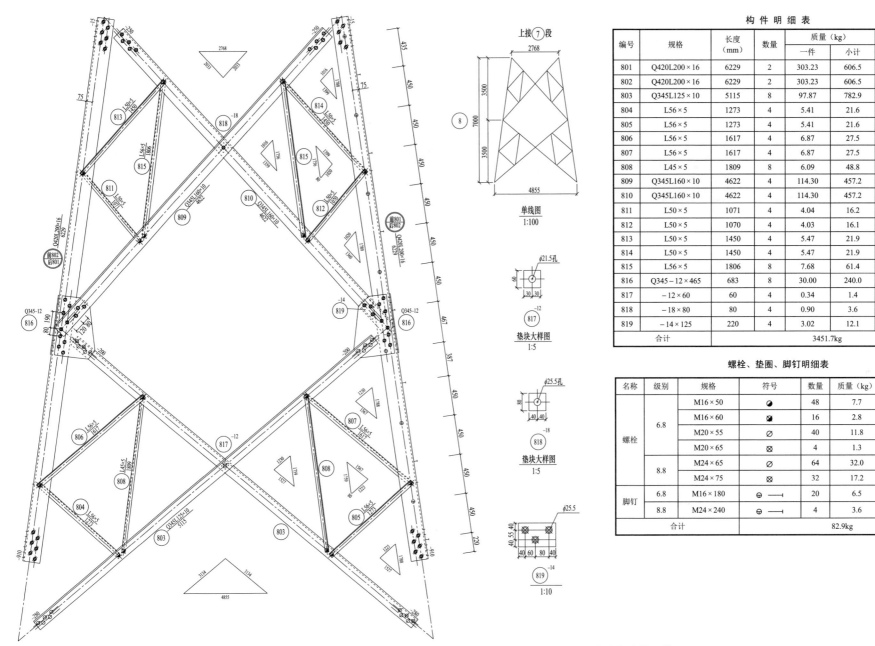

构 件 明 细 表

编号	规格	长度 (mm)	数量	质量 (kg) 一件	质量 (kg) 小计	备注
801	Q420L200×16	6229	2	303.23	606.5	脚钉
802	Q420L200×16	6229	2	303.23	606.5	
803	Q345L125×10	5115	8	97.87	782.9	
804	L56×5	1273	4	5.41	21.6	切角
805	L56×5	1273	4	5.41	21.6	
806	L56×5	1617	4	6.87	27.5	
807	L56×5	1617	4	6.87	27.5	切角
808	L45×5	1809	8	6.09	48.8	
809	Q345L160×10	4622	4	114.30	457.2	
810	Q345L160×10	4622	4	114.30	457.2	切角
811	L50×5	1071	4	4.04	16.2	切角
812	L50×5	1070	4	4.03	16.1	
813	L50×5	1450	4	5.47	21.9	
814	L50×5	1450	4	5.47	21.9	
815	L56×5	1806	8	7.68	61.4	
816	Q345-12×465	683	8	30.00	240.0	
817	-12×60	60	4	0.34	1.4	
818	-18×80	80	4	0.90	3.6	
819	-14×125	220	4	3.02	12.1	
合计					3451.7kg	

螺栓、垫圈、脚钉明细表

名称	级别	规格	符号	数量	质量 (kg)	备注
螺栓	6.8	M16×50		48	7.7	
		M16×60		16	2.8	
		M20×55		40	11.8	
		M20×65		4	1.3	
	8.8	M24×65		64	32.0	
		M24×75		32	17.2	
脚钉	6.8	M16×180		20	6.5	双帽
	8.8	M24×240		4	3.6	双帽
合计					82.9kg	

图 10-22　220-GC21S-JZY-22　220-GC21S-JZY 转角塔塔身结构图⑧

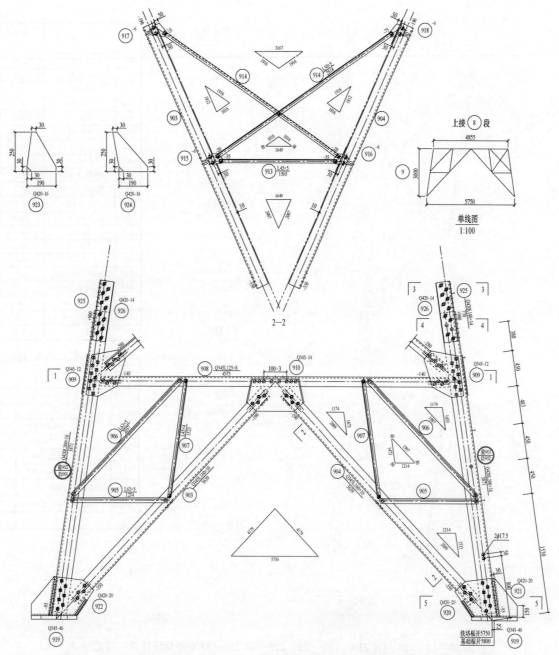

图 10-23 220-GC21S-JZY-23 220-GC21S-JZY 转角塔 10.0m 塔腿结构图⑨

构 件 明 细 表

编号	规格	长度(mm)	数量	质量(kg) 一件	质量(kg) 小计	备注
901	Q420L200×16	3871	2	188.44	376.9	脚钉
902	Q420L200×16	3871	2	188.44	376.9	
903	Q345L160×10	3639	4	89.99	360.0	
904	Q345L160×10	3639	4	89.99	360.0	
905	L63×5	1274	8	6.14	49.1	
906	L63×5	2057	8	9.92	79.4	
907	L45×4	1523	8	4.17	33.3	
908	Q345L125×8	4575	4	70.93	283.7	开角(98.5)
909	Q345−12×445	626	8	26.29	210.3	
910	Q345−14×411	819	4	37.09	148.3	火曲;卷边
911	Q345L90×6	3362	4	28.07	112.3	
912	Q345L63×5	4929	2	23.77	47.5	
913	L45×5	1565	4	5.27	21.1	
914	L50×5	2818	8	10.62	85.0	
915	−6×149	159	4	1.13	4.5	火曲
916	−6×149	159	4	1.13	4.5	火曲
917	−6×149	184	4	1.30	5.2	火曲
918	−6×149	184	4	1.30	5.2	火曲
919	Q345−46×600	600	4	130.00	520.0	电焊
920	Q420−20×489	519	4	39.93	159.7	电焊
921	Q420−20×254	561	4	22.43	89.7	电焊
922	Q420−20×522	802	4	65.91	263.6	电焊
923	Q420−16×188	249	8	5.92	47.4	电焊
924	Q420−16×155	337	8	6.62	53.0	电焊
925	Q420L180×14	770	4	29.55	118.2	铲背
926	Q420−14×180	770	8	15.23	121.9	
合计					3936.7kg	

螺栓、垫圈、脚钉明细表

名称	级别	规格	符号	数量	质量(kg)	备注
螺栓	6.8	M16×40	◕	32	4.6	
		M16×50	◑	44	7.0	
		M20×45	○	28	7.6	
		M20×55	∅	119	35.1	
		M20×65	⊗	76	24.3	
	8.8	M24×65	⊘	64	32.0	
		M24×75	⊠	56	30.1	
		M24×85	⊘	90	51.7	
脚钉	6.8	M16×180	⊕—	4	1.3	双帽
		M20×200	⊕—	6	3.7	双帽
	8.8	M24×240	⊕—	6	5.4	双帽
垫圈	Q235	−3(φ17.5)	规格×个数	4	0.1	
合计					202.9kg	

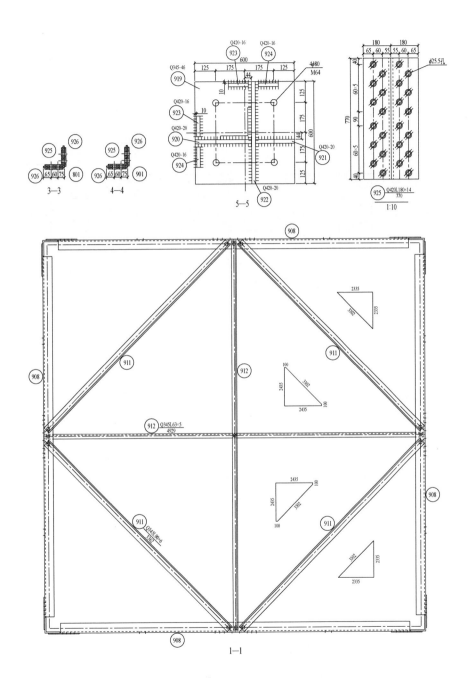

图 10−23　220−GC21S−JZY−23　220−GC21S−JZY 转角塔 10.0m 塔腿结构图⑨（续）

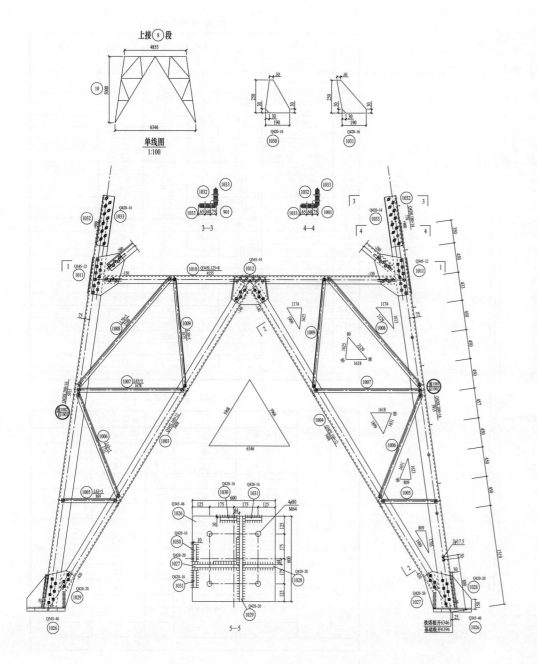

上接⑧段

4855
5000 ⑩
6346

单线图
1:100

3-3   4-4

5-5

图 10-24 220-GC21S-JZY-24   220-GC21S-JZY 转角塔 12.0m 塔腿结构图⑩

构件明细表

编号	规格	长度(mm)	数量	质量(kg) 一件	质量(kg) 小计	备注
1001	Q420L200×16	5915	2	287.94	575.9	脚钉
1002	Q420L200×16	5915	2	287.94	575.9	
1003	Q345L160×12	5408	4	158.95	635.8	切角
1004	Q345L160×12	5408	4	158.95	635.8	切角
1005	L63×5	869	8	4.19	33.5	
1006	L63×5	1711	8	8.25	66.0	
1007	L63×5	1678	8	8.09	64.7	
1008	L70×5	2189	8	11.81	94.5	
1009	L50×5	1675	8	6.31	50.5	
1010	Q345L125×8	4555	4	70.62	282.5	开角(98.5)
1011	Q345-12×445	676	8	28.38	227.1	
1012	Q345-14×421	653	4	30.25	121.0	火曲;卷边
1013	Q345L90×6	3203	4	26.75	107.0	
1014	Q345L63×5	4709	2	22.71	45.4	
1015	Q345-8×231	403	4	5.86	23.4	
1016	L45×5	1050	4	3.54	14.1	
1017	L56×5	2417	8	10.27	82.2	
1018	L63×5	3141	8	15.15	121.2	
1019	-6×145	145	4	1.00	4.0	火曲
1020	-6×145	145	4	1.00	4.0	火曲
1021	-6×148	208	4	1.46	5.8	火曲
1022	-6×148	208	4	1.46	5.8	火曲
1023	-6×165	181	4	1.41	5.6	火曲
1025	-6×165	181	4	1.41	5.6	火曲
1026	Q345-46×600	600	4	130.00	520.0	电焊
1027	Q420-20×420	618	4	40.83	163.3	电焊
1028	Q420-20×254	539	4	21.57	86.3	电焊
1029	Q420-20×571	754	4	67.76	271.0	电焊
1030	Q420-16×188	249	8	5.92	47.4	电焊
1031	Q420-16×155	337	8	6.62	53.0	电焊
1032	Q420L180×14	770	4	29.55	118.2	铲背
1033	Q420-14×180	770	8	15.23	121.9	电焊
合计					5168.5kg	

螺栓、垫圈、脚钉明细表

名称	级别	规格	符号	数量	质量(kg)	备注
螺栓	6.8	M16×40		28	4.0	
		M16×50		32	5.1	
		M20×45	○	53	14.3	
		M20×55	⊘	214	63.1	
		M20×65	⊗	86	27.5	
	8.8	M24×65	⊘	32	16.0	
		M24×75	⊗	88	47.3	
		M24×85	⊘	92	52.8	
脚钉	6.8	M16×180		16	5.2	双帽
		M20×200		4	2.5	双帽
	8.8	M24×240		4	3.6	双帽
垫圈	Q235	-3(φ17.5)	规格×个数	4	0.1	
		-3(φ21.5)		4	0.4	
合计					241.9kg	

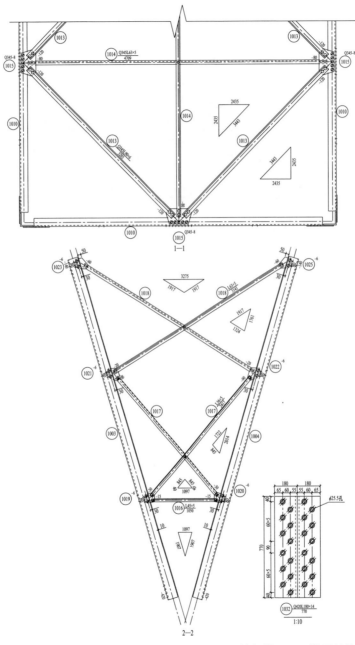

图 10-24　220-GC21S-JZY-24　220-GC21S-JZY 转角塔 12.0m 塔腿结构图⑩（续）

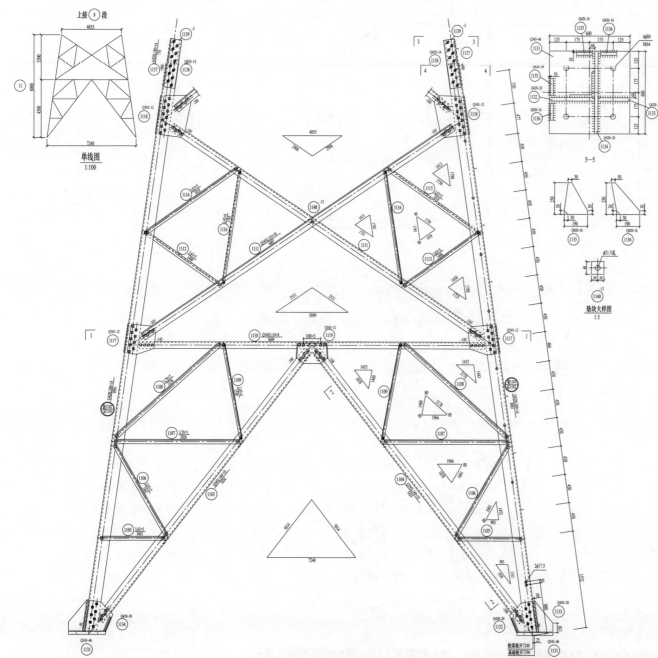

构 件 明 细 表

编号	规格	长度(mm)	数量	质量(kg) 一件	质量(kg) 小计	备注
1101	Q420L200×18	8981	2	488.58	977.2	脚钉
1102	Q420L200×18	8981	2	488.58	977.2	
1103	Q345L140×10	5424	4	116.55	466.2	切角
1104	Q345L140×10	5424	4	116.55	466.2	切角
1105	L63×5	1043	8	5.03	40.2	
1106	L63×5	1661	8	8.01	64.1	
1107	L70×5	2026	8	10.93	87.5	
1108	L70×5	2238	8	12.08	96.6	
1109	L45×4	1530	8	4.19	33.5	
1110	Q345L110×8	5609	4	75.90	303.6	开角(98.5)
1111	Q345L125×10	6007	8	114.93	919.5	
1112	L63×5	1498	4	7.22	28.9	切角
1113	L63×5	1498	4	7.22	28.9	
1114	L63×5	1810	4	8.73	34.9	
1115	L63×5	1810	4	8.73	34.9	切角
1116	L45×4	1795	8	4.91	39.3	
1117	Q345−12×421	473	8	18.81	150.5	
1118	Q345−12×441	669	8	27.87	222.9	
1119	Q345−12×316	590	4	17.57	70.3	火曲;卷边
1120	Q345L110×7	4107	4	48.99	196.0	
1121	Q345L75×5	5984	2	34.81	69.6	
1122	L45×4	1283	4	3.51	14.0	
1123	L45×5	2644	8	8.91	71.3	
1124	L56×5	3680	8	15.64	125.1	
1125	−6×140	152	4	1.01	4.0	火曲
1126	−6×140	152	4	1.01	4.0	火曲
1127	−6×138	181	4	1.19	4.7	火曲
1128	−6×138	181	4	1.19	4.7	火曲
1129	−6×151	156	4	1.12	4.5	火曲
1130	−6×151	156	4	1.12	4.5	火曲
1131	Q345−46×600	600	4	130.00	520.0	电焊
1132	Q420−20×385	498	4	30.15	120.6	电焊
1133	Q420−20×254	536	4	21.43	85.7	电焊
1134	Q420−20×498	691	4	54.06	216.3	电焊
1135	Q420−16×188	249	8	5.92	47.4	电焊
1136	Q420−16×155	337	8	6.62	53.0	电焊
1137	Q420L180×14	770	4	29.55	118.2	铲背,脚钉
1138	Q420−14×180	770	8	15.23	121.9	
1139	−2×140	380	8	0.84	6.7	
1140	−12×60	60	4	0.34	1.4	
合计					6835.9kg	

螺栓、垫圈、脚钉明细表

名称	级别	规格	符号	数量	质量(kg)	备注
螺栓	6.8	M16×40	◑	48	6.9	
		M16×50	◢	80	12.8	
		M20×45	○	44	11.9	
		M20×55	⌀	201	59.3	
		M20×65	⊠	210	67.2	
	8.8	M24×75	⊘	56	30.1	
		M24×85	⌀	92	52.8	
脚钉	6.8	M16×180	⊕—	14	4.5	双帽
		M20×200	⊕—	2	1.2	双帽
	8.8	M24×240	⊕—	4	3.6	双帽
垫圈	Q235	−3 (φ17.5)	规格×个数	8	0.1	
		−4 (φ21.5)	/	2	0.2	
合计					250.6kg	

图 10−25   220−GC21S−JZY−25   220−GC21S−JZY 转角塔 15.0m 塔腿结构图⑪（一）

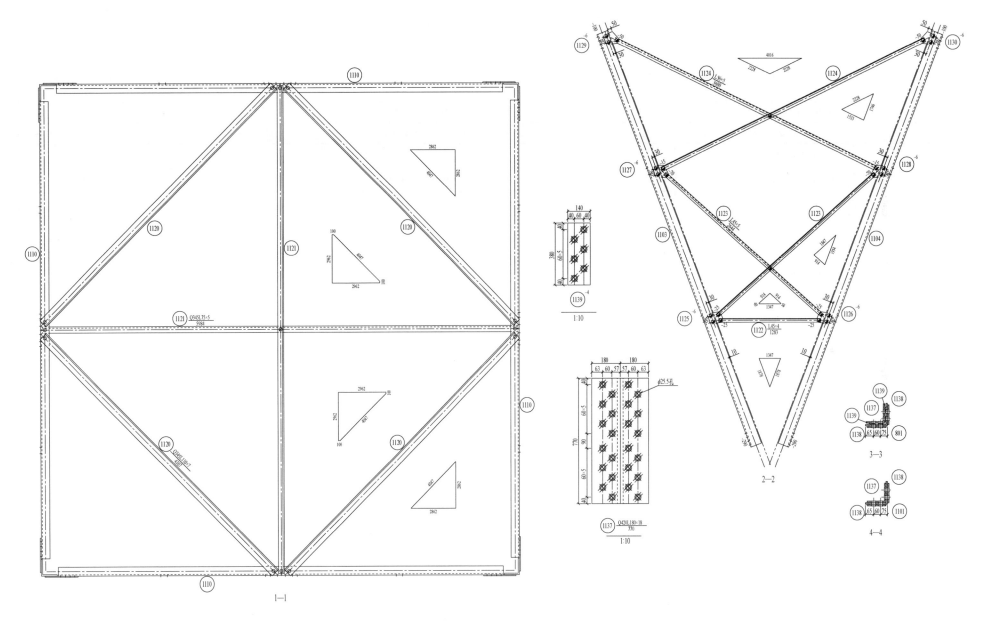

图 10-26 220-GC21S-JZY-26 220-GC21S-JZY 转角塔 15.0m 塔腿结构图⑪（二）

序号	图号	图名	张数	备注
		220-HC21D-JZY 图纸目录		
1	220-HC21D-JZY-01	220-HC21D-JZY 转角塔总图	1	
2	220-HC21D-JZY-02	220-HC21D-JZY 转角塔材料汇总表	1	
3	220-HC21D-JZY-03	220-HC21D-JZY 转角塔地线支架结构图 ①	1	0°~40°塔头
4	220-HC21D-JZY-04	220-HC21D-JZY 转角塔导线横担结构图 ②	1	0°~40°塔头
5	220-HC21D-JZY-05	220-HC21D-JZY 转角塔地线支架结构图 ①A	1	40°~90°塔头
6	220-HC21D-JZY-06	220-HC21D-JZY 转角塔导线横担结构图 ②A	1	40°~90°塔头
7	220-HC21D-JZY-07	220-HC21D-JZY 转角塔塔身结构图 ③	1	
8	220-HC21D-JZY-08	220-HC21D-JZY 转角塔塔身结构图 ④	1	
9	220-HC21D-JZY-09	220-HC21D-JZY 转角塔塔身结构图 ⑤	1	
10	220-HC21D-JZY-10	220-HC21D-JZY 转角塔 10.0m 塔腿结构图 ⑥	1	
11	220-HC21D-JZY-11	220-HC21D-JZY 转角塔 12.0m 塔腿结构图 ⑦	1	
12	220-HC21D-JZY-12	220-HC21D-JZY 转角塔 15.0m 塔腿结构图 ⑧	1	

220-HC21D-JZY-00　220-HC21D-JZY 转角塔图纸目录

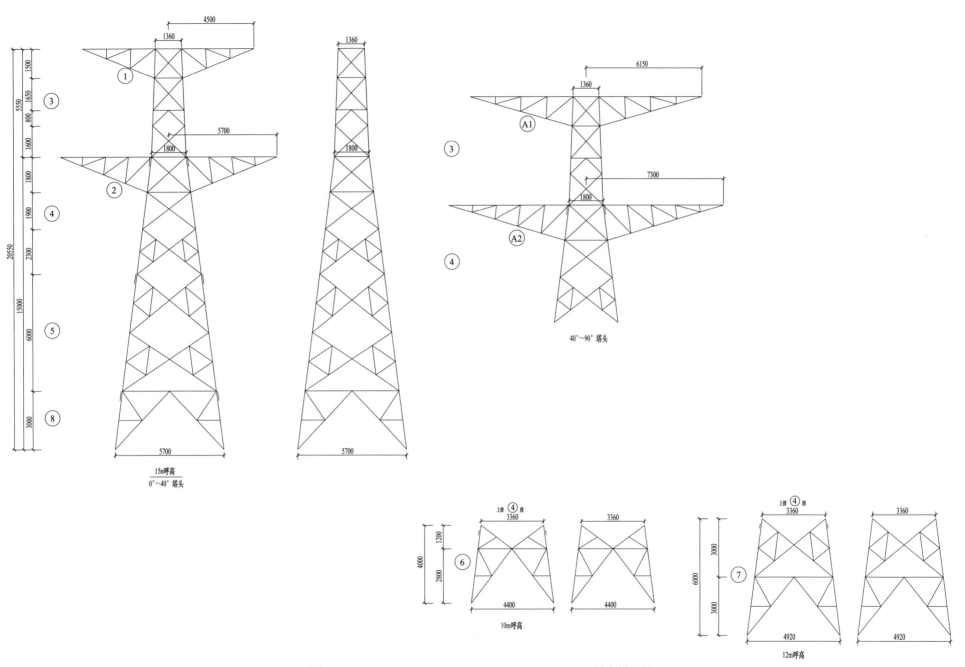

图 11-1　220-HC21D-JZY-01　220-HC21D-JZY 转角塔总图

材料汇总表（0°～40°塔头）

材料	材质	规格	1	2	3	4	5	6	7	8	10.0	12.0	15.0
角钢	Q345	L200×18								795.4			795.4
		L200×16					1166.6	890.2	1286.3		890.2	1286.3	1166.6
		L200×14				950.0					950.0	950.0	950.0
		L180×16								134.1			134.1
		L180×14					118.2	118.2	118.2		118.2	118.2	118.2
		L180×12				98.2					98.2	98.2	98.2
		L140×12		505.3							505.3	505.3	505.3
		L140×10		370.3	473.6	377.6					1221.4	1221.4	1221.4
		L125×8				646.6		380.6			1027.3	646.6	646.6
		L110×8							371.2		371.2		
		L110×7			100.8				438.3	354.1	100.8	539.1	454.9
		L100×10	189.9								189.9	189.9	189.9
		L100×7				337.9	422.6	313.3		200.6	651.2	337.9	961.1
		L90×7	297.7	62.8	236.2		406.1				596.6	596.6	1002.7
		L90×6			202.7				128.6		202.7	331.3	202.7
		L75×6				40.3					40.3	40.3	40.3
		L75×5	14.7								14.7	14.7	14.7
		L70×6			30.0						30.0	30.0	30.0
		L70×5		29.7	99.9						129.7	129.7	129.7
		L63×5		310.5	18.4	18.7				87.7	347.6	347.6	435.3
		小计	502.3	1278.6	1161.5	2469.3	2113.5	1702.4	2342.6	1571.8	7114.2	7754.4	9097.1
	Q235	L63×5					108.6		112.7				221.3
		L56×5						50.3			50.3		
		L56×4		24.6	13.1				14.7		37.7	52.4	37.7
		L50×5					39.5				39.5		
		L50×4	19.1	37.0		10.0	33.8	11.6	33.8		77.7	99.9	99.9
		L45×5				54.2	30.2	26.1	59.5	123.8	80.3	113.8	208.3
		L45×4	139.9		9.9		49.4	86.0			199.2	235.8	149.8
		L40×4		28.1			49.0	28.8			77.1	56.9	28.1
		L40×3	11.9			17.7	45.7	14.8	23.0		44.4	52.5	75.2
		小计	170.9	89.7	23.1	81.9	218.2	190.3	296.0	236.5	555.9	661.5	820.3
钢板	Q345	−42					474.8	474.8	474.8		474.8	474.8	474.8
		−20		189.6	77.3						266.9	266.9	266.9
		−16					339.4	304.3	441.4		339.4	304.3	441.4
		−14	55.2	235.3		447.7	121.8	121.8	121.8		860.0	860.0	860.0
		−12				362.7		47.8	47.8	47.8	410.6	410.6	410.3
		−10				71.4		124.8	52.6		196.3	124.0	71.4
		−8	36.4		309.8	41.7	75.0	102.7	151.8	123.2	490.6	539.7	586.1
		−6		14.3		9.8				13.9	24.1	24.1	38.0
		小计	91.6	439.2	387.1	933.3	196.9	1211.4	1153.2	1100.9	3062.6	3004.5	3149.0

材料汇总表（0°～40°塔头）

材料	材质	规格	1	2	3	4	5	6	7	8	10.0	12.0	15.0
钢板	Q235	−24				2.7	2.7				2.7	2.7	5.4
		−20			0.6						0.6	0.6	0.6
		−18			2.0						2.0	2.0	2.0
		−16		0.9		1.8	7.2		1.8		2.7	4.5	9.9
		−14			1.6	1.6	1.6	1.6	3.2		4.8	6.4	4.8
		−12	1.9	3.4	1.4	4.1		1.4			12.1	10.8	10.8
		−10	14.0								14.0	14.0	14.0
		−6	26.1		8.9			32.6	35.9	30.3	67.6	70.9	65.3
		−4				4.6					4.6	4.6	4.6
		−2				6.7	6.7	6.7	6.7		6.7	6.7	13.4
		小计	42.0	4.3	14.5	14.8	18.2	42.3	47.6	37.0	117.8	123.2	130.8
套管	Q345	φ58/φ32		2.5	1.2						3.7	3.7	3.7
		小计		2.5	1.2						3.7	3.7	3.7
螺栓	6.8	M16×40	8.5		4.0	3.5	4.6	12.1	14.4	6.9	28.1	30.4	27.5
		M16×50	17.4	3.8	6.7	2.1	1.3	9.4	12.2	8.3	39.4	42.2	39.6
		M16×60				1.4	1.4		1.4		1.4	2.8	2.8
		小计	25.9	3.8	10.7	7.0	7.3	21.5	28.0	15.2	68.9	75.4	69.9
	6.8	M20×45	14.0	10.8	59.4	8.6	7.6	6.5	13.0	32.4	99.3	105.8	132.8
		M20×55	9.4	31.3	47.8	90.0	7.1	55.2	50.4	6.8	233.7	228.9	192.4
		M20×65		28.2	8.0	52.8	17.6	7.4	8.6	20.2	96.4	97.6	126.8
		M20×75				18.0	6.9	2.8	2.8		20.8	20.8	24.9
		小计	23.4	70.3	115.2	169.4	39.2	71.9	74.8	59.4	450.2	453.1	476.9
	8.8	M24×75				25.2		25.8	25.8	25.8	51.0	51.0	51.0
		M24×85				54.0	54.5	54.5	54.0		54.5	54.5	108.0
		小计				25.2	54.0	80.3	80.3	79.8	105.5	105.5	159.0
	6.8	M16×60（双帽）	0.8								0.8	0.8	0.8
		小计	0.8								0.8	0.8	0.8
	6.8	M20×70（双帽）	4.6	1.5	5.4						11.5	11.5	11.5
		M20×80（双帽）		9.9	5.8						15.7	15.7	15.7
		小计	4.6	11.4	11.2						27.2	27.2	27.2
		螺栓合计	54.7	85.5	137.1	201.6	100.5	173.7	183.1	154.4	652.6	662.0	733.8
脚钉	6.8	M16×180			2.9	2.3	3.3	1.6	2.9	0.7	6.8	8.1	9.2
	6.8	M20×200			1.2	1.9	0.6	1.2	1.2	1.2	4.3	4.3	4.9
	8.8	M24×240			0.9	1.8	0.9	0.9	1.8		1.8	1.8	4.5
		小计			4.1	5.1	5.7	3.7	5.0	3.7	12.9	14.2	18.6
垫圈	Q235	−3(φ17.5)	0.4		0.1	0.1		0.1	0.1	0.1	0.7	0.7	0.7
		−4(φ17.5)	0.1	1.6	0.1						1.8	1.8	1.8
		−4(φ21.5)			3.2	0.2					3.4	3.4	3.4
		小计	0.5	1.6	3.4	0.3		0.1	0.1	0.1	5.9	5.9	5.9
合 计（kg）			862.0	1901.4	1732.0	3706.3	2653.0	3323.9	4027.7	3104.4	11525.6	12229.4	13959.1

图 11－2　220－HC21D－JZY－02　220－HC21D－JZY 转角塔材料汇总表

材料汇总表（40°～90°塔头）

材料	材质	规格	A1	A2	3	4	5	6	7	8	10.0	12.0	15.0
角钢	Q345	L200×18								795.4			795.4
		L200×16					1166.6	890.2	1286.3		890.2	1286.3	1166.6
		L200×14				950.0					950.0	950.0	950.0
		L180×16							134.1				134.1
		L180×14					118.2	118.2	118.2		118.2	118.2	118.2
		L180×12				98.2					98.2	98.2	98.2
		L140×12		667.7							667.7	667.7	667.7
		L140×10		500.6	473.6	377.6					1351.8	1351.8	1351.8
		L125×8				646.6		380.6			1027.3	646.6	646.6
		L110×8							371.2		371.2		
		L110×7			100.8				438.3	354.1	100.8	539.1	454.9
		L100×10	189.9								189.9	189.9	189.9
		L100×7	228.5			337.9	422.6	313.3		200.6	879.7	566.4	1189.6
		L90×7	215.5	62.8	236.2		406.1				514.5	514.5	920.6
		L90×6			202.7				128.6		202.7	331.3	202.7
		L80×7		49.1							49.1	49.1	49.1
		L75×6				40.3					40.3	40.3	40.3
		L75×5	14.7								14.7	14.7	14.7
		L70×6			30.0						30.0	30.0	30.0
		L70×5		264.1	99.9						364.0	364.0	364.0
		L63×5		171.7	18.4	18.7				87.7	208.8	208.8	296.5
		小计	648.7	1716.0	1161.5	2469.3	2113.5	1702.4	2342.6	1571.8	7697.9	8338.1	9680.8
	Q235	L63×5					108.6		112.7				221.3
		L56×5							50.3		50.3		
		L56×4		26.3	13.1				14.7		39.4	54.1	39.4
		L50×5					39.5				39.5		
		L50×4	88.5	59.4		10.0	33.8	11.6	33.8		169.5	191.7	191.7
		L45×5				54.2	30.2	26.1	59.5	123.8	80.3	113.8	208.3
		L45×4	171.0		9.9			49.4	86.0		230.3	267.0	181.0
		L40×4		37.4				49.0	28.8		86.4	66.2	37.4
		L40×3				17.7	45.7	14.8	23.0		32.5	40.6	63.4
		小计	259.5	123.1	23.1	81.9	218.2	190.3	296.0	236.5	677.9	783.6	942.4
钢板	Q345	−42						474.8	474.8	474.8	474.8	474.8	474.8
		−20		187.8	77.3						265.1	265.1	265.1
		−16					339.4	304.3	441.4		339.4	304.3	441.4
		−14	55.2	196.7		447.7	121.8	121.8	121.8		821.4	821.4	821.4
		−12				362.7	47.8	47.8	47.6		410.6	410.6	410.3
		−10				71.4		124.8	52.6		196.3	124.0	71.4
		−8	38.9		309.8	41.7	75.0	102.7	151.8	123.2	493.1	542.2	588.6
		−6		13.0		9.8				13.9	22.8	22.8	36.7
		小计	94.1	397.5	387.1	933.3	196.9	1211.4	1153.2	1100.9	3023.4	2965.2	3109.7
	Q235	−24				2.7	2.7				2.7	2.7	5.4
		−20			0.6						0.6	0.6	0.6
		−18			2.0						2.0	2.0	2.0
		−16		0.9		1.8	7.2		1.8		2.7	4.5	9.9

材料汇总表（40°～90°塔头）

材料	材质	规格	A1	A2	3	4	5	6	7	8	10.0	12.0	15.0
钢板	Q235	−14			1.6	1.6	1.6	1.6	3.2		4.8	6.4	4.8
		−12	2.9	4.7	1.4	4.1			1.4		14.4	13.0	13.0
		−10	14.0								14.0	14.0	14.0
		−6	37.2		8.9			32.6			78.7	82.0	76.4
		−4				4.6					4.6	4.6	4.6
		−2			6.7		6.7	6.7	6.7		6.7	6.7	13.4
		小计	54.1	5.6	14.5	14.8	18.2	42.3	47.6	37.0	131.2	136.6	144.2
套管	Q345	φ58/φ32		2.5	1.2						3.7	3.7	3.7
		小计		2.5	1.2						3.7	3.7	3.7
螺栓	6.8	M16×40	6.5		4.0	3.5	4.6	12.1	14.4	6.9	26.1	28.4	25.5
		M16×50	26.1	5.1	6.7	2.1	1.3	9.4	12.2	8.3	49.4	52.2	49.6
		M16×60				1.4	1.4		1.4		1.4	2.8	2.8
		小计	32.6	5.1	10.7	7.0	7.3	21.5	28.0	15.2	76.9	83.4	77.9
	6.8	M20×45	15.1	10.3	59.4	8.6	7.6	6.5	13.0	32.4	99.9	106.4	133.4
		M20×55	5.9	38.4	47.8	90.0	7.1	55.2	50.4	6.8	237.3	232.5	196.0
		M20×65		19.8	8.0	52.8	17.6	7.4	8.6	20.2	88.0	89.2	118.4
		M20×75			18.0	6.9	2.8	2.8			20.8	20.8	24.9
		小计	21.0	68.5	115.2	169.4	39.2	71.9	74.8	59.4	446.0	448.9	472.7
	8.8	M24×75			25.2			25.8	25.8	25.8	51.0	51.0	51.0
		M24×85				54.0	54.5	54.5	54.0		54.5	54.5	108.0
		小计			25.2	54.0	80.3	80.3	79.8		105.5	105.5	159.0
	6.8	M16×60（双帽）	1.6								1.6	1.6	1.6
		小计	1.6								1.6	1.6	1.6
	6.8	M20×70（双帽）	9.3	3.1	5.4						17.8	17.8	17.8
	6.8	M20×80（双帽）		19.8	5.8						25.6	25.6	25.6
		小计	9.3	22.9	11.2						43.4	43.4	43.4
		螺栓合计	64.5	96.5	137.1	201.6	100.5	173.7	183.1	154.4	673.4	682.8	754.6
脚钉	6.8	M16×180			2.9	2.3	3.3	1.6	2.9	0.7	6.8	8.1	9.2
	6.8	M20×200			1.2	1.9	0.6	1.2	1.2	1.2	4.3	4.3	4.9
	8.8	M24×240			0.9	1.8	0.9	0.9		1.8	1.8	1.8	4.5
		小计			4.1	5.1	5.7	3.7	5.0	3.7	12.9	14.2	18.6
垫圈	Q235	−3（φ17.5）	0.4		0.1	0.1		0.1	0.1	0.1	0.7	0.7	0.7
		−4（φ17.5）	0.1		0.1						0.2	0.2	0.2
		−4（φ21.5）		1.6	3.2	0.2					5.0	5.0	5.0
		小计	0.5	1.6	3.4	0.3		0.1	0.1	0.1	5.9	5.9	5.9
		合计（kg）	1121.3	2342.8	1733.2	3706.3	2653.0	3323.9	4027.7	3104.4	12227.5	12931.3	14661.0

图 11-2 220-HC21D-JZY-02 220-HC21D-JZY 转角塔材料汇总表（续）

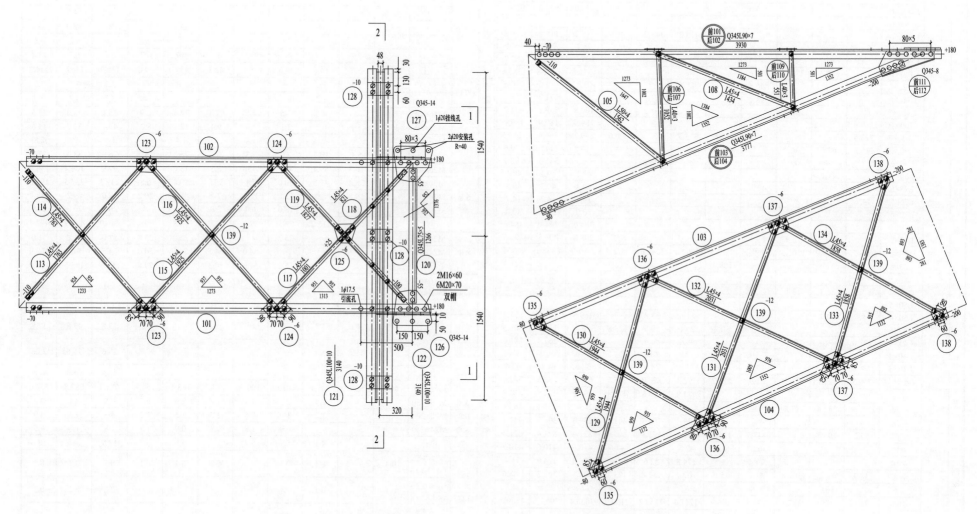

图 11–3　220–HC21D–JZY–03　220–HC21D–JZY 转角塔地线支架结构图 ①

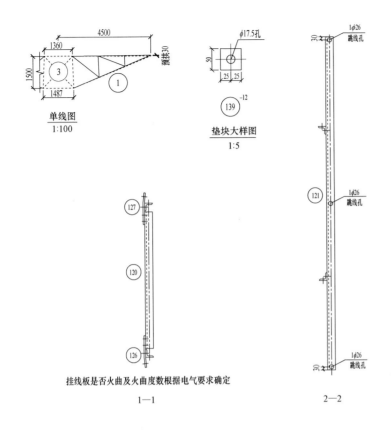

单线图
1:100

垫块大样图
1:5

挂线板是否火曲及火曲度数根据电气要求确定

1—1

2—2

螺栓、垫圈、脚钉明细表

名称	级别	规格	符号	数量	质量（kg）	备注
螺栓	6.8	M16×40	◑	59	8.5	
		M16×50	◐	109	17.4	
		M16×60	⊙	4	0.8	双帽
		M20×45	○	52	14.0	
		M20×55	⊘	32	9.4	
		M20×70	◎	12	4.6	双帽
垫圈	Q235	−3（φ17.5）	规格×个数	56	0.4	
		−4（φ17.5）		4	0.1	
合计					55.2kg	

构件明细表

编号	规格	长度（mm）	数量	质量（kg）一件	质量（kg）小计	备注
101	Q345L90×7	3930	2	37.95	75.9	
102	Q345L90×7	3930	2	37.95	75.9	
103	Q345L90×7	3777	2	36.47	72.9	切角
104	Q345L90×7	3777	2	36.47	72.9	切角
105	L50×4	1562	4	4.78	19.1	
106	L40×3	1052	2	1.95	3.9	
107	L40×3	1052	2	1.95	3.9	
108	L45×4	1434	4	3.92	15.7	
109	L40×3	551	2	1.02	2.0	
110	L40×3	551	2	1.02	2.0	
111	Q345−8×260	556	2	9.11	18.2	火曲;卷边
112	Q345−8×260	556	2	9.11	18.2	火曲;卷边
113	L45×4	1763	2	4.82	9.6	
114	L45×4	1763	2	4.82	9.6	切角
115	L45×4	1925	2	5.27	10.5	
116	L45×4	1925	2	5.27	10.5	切角
117	L45×4	1001	2	2.74	5.5	
118	L45×4	821	2	2.25	4.5	
119	L45×4	1827	2	5.00	10.0	切角
120	Q345L75×5	1266	2	7.37	14.7	
121	Q345L100×10	3140	2	47.48	95.0	
122	Q345L100×10	3140	2	47.48	95.0	
123	−6×125	190	4	1.12	4.5	
124	−6×124	190	4	1.11	4.5	
125	−6×178	208	2	1.76	3.5	
126	Q345−14×330	379	2	13.80	27.6	火曲
127	Q345−14×330	379	2	13.80	27.6	火曲
128	−10×120	248	6	2.34	14.0	
129	L45×4	1944	2	5.32	10.6	
130	L45×4	1944	2	5.32	10.6	
131	L45×4	2031	2	5.56	11.1	
132	L45×4	2031	2	5.56	11.1	
133	L45×4	1858	2	5.08	10.2	
134	L45×4	1858	2	5.08	10.2	
135	−6×112	119	4	0.63	2.5	
136	−6×123	191	4	1.11	4.4	
137	−6×118	190	4	1.06	4.2	
138	−6×110	117	4	0.61	2.4	
139	−12×50	50	8	0.24	1.9	
合计					806.4kg	

图 11-3　220-HC21D-JZY-03　220-HC21D-JZY 转角塔地线支架结构图 ①（续）

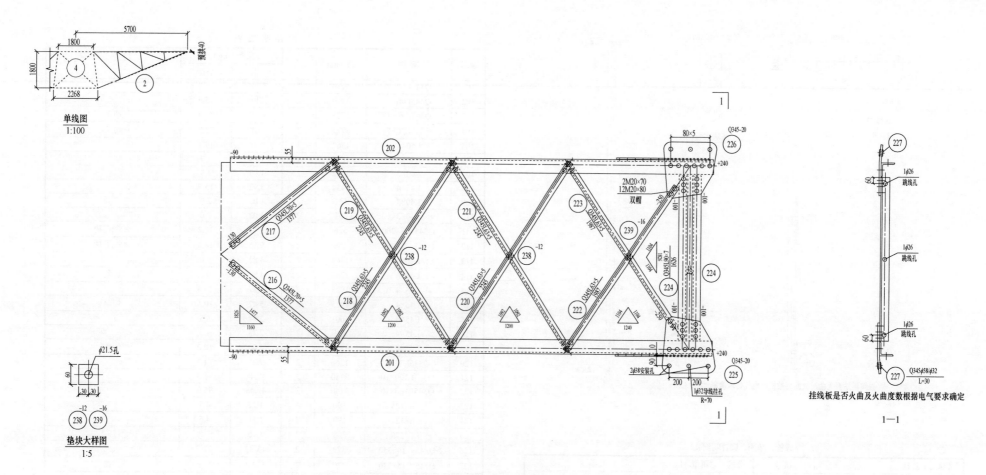

単線図
1:100

φ21.5孔

垫块大样图
1:5

挂线板是否火曲及火曲度数根据电气要求确定

1—1

螺栓、垫圈、脚钉明细表

名称	级别	规格	符号	数量	质量（kg）	备注
螺栓	6.8	M16×50	◖	24	3.8	
		M20×45	○	40	10.8	
		M20×55	∅	106	31.3	
		M20×65	⊠	88	28.2	
		M20×70	⊙	4	1.5	双帽
		M20×80	⊙	24	9.9	双帽
垫圈	Q235	−4（φ21.5）	规格×个数	16	1.6	
合计					87.1kg	

图 11－4　220－HC21D－JZY－04　220－HC21D－JZY 转角塔导线横担结构图 ②

构 件 明 细 表

编号	规 格	长度 (mm)	数量	质量(kg)		备 注
				一件	小计	
201	Q345L140×12	4950	2	126.33	252.7	切角,开角(97.4)
202	Q345L140×12	4950	2	126.33	252.7	切角,开角(97.4)
203	Q345L140×10	4308	2	92.57	185.1	切角,合角(83.1)
204	Q345L140×10	4308	2	92.57	185.1	切角,合角(83.1)
205	L56×4	1783	4	6.14	24.6	
206	L40×4	1423	2	3.45	6.9	
207	L40×4	1423	2	3.45	6.9	
208	L50×4	1644	4	5.03	20.1	
209	L40×4	965	2	2.34	4.7	
210	L40×4	965	2	2.34	4.7	
211	L50×4	1384	4	4.23	16.9	
212	L40×4	508	2	1.23	2.5	
213	L40×4	508	2	1.23	2.5	
214	Q345−14×455	1174	2	58.83	117.7	火曲;卷边
215	Q345−14×455	1174	2	58.83	117.7	火曲;卷边
216	Q345L70×5	1377	2	7.43	14.9	切角
217	Q345L70×5	1377	2	7.43	14.9	
218	Q345L63×5	2245	2	10.83	21.7	
219	Q345L63×5	2245	2	10.83	21.7	切角
220	Q345L63×5	2245	2	10.83	21.7	
221	Q345L63×5	2245	2	10.83	21.7	切角
222	Q345L63×5	1987	2	9.58	19.2	
223	Q345L63×5	1987	2	9.58	19.2	切角
224	Q345L90×7	1626	4	15.70	62.8	
225	Q345−20×538	560	2	47.39	94.8	火曲;电焊
226	Q345−20×538	560	2	47.39	94.8	火曲;电焊
227	Q345φ58/φ32	30	4	0.62	2.5	套管带电焊
228	Q345L63×5	2533	2	12.21	24.4	切角
229	Q345L63×5	2533	2	12.21	24.4	
230	Q345L63×5	2537	2	12.23	24.5	切角
231	Q345L63×5	2537	2	12.23	24.5	
232	Q345L63×5	2436	2	11.75	23.5	切角
233	Q345L63×5	2436	2	11.75	23.5	
234	Q345L63×5	2115	2	10.20	20.4	切角
235	Q345L63×5	2115	2	10.20	20.4	
236	Q345−6×178	208	4	1.75	7.0	
237	Q345−6×176	220	4	1.83	7.3	
238	−12×60	60	10	0.34	3.4	
239	−16×60	60	2	0.45	0.9	
合计					1814.9kg	

图 11−4 220−HC21D−JZY−04 220−HC21D−JZY 转角塔导线横担结构图 ②(续)

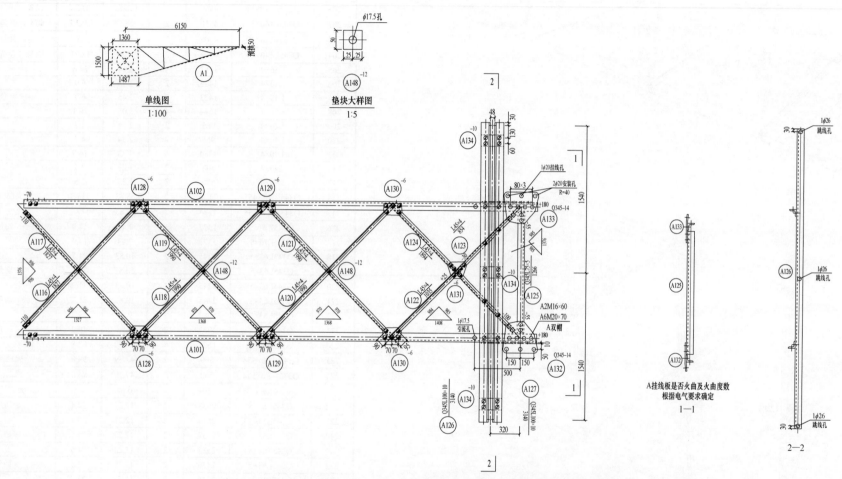

图 11-5　220-HC21D-JZY-05　220-HC21D-JZY 转角塔地线支架结构图 ⑭Ａ

构件明细表

编号	规格	长度(mm)	数量	一件	小计	备注
A101	Q345L90×7	5580	2	53.88	107.8	
A102	Q345L90×7	5580	2	53.88	107.8	
A103	Q345L100×7	5274	2	57.12	114.2	切角
A104	Q345L100×7	5274	2	57.12	114.2	切角
A105	L50×4	1716	4	5.25	21.0	
A106	L50×4	1177	2	3.60	7.2	
A107	L50×4	1177	2	3.60	7.2	
A108	L50×4	1632	4	4.99	20.0	
A109	L50×4	801	2	2.45	4.9	切角
A110	L50×4	801	2	2.45	4.9	切角
A111	L50×4	1480	4	4.53	18.1	
A112	L50×4	426	2	1.30	2.6	切角
A113	L50×4	426	2	1.30	2.6	切角
A114	Q345−8×247	625	2	9.72	19.4	火曲;卷边
A115	Q345−8×247	625	2	9.72	19.4	火曲;卷边
A116	L45×4	1827	2	5.00	10.0	
A117	L45×4	1827	2	5.00	10.0	切角
A118	L45×4	1990	2	5.44	10.9	
A119	L45×4	1990	2	5.44	10.9	切角
A120	L45×4	1990	2	5.44	10.9	
A121	L45×4	1990	2	5.44	10.9	切角
A122	L45×4	1035	2	2.83	5.7	
A123	L45×4	854	2	2.34	4.7	
A124	L45×4	1894	2	5.18	10.4	切角
A125	Q345L75×5	1266	2	7.37	14.7	
A126	Q345L100×10	3140	2	47.48	95.0	
A127	Q345L100×10	3140	2	47.48	95.0	
A128	−6×123	193	4	1.12	4.5	
A129	−6×122	194	4	1.12	4.5	
A130	−6×125	198	4	1.17	4.7	
A131	−6×175	213	2	1.76	3.5	
A132	Q345−14×330	379	2	13.80	27.6	火曲
A133	Q345−14×330	379	2	13.80	27.6	火曲
A134	−10×120	248	6	2.34	14.0	
A135	L45×4	1975	2	5.40	10.8	
A136	L45×4	1975	2	5.40	10.8	
A137	L45×4	2073	2	5.67	11.3	
A138	L45×4	2073	2	5.67	11.3	
A139	L45×4	2050	2	5.61	11.2	
A140	L45×4	2050	2	5.61	11.2	
A141	L45×4	1836	2	5.02	10.0	
A142	L45×4	1836	2	5.02	10.0	
A143	−6×116	127	4	0.70	2.8	
A144	−6×129	199	4	1.21	4.9	
A145	−6×128	203	4	1.23	4.9	
A146	−6×127	194	4	1.17	4.7	
A147	−6×113	129	4	0.69	2.8	
A148	−12×50	50	12	0.24	2.8	
合计					1056.3kg	

螺栓、垫圈、脚钉明细表

名称	级别	规格	符号	数量	质量(kg)	备注
螺栓	6.8	M16×40	◑	45	6.5	
		M16×50	◐	163	26.1	
		M16×60	⊙	8	1.6	双帽
		M20×45	○	56	15.1	
		M20×55	⊘	20	5.9	
		M20×70	⊙	24	9.3	双帽
垫圈	Q235	−3（Φ17.5）	规格×个数	56	0.4	
		−4（Φ17.5）		4	0.1	
合计					65.0kg	

图 11−5　220−HC21D−JZY−05　220−HC21D−JZY 转角塔地线支架结构图 ⒜（续）

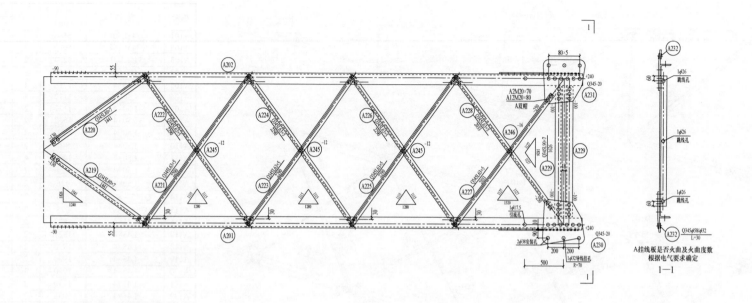

螺栓、垫圈、脚钉明细表

名称	级别	规格	符号	数量	质量（kg）	备注
螺栓	6.8	M16×50	◔	32	5.1	
		M20×45	◔	38	10.3	
		M20×55	⊙	130	38.4	
		M20×65	⊙	62	19.8	
		M20×70	∅	8	3.1	双帽
		M20×80	⊙	48	19.8	双帽
垫圈	Q235	−4（φ21.5）	规格×个数	16	1.6	
合计					98.1kg	

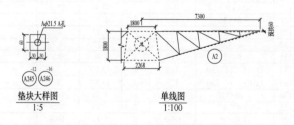

A φ21.5 A孔

(A245) (A246)

垫块大样图
1:5

单线图
1:100

图 11−6　220−HC21D−JZY−06　220−HC21D−JZY 转角塔导线横担结构图 ②A

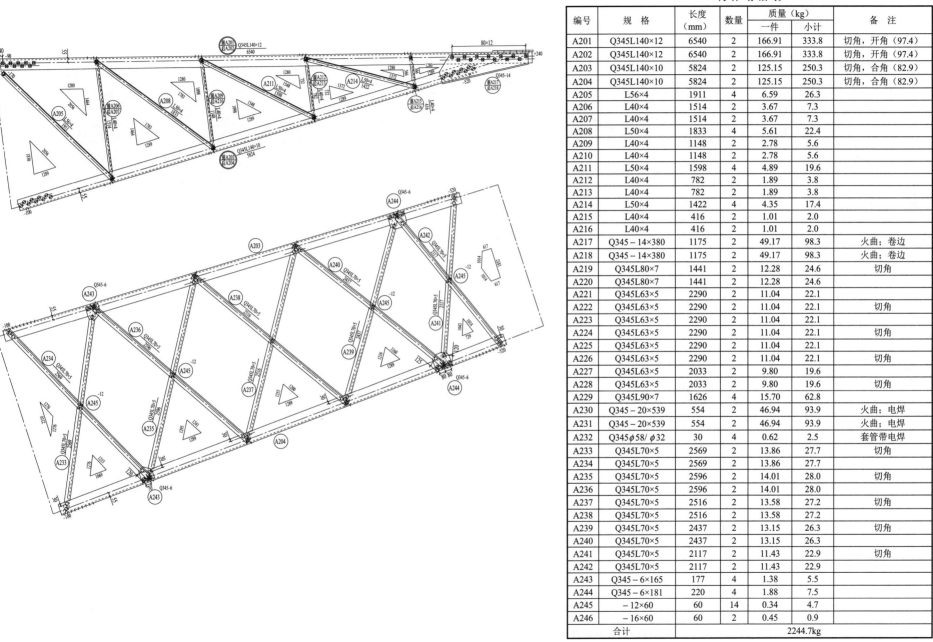

构 件 明 细 表

编号	规 格	长度 (mm)	数量	质量 (kg) 一件	质量 (kg) 小计	备 注
A201	Q345L140×12	6540	2	166.91	333.8	切角，开角（97.4）
A202	Q345L140×12	6540	2	166.91	333.8	切角，开角（97.4）
A203	Q345L140×10	5824	2	125.15	250.3	切角，合角（82.9）
A204	Q345L140×10	5824	2	125.15	250.3	切角，合角（82.9）
A205	L56×4	1911	4	6.59	26.3	
A206	L40×4	1514	2	3.67	7.3	
A207	L40×4	1514	2	3.67	7.3	
A208	L50×4	1833	4	5.61	22.4	
A209	L40×4	1148	2	2.78	5.6	
A210	L40×4	1148	2	2.78	5.6	
A211	L50×4	1598	4	4.89	19.6	
A212	L40×4	782	2	1.89	3.8	
A213	L40×4	782	2	1.89	3.8	
A214	L50×4	1422	4	4.35	17.4	
A215	L40×4	416	2	1.01	2.0	
A216	L40×4	416	2	1.01	2.0	
A217	Q345－14×380	1175	2	49.17	98.3	火曲；卷边
A218	Q345－14×380	1175	2	49.17	98.3	火曲；卷边
A219	Q345L80×7	1441	2	12.28	24.6	切角
A220	Q345L80×7	1441	2	12.28	24.6	
A221	Q345L63×5	2290	2	11.04	22.1	
A222	Q345L63×5	2290	2	11.04	22.1	切角
A223	Q345L63×5	2290	2	11.04	22.1	
A224	Q345L63×5	2290	2	11.04	22.1	切角
A225	Q345L63×5	2290	2	11.04	22.1	
A226	Q345L63×5	2290	2	11.04	22.1	切角
A227	Q345L63×5	2033	2	9.80	19.6	
A228	Q345L63×5	2033	2	9.80	19.6	切角
A229	Q345L90×7	1626	4	15.70	62.8	
A230	Q345－20×539	554	2	46.94	93.9	火曲；电焊
A231	Q345－20×539	554	2	46.94	93.9	火曲；电焊
A232	Q345φ58/φ32	30	4	0.62	2.5	套管带电焊
A233	Q345L70×5	2569	2	13.86	27.7	
A234	Q345L70×5	2569	2	13.86	27.7	切角
A235	Q345L70×5	2596	2	14.01	28.0	切角
A236	Q345L70×5	2596	2	14.01	28.0	
A237	Q345L70×5	2516	2	13.58	27.2	切角
A238	Q345L70×5	2516	2	13.58	27.2	
A239	Q345L70×5	2437	2	13.15	26.3	切角
A240	Q345L70×5	2437	2	13.15	26.3	
A241	Q345L70×5	2117	2	11.43	22.9	切角
A242	Q345L70×5	2117	2	11.43	22.9	
A243	Q345－6×165	177	4	1.38	5.5	
A244	Q345－6×181	220	4	1.88	7.5	
A245	－12×60	60	14	0.34	4.7	
A246	－16×60	60	2	0.45	0.9	
合计					2244.7kg	

图 11－6 220－HC21D－JZY－06 220－HC21D－JZY 转角塔导线横担结构图 ②A（续）

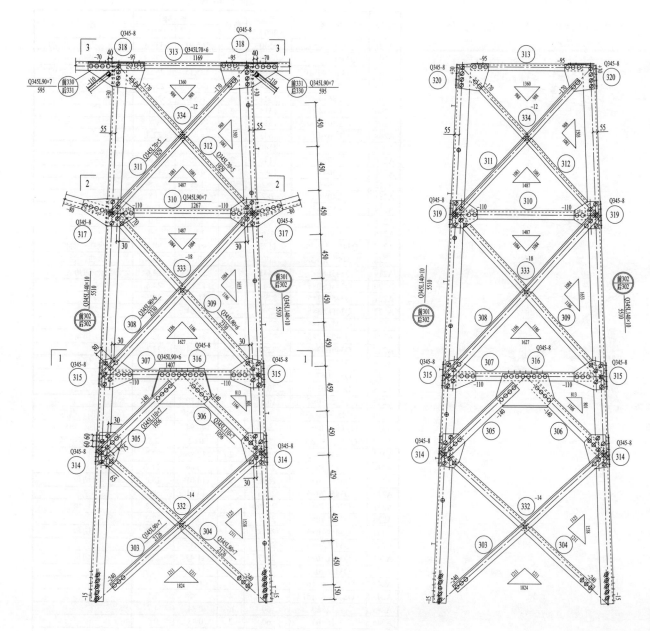

编号	规格	长度 (mm)	数量	质量（kg） 一件	质量（kg） 小计	备注
301	Q345L140×10	5510	1	118.40	118.4	脚钉
302	Q345L140×10	5510	3	118.40	355.2	
303	Q345L90×7	2126	4	20.53	82.1	脚钉
304	Q345L90×7	2126	4	20.53	82.1	切角
305	Q345L110×7	1056	4	12.60	50.4	切角
306	Q345L110×7	1056	4	12.60	50.4	切角
307	Q345L90×6	1407	4	11.75	47.0	
308	Q345L90×6	2330	4	19.46	77.8	
309	Q345L90×6	2330	4	19.46	77.8	切角，脚钉
310	Q345L90×7	1267	4	12.23	48.9	
311	Q345L70×5	1929	4	10.41	41.6	
312	Q345L70×5	1929	4	10.41	41.6	切角
313	Q345L70×6	1169	4	7.49	30.0	
314	Q345−8×239	351	8	5.29	42.3	
315	Q345−8×306	321	8	6.18	49.5	
316	Q345−8×330	627	4	13.05	52.2	卷边
317	Q345−8×276	554	4	9.64	38.6	
318	Q345−8×273	596	4	10.24	41.0	
319	Q345−8×261	276	4	4.55	18.2	
320	Q345−8×278	306	4	5.36	21.4	
321	Q345L63×5	952	4	4.59	18.4	
322	Q345L70×6	1543	2	8.33	16.7	
323	Q345−8×260	420	2	6.86	13.7	
324	Q345−20×456	539	2	38.66	77.3	火曲；电焊
325	Q345φ58/φ32	30	2	0.62	1.2	套管带电焊
326	L56×4	1906	2	6.57	13.1	
327	−6×120	393	4	2.23	8.9	
328	L45×4	1815	2	4.97	9.9	
329	Q345−8×280	467	4	8.23	32.9	
330	Q345L90×7	595	2	5.75	11.5	
331	Q345L90×7	595	2	5.75	11.5	
332	−14×60	60	4	0.40	1.6	
333	−18×60	60	4	0.51	2.0	
334	−12×60	60	4	0.34	1.4	
335	−20×60	60	1	0.57	0.6	
合计					1587.2kg	

图 11−7 220−HC21D−JZY−07 220−HC21D−JZY 转角塔塔身结构图 ③

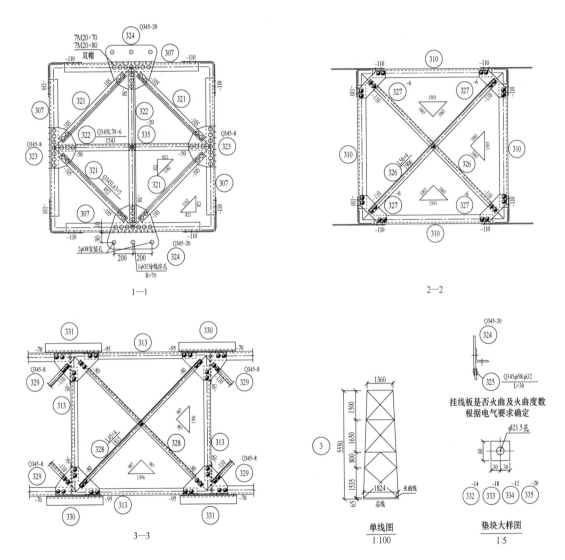

螺栓、垫圈、脚钉明细表						
名称	级别	规格	符号	数量	质量（kg）	备注
螺栓	6.8	M16×40	◐	28	4.0	
		M16×50	◑	42	6.7	
		M20×45	○	220	59.4	
		M20×55	∅	162	47.8	
		M20×65	⊗	25	8.0	
		M20×70	⊙	14	5.4	双帽
		M20×80	⊙	14	5.8	双帽
脚钉		M16×180	⊶	9	2.9	双帽
		M20×200	⊶	2	1.2	双帽
垫圈	Q235	−3（Φ17.5）	规格×个数	2	0.1	
		−4（Φ17.5）		2	0.1	
		−4（Φ21.5）		32	3.2	
合计					144.6kg	

说明：本段与横担相连节点，以横担图为准，放样确定。

图 11-7　220-HC21D-JZY-07　220-HC21D-JZY 转角塔塔身结构图 ③（续）

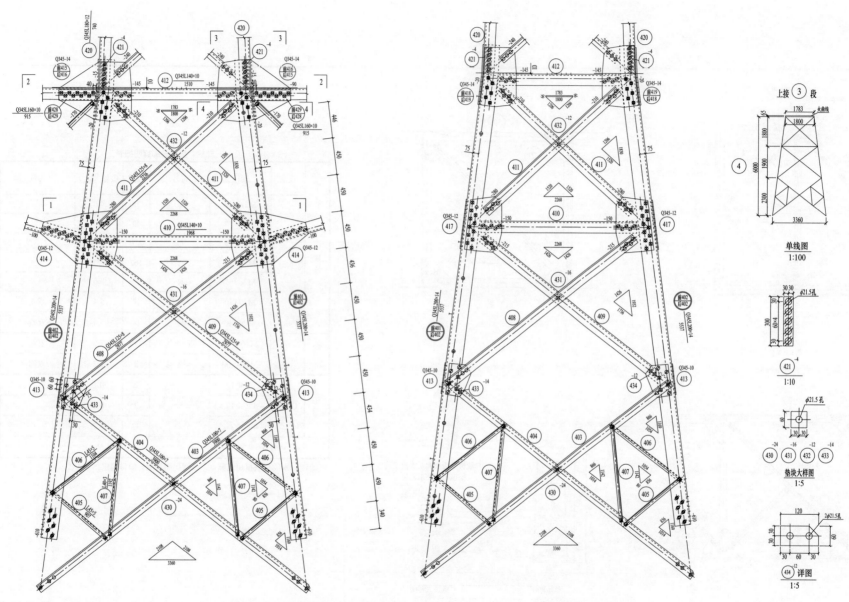

图 11-8　220-HC21D-JZY-08　220-HC21D-JZY 转角塔塔身结构图 ④

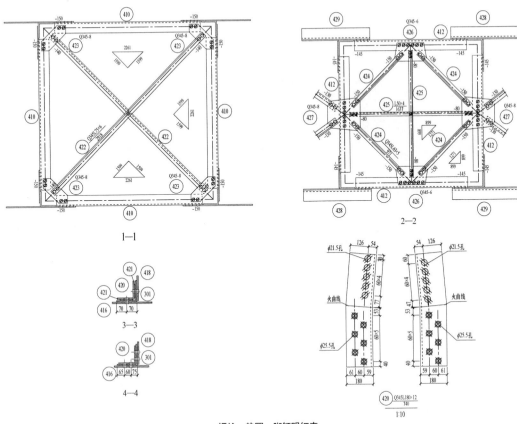

构件明细表

编号	规格	长度(mm)	数量	质量（kg）一件	质量（kg）小计	备注
401	Q345L200×14	5537	1	237.50	237.5	脚钉
402	Q345L200×14	5537	3	237.50	712.5	
403	Q345L100×7	3900	4	42.24	168.9	脚钉
404	Q345L100×7	3900	4	42.24	168.9	切角
405	L45×5	907	8	3.06	24.4	
406	L45×5	1104	8	3.72	29.8	
407	L40×3	1192	8	2.21	17.7	
408	Q345L125×8	2977	4	46.16	184.6	
409	Q345L125×8	2977	4	46.16	184.6	切角
410	Q345L140×10	1968	4	42.29	169.2	开角（97.4）
411	Q345L125×8	2236	8	34.67	277.3	
412	Q345L140×10	1510	4	32.45	129.8	开角（97.4）
413	Q345-10×288	395	8	8.93	71.5	
414	Q345-12×680	963	4	61.73	246.9	
415	Q345-14×728	914	2	73.24	146.5	火曲
416	Q345-14×758	914	2	76.25	152.5	火曲
417	Q345-12×445	689	4	28.95	115.8	
418	Q345-14×458	726	2	36.59	73.2	火曲
419	Q345-14×456	752	2	37.75	75.5	火曲
420	Q345L180×12	740	4	24.54	98.2	制弯,铲背
421	-4×60	300	8	0.57	4.5	
422	Q345L75×6	2918	2	20.15	40.3	
423	Q345-8×155	461	4	4.51	18.0	
424	Q345L63×5	971	4	4.68	18.7	
425	L50×4	1637	2	5.01	10.0	
426	Q345-6×242	428	2	4.89	9.8	
427	Q345-8×428	439	2	11.83	23.7	
428	Q345L140×10	915	2	19.65	39.3	
429	Q345L140×10	915	2	19.65	39.3	
430	-24×60	60	4	0.68	2.7	
431	-16×60	60	4	0.45	1.8	
432	-12×60	60	4	0.34	1.4	
433	-14×60	60	4	0.40	1.6	
434	-12×60	120	4	0.68	2.7	
合计					3499.1kg	

螺栓、垫圈、脚钉明细表

名称	级别	规格	符号	数量	质量(kg)	备注
螺栓	6.8	M16×40	◕	24	3.5	
		M16×50	◒	13	2.1	
		M16×60	◓	8	1.4	
		M20×45	○	32	8.6	
		M20×55	⊘	305	90.0	
		M20×65	⊗	165	52.8	
		M20×75	⦸	52	18.0	
	8.8	M24×75	⊛	47	25.2	
脚钉	6.8	M16×180	⊕—	7	2.3	双帽
		M20×200	⊕—	3	1.9	双帽
	8.8	M24×240	⊕—	1	0.9	双帽
垫圈	Q235	-3（Φ17.5）		2	0.1	
		-4（Φ21.5）	规格×个数	2	0.2	
合计					207.0kg	

图 11-8 220-HC21D-JZY-08 220-HC21D-JZY 转角塔塔身结构图 ④（续）

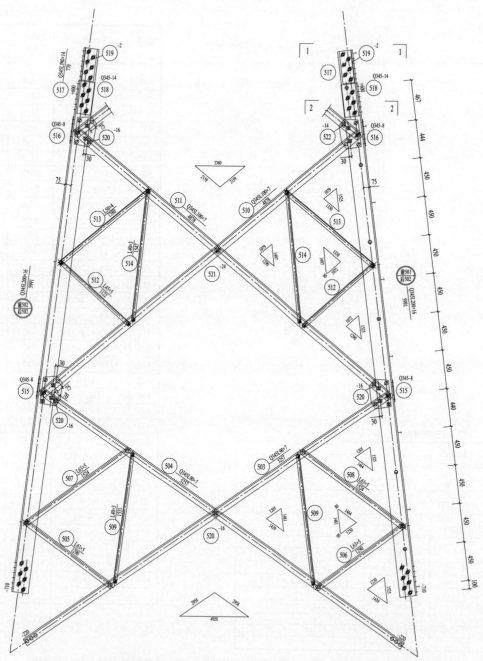

图 11-9 220-HC21D-JZY-09 220-HC21D-JZY 转角塔塔身结构图 ⑤

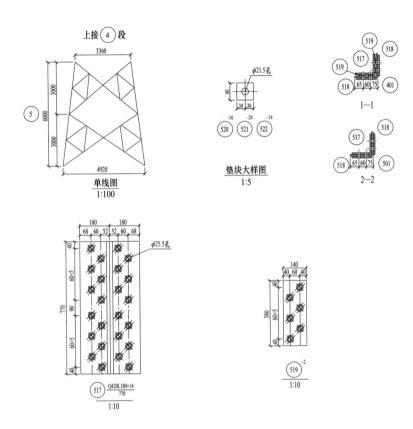

构 件 明 细 表

编号	规　格	长度（mm）	数量	质量（kg）一件	质量（kg）小计	备　注
501	Q345L200×16	5991	1	291.64	291.6	脚钉
502	Q345L200×16	5991	3	291.64	874.9	
503	Q345L90×7	5257	4	50.76	203.0	
504	Q345L90×7	5257	4	50.76	203.0	
505	L63×5	1290	4	6.22	24.9	切角
506	L63×5	1290	4	6.22	24.9	
507	L63×5	1524	4	7.35	29.4	
508	L63×5	1524	4	7.35	29.4	切角
509	L40×3	1531	8	2.84	22.7	
510	Q345L100×7	4878	4	52.83	211.3	
511	Q345L100×7	4878	4	52.83	211.3	切角
512	L45×5	1122	8	3.78	30.2	
513	L50×4	1380	8	4.22	33.8	
514	L40×3	1547	8	2.87	22.9	
515	Q345-8×233	286	8	4.21	33.7	
516	Q345-8×234	350	8	5.17	41.4	
517	Q345L180×14	770	4	29.55	118.2	铲背，脚钉
518	Q345-14×180	770	8	15.23	121.9	
519	-2×140	380	8	0.84	6.7	
520	-16×60	60	16	0.45	7.2	
521	-24×60	60	4	0.68	2.7	
522	-14×60	60	4	0.40	1.6	
合计					2546.7kg	

螺栓、垫圈、脚钉明细表

名称	级别	规　格	符号	数量	质量（kg）	备　注
螺栓	6.8	M16×40	◕	32	4.6	
		M16×50	◔	8	1.3	
		M16×60	◪	8	1.4	
		M20×45	○	28	7.6	
		M20×55	⊘	24	7.1	
		M20×65	⊗	55	17.6	
		M20×75	⦰	20	6.9	
	8.8	M24×85	⦰	94	54.0	
脚钉	6.8	M16×180	⊕—	10	3.3	双帽
		M20×200	⊕—	1	0.6	双帽
	8.8	M24×240	⊕—	2	1.8	双帽
合计					106.2kg	

图 11-9　220-HC21D-JZY-09　220-HC21D-JZY 转角塔塔身结构图 ⑤（续）

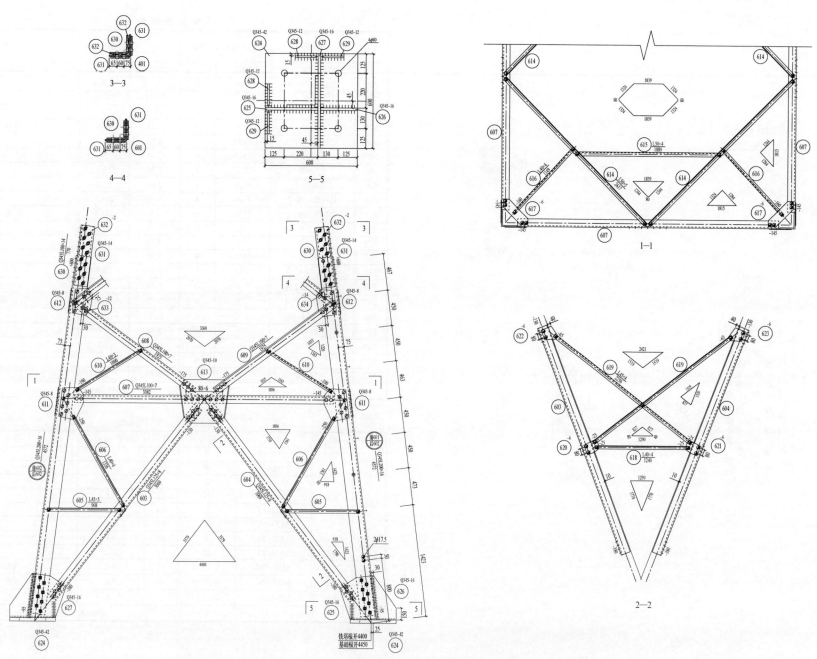

图 11-10　220-HC21D-JZY-10　220-HC21D-JZY 转角塔 10.0m 塔腿结构图 ⑥

构 件 明 细 表

编号	规 格	长度(mm)	数量	质量（kg）一件	质量（kg）小计	备 注
601	Q345L200×16	4572	1	222.56	222.6	脚钉
602	Q345L200×16	4572	3	222.56	667.7	
603	Q345L125×8	3069	4	47.58	190.3	
604	Q345L125×8	3069	4	47.58	190.3	
605	L45×5	968	8	3.26	26.1	
606	L40×4	1336	8	3.24	25.9	
607	Q345L100×7	3382	4	36.63	146.5	开角（97.4）
608	Q345L100×7	1925	4	20.85	83.4	切角
609	Q345L100×7	1925	4	20.85	83.4	
610	L40×3	1000	8	1.85	14.8	
611	Q345－8×299	415	8	7.81	62.5	
612	Q345－8×234	340	8	5.03	40.2	
613	Q345－10×553	718	4	31.21	124.8	火曲；卷边
614	L50×5	2617	4	9.87	39.5	
615	L50×4	1889	2	5.78	11.6	
616	L40×4	1149	4	2.78	11.1	
617	－6×123	458	4	2.67	10.7	
618	L40×4	1240	4	3.00	12.0	
619	L45×4	2256	8	6.17	49.4	
620	－6×138	190	4	1.24	5.0	火曲
621	－6×138	190	4	1.24	5.0	火曲
622	－6×174	182	4	1.50	6.0	火曲
623	－6×174	182	4	1.50	6.0	火曲
624	Q345－42×600	600	4	118.69	474.8	电焊
625	Q345－16×425	505	4	27.03	108.1	电焊
626	Q345－16×255	475	4	15.24	60.9	电焊
627	Q345－16×460	735	4	42.57	170.3	电焊
628	Q345－12×148	200	8	2.80	22.4	电焊
629	Q345－12×152	221	8	3.18	25.4	电焊
630	Q345L180×14	770	4	29.55	118.2	铲背，脚钉
631	Q345－14×180	770	8	15.23	121.9	
632	－2×140	380	8	0.84	6.7	
633	－12×60	60	4	0.34	1.4	
634	－14×60	60	4	0.40	1.6	
合 计					3146.5kg	

螺栓、垫圈、脚钉明细表

名称	级别	规 格	符号	数量	质量（kg）	备 注
螺栓	6.8	M16×40	◐	84	12.1	
		M16×50	◑	59	9.4	
		M20×45	○	24	6.5	
		M20×55	∅	187	55.2	
		M20×65	⊗	23	7.4	
		M20×75	∅	8	2.8	
	8.8	M24×75	⊠	48	25.8	
		M24×85	∅	95	54.5	
脚钉	6.8	M16×180	⊕—⊢	5	1.6	双帽
		M20×200	⊕——⊢	2	1.2	双帽
	8.8	M24×240	⊕———⊢	1	0.9	双帽
垫圈	Q235	－3（Φ17.5）	规格×个数	8	0.1	
合 计					177.5kg	

图 11－10 220－HC21D－JZY－10 220－HC21D－JZY 转角塔 10.0m 塔腿结构图 ⑥（续）

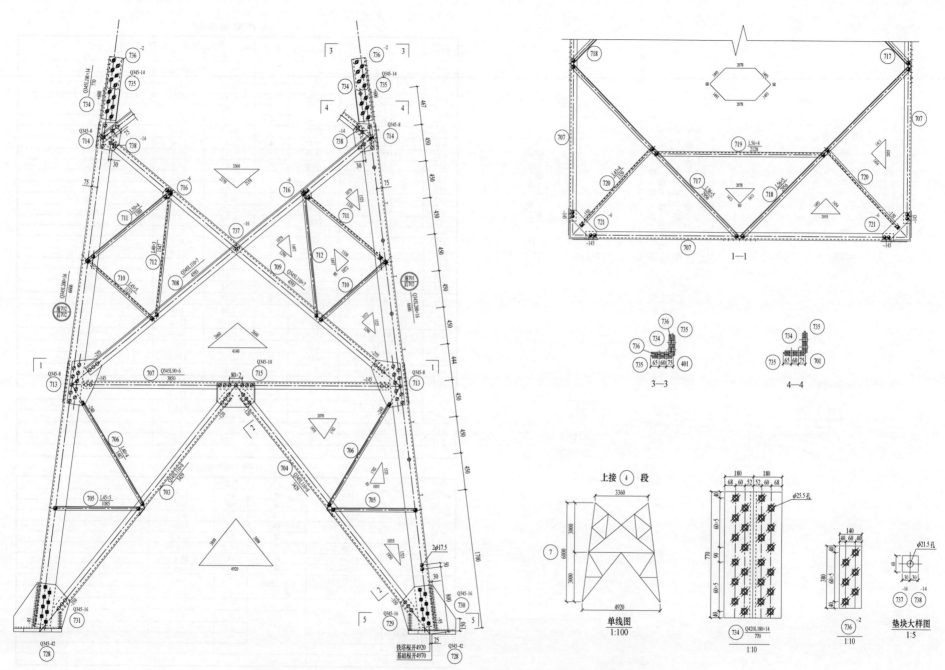

图 11-11　220-HC21D-JZY-11　220-HC21D-JZY 转角塔 12.0m 塔腿结构图 ⑦

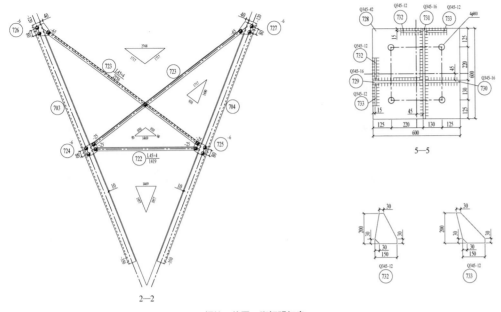

2—2

5—5

螺栓、垫圈、脚钉明细表

名称	级别	规格	符号	数量	质量（kg）	备注
螺栓	6.8	M16×40	◖	100	14.4	
		M16×50	◖	76	12.2	
		M16×60	◪	8	1.4	
		M20×45	○	48	13.0	
		M20×55	∅	171	50.4	
		M20×65	⊗	27	8.6	
		M20×75	∅	8	2.8	
	8.8	M24×75	⊠	48	25.8	
		M24×85	∅	95	54.5	
脚钉	6.8	M16×180	⊕——	9	2.9	双帽
		M20×200	⊕——	2	1.2	双帽
	8.8	M24×240	⊕——	1	0.9	双帽
垫圈	Q235	−3（Φ17.5）		8	0.1	
		规格×个数				
合计					188.2kg	

构件明细表

编号	规格	长度（mm）	数量	质量（kg）一件	质量（kg）小计	备注
701	Q345L200×16	6606	1	321.58	321.6	脚钉
702	Q345L200×16	6606	3	321.58	964.7	
703	Q345L110×8	3429	4	46.40	185.6	
704	Q345L110×8	3429	4	46.40	185.6	
705	L45×5	1085	8	3.66	29.2	
706	L40×4	1487	8	3.60	28.8	
707	Q345L90×6	3850	4	32.15	128.6	开角（97.4）
708	Q345L110×7	4593	4	54.79	219.1	
709	Q345L110×7	4593	4	54.79	219.1	切角
710	L45×5	1122	8	3.78	30.2	
711	L50×4	1380	8	4.22	33.8	
712	L40×3	1547	8	2.87	22.9	
713	Q345−8×370	590	8	13.74	109.9	
714	Q345−8×234	354	8	5.24	41.9	
715	Q345−10×297	563	4	13.15	52.6	火曲；卷边
716	−6×100	127	8	0.60	4.8	
717	L56×5	2956	2	12.57	25.1	
718	L56×5	2956	2	12.57	25.1	
719	L56×4	2128	2	7.33	14.7	
720	L45×4	1329	4	3.64	14.5	
721	−6×120	466	4	2.64	10.6	
722	L45×4	1419	4	3.88	15.5	
723	L45×4	2556	8	6.99	55.9	
724	−6×137	179	4	1.16	4.6	火曲
725	−6×137	179	4	1.16	4.6	火曲
726	−6×172	174	4	1.41	5.7	火曲
727	−6×172	174	4	1.41	5.7	火曲
728	Q345−42×600	600	4	118.69	474.8	电焊
729	Q345−16×399	440	4	22.10	88.4	电焊
730	Q345−16×255	472	4	15.16	60.7	电焊
731	Q345−16×440	702	4	38.82	155.3	电焊
732	Q345−12×148	200	8	2.80	22.4	电焊
733	Q345−12×152	221	8	3.18	25.4	电焊
734	Q345L180×14	770	4	29.55	118.2	铲背，脚钉
735	Q345−14×180	770	8	15.23	121.9	
736	−2×140	380	8	0.84	6.7	
737	−16×60	60	4	0.45	1.8	
738	−14×60	60	8	0.40	3.2	
合计					3839.2kg	

图 11−11　220−HC21D−JZY−11　220−HC21D−JZY 转角塔 12.0m 塔腿结构图 ⑦（续）

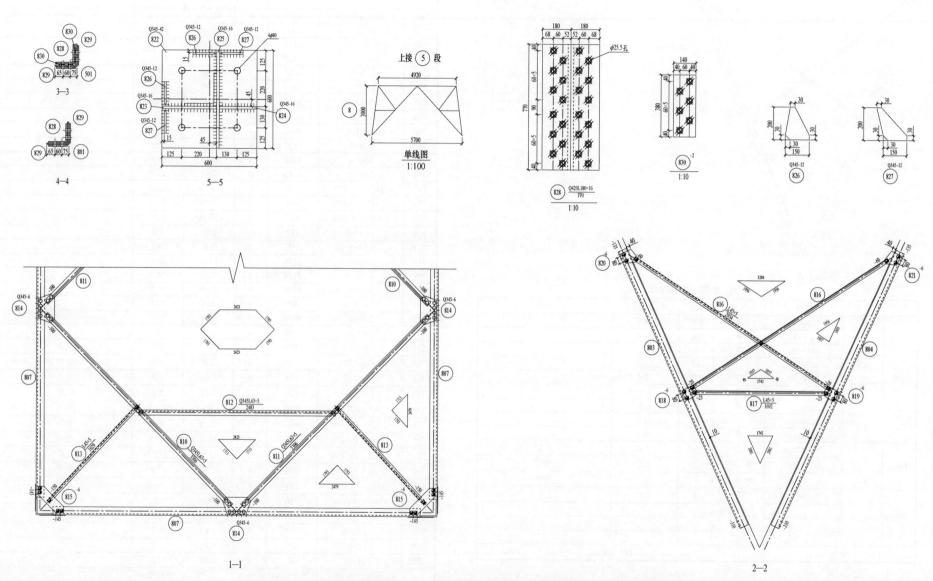

图 11-12　220-HC21D-JZY-12　220-HC21D-JZY 转角塔 15.0m 塔腿结构图 ⑧

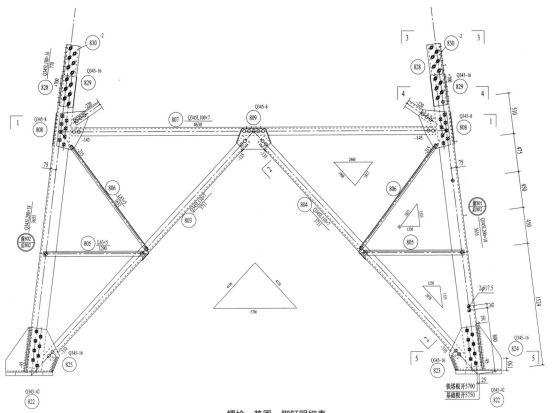

构 件 明 细 表

编号	规 格	长度(mm)	数量	质量(kg) 一件	质量(kg) 小计	备 注
801	Q345L200×18	3655	1	198.84	198.8	脚钉
802	Q345L200×18	3655	3	198.84	596.5	
803	Q345L110×7	3711	4	44.26	177.1	
804	Q345L110×7	3711	4	44.26	177.1	
805	L63×5	1290	8	6.22	49.8	脚钉
806	L63×5	1632	8	7.87	63.0	
807	Q345L100×7	4630	4	50.14	200.6	开角（97.4）
808	Q345−8×361	500	8	11.35	90.8	
809	Q345−8×253	509	4	8.10	32.4	火曲；卷边
810	Q345L63×5	3306	2	15.94	31.9	
811	Q345L63×5	3306	2	15.94	31.9	
812	Q345L63×5	2483	2	11.97	23.9	
813	L45×5	1629	4	5.49	22.0	
814	Q345−6×206	357	4	3.48	13.9	
815	−6×123	458	4	2.67	10.7	
816	L45×5	2934	8	9.88	79.1	
817	L45×5	1692	4	5.70	22.8	
818	−6×133	172	4	1.09	4.3	火曲
819	−6×133	172	4	1.09	4.3	火曲
820	−6×169	170	4	1.36	5.4	火曲
821	−6×169	170	4	1.36	5.4	火曲
822	Q345−42×600	600	4	118.69	474.8	电焊
823	Q345−16×403	439	4	22.26	89.1	电焊
824	Q345−16×255	472	4	15.16	60.6	电焊
825	Q345−16×440	689	4	38.10	152.4	电焊
826	Q345−12×148	200	8	2.80	22.4	电焊
827	Q345−12×152	219	8	3.15	25.2	电焊
828	Q345L180×16	770	4	33.53	134.1	铲背，脚钉
829	Q345−16×180	770	8	17.41	139.3	
830	−2×140	380	8	0.84	6.7	
合计					2946.3kg	

螺栓、垫圈、脚钉明细表

名称	级别	规 格	符号	数量	质量（kg）	备注
螺栓	6.8	M16×40	◑	48	6.9	
		M16×50	◔	52	8.3	
		M20×45	○	120	32.4	
		M20×55	⊘	23	6.8	
		M20×65	⊗	63	20.2	
	8.8	M24×75	▨	48	25.8	
		M24×85	⬗	94	54.0	
脚钉	6.8	M16×180	⊕—	2	0.7	双帽
		M20×200	⊕—	2	1.2	双帽
	8.8	M24×240	⊕—	2	1.8	双帽
垫圈	Q235	−3（Φ17.5）	规格×个数	8	0.1	
合计					158.2kg	

图 11−12　220−HC21D−JZY−12　220−HC21D−JZY 转角塔 15.0m 塔腿结构图 ⑧（续）

序号	图号	图名	张数	备注
		220−HC21S−JZY 图纸目录		
1	220−HC21S−JZY−01	220−HC21S−JZY 转角塔总图	1	
2	220−HC21S−JZY−02	220−HC21S−JZY 转角塔材料汇总表（一）	1	0°～40°塔头
3	220−HC21S−JZY−03	220−HC21S−JZY 转角塔材料汇总表（二）	1	40°～90°塔头
4	220−HC21S−JZY−04	220−HC21S−JZY 转角塔内角侧地线支架结构图①（一）	1	0°～40°塔头
5	220−HC21S−JZY−05	220−HC21S−JZY 转角塔内角侧地线支架结构图①（二）	1	0°～40°塔头
6	220−HC21S−JZY−06	220−HC21S−JZY 转角塔外角侧地线支架结构图②（一）	1	0°～40°塔头
7	220−HC21S−JZY−07	220−HC21S−JZY 转角塔外角侧地线支架结构图②（二）	1	0°～40°塔头
8	220−HC21S−JZY−08	220−HC21S−JZY 转角塔内角侧上导线横担结构图③	1	0°～40°塔头
9	220−HC21S−JZY−09	220−HC21S−JZY 转角塔外角侧上导线横担结构图④	1	0°～40°塔头
10	220−HC21S−JZY−10	220−HC21S−JZY 转角塔内角侧下导线横担结构图⑤	1	0°～40°塔头
11	220−HC21S−JZY−11	220−HC21S−JZY 转角塔外角侧下导线横担结构图⑥	1	0°～40°塔头
12	220−HC21S−JZY−12	220−HC21S−JZY 转角塔内角侧地线支架结构图①A（一）	1	40°～90°塔头
13	220−HC21S−JZY−13	220−HC21S−JZY 转角塔内角侧地线支架结构图①A（二）	1	40°～90°塔头
14	220−HC21S−JZY−14	220−HC21S−JZY 转角塔外角侧地线支架结构图②A（一）	1	40°～90°塔头
15	220−HC21S−JZY−15	220−HC21S−JZY 转角塔外角侧地线支架结构图②A（二）	1	40°～90°塔头
16	220−HC21S−JZY−16	220−HC21S−JZY 转角塔内角侧上导线横担结构图③A	1	40°～90°塔头
17	220−HC21S−JZY−17	220−HC21S−JZY 转角塔外角侧上导线横担结构图④A	1	40°～90°塔头
18	220−HC21S−JZY−18	220−HC21S−JZY 转角塔内角侧下导线横担结构图⑤A	1	40°～90°塔头
19	220−HC21S−JZY−19	220−HC21S−JZY 转角塔外角侧下导线横担结构图⑥A	1	40°～90°塔头
20	220−HC21S−JZY−20	220−HC21S−JZY 转角塔塔身结构图⑦（一）	1	
21	220−HC21S−JZY−21	220−HC21S−JZY 转角塔塔身结构图⑦（二）	1	
22	220−HC21S−JZY−22	220−HC21S−JZY 转角塔塔身结构图⑧	1	
23	220−HC21S−JZY−23	220−HC21S−JZY 转角塔 10.0m 塔腿结构图⑨	1	
24	220−HC21S−JZY−24	220−HC21S−JZY 转角塔 12.0m 塔腿结构图⑩	1	
25	220−HC21S−JZY−25	220−HC21S−JZY 转角塔 15.0m 塔腿结构图⑪（一）	1	
26	220−HC21S−JZY−26	220−HC21S−JZY 转角塔 15.0m 塔腿结构图⑪（二）	1	

220−HC21S−JZY−00　220−HC21S−JZY 转角塔图纸目录

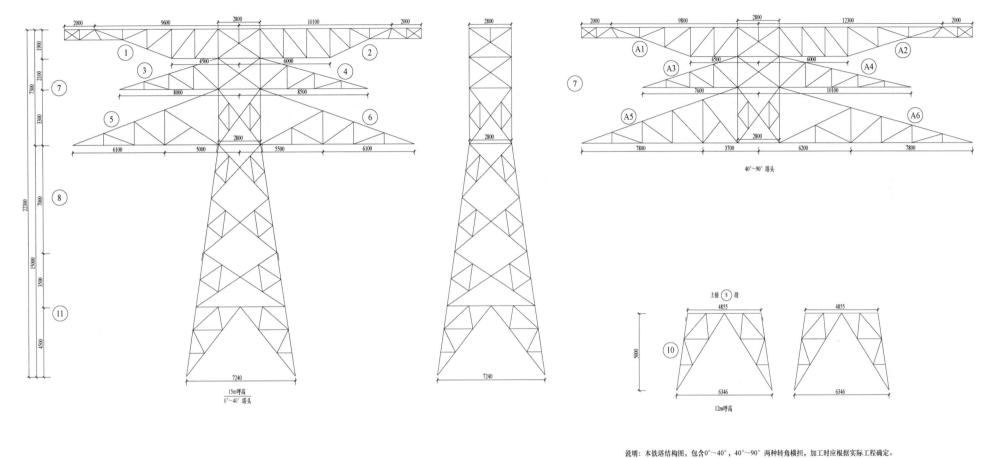

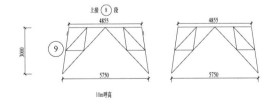

图 12-1　220-HC21S-JZY-01　220-HC21S-JZY 转角塔总图

材料	材质	规格	段号											呼高（m）		
			1	2	3	4	5	6	7	8	9	10	11	10.0	12.0	15.0
角钢	Q420	L200×24										1676.7	2549.5		1676.7	2549.5
		L200×20								1496.4	923.9			2420.3	1496.4	1496.4
		L200×14						880.2	116.7					996.9	996.9	996.9
		L180×18										149.8	149.8		149.8	149.8
		L180×16							159.4		134.1			293.5	159.4	159.4
		L180×14					749.2		90.6					839.8	839.8	839.8
		L160×14				487.4			65.7					553.0	553.0	553.0
		L160×10						478.4						478.4	478.4	478.4
		L140×12			340.5				44.7					385.2	385.2	385.2
		L140×10				278.8								278.8	278.8	278.8
		L125×10		173.2	233.1		357.3		57.5					821.1	821.1	821.1
		L125×8	93.9	480.0					453.6					1027.5	1027.5	1027.5
		小计	93.9	653.2	573.5	766.2	1106.6	1358.5	988.1	1496.4	1058.0	1826.5	2699.3	8094.4	8862.9	9735.7
	Q345	L180×14							383.8					383.8	383.8	383.8
		L180×12								1226.1		1430.6		1226.1	2656.7	1226.1
		L160×12							886.0		855.6			1741.6	886.0	886.0
		L160×10										1059.2				1059.2
		L140×10							144.2	879.3	393.2	1032.6		1416.7	1023.4	2056.1
		L125×12							240.6					240.6	240.6	240.6
		L125×10					156.0							156.0	156.0	156.0
		L125×8							391.9		282.5			391.9	674.4	391.9
		L110×8	140.1									303.6		140.1	140.1	443.7
		L110×7	12.6				79.2	81.1				196.0		173.0	173.0	369.0
		L100×10					112.5							112.5	112.5	112.5
		L100×8	251.9				124.7	122.8						499.4	499.4	499.4
		L100×7					65.2	67.7	114.8					247.7	247.7	247.7
		L90×8		75.4										75.4	75.4	75.4
		L90×7	72.6						169.6					242.2	242.2	242.2
		L90×6				21.5			206.0		111.7	107.0		339.3	334.5	227.5
		L80×7			22.3		59.9	58.9						141.1	141.1	141.1

材料汇总表（0°~40°塔头）

图 12-2　220-HC21S-JZY-02　220-HC21S-JZY 转角塔材料汇总表（一）

材料	材质	规格	段号 1	2	3	4	5	6	7	8	9	10	11	呼高（m）10.0	12.0	15.0
角钢	Q345	L80×6	39.8	39.1	190.4	195.2	94.6	93.1						652.3	652.3	652.3
		L75×6	63.6	40.5					98.1					202.2	202.2	202.2
		L75×5	244.4	266.5			51.5						69.6	562.3	562.3	632.0
		L70×6		16.9										16.9	16.9	16.9
		L70×5	345.4	226.0				68.9						640.3	640.3	640.3
		L63×5	234.2	381.6	20.6	21.1	39.1	19.7			47.3	45.4		763.7	761.8	716.4
		小计	1404.7	1046.0	233.3	237.9	626.8	668.3	2635.0	2105.4	1407.9	1865.5	2661.0	10365.1	10822.8	11618.2
	Q235	L75×6											123.6			123.6
		L70×6									65.3	330.4	169.5	65.3	330.4	169.5
		L70×5									89.3		160.1	89.3		160.1
		L63×5		24.7					62.5	280.1	59.1	120.1		426.4	487.4	367.3
		L56×5	54.1	55.3							95.8	137.1	123.3	205.1	246.5	232.6
		L56×4	12.7	12.6		13.8	9.6		11.4					60.0	60.0	60.0
		L56×3	6.4	6.4										12.8	12.8	12.8
		L50×5	25.6	25.5						53.9	23.6		110.2	128.5	105.0	215.2
		L50×4	3.4		11.6	10.8		84.2					43.9	109.9	109.9	153.9
		L45×5							61.2			14.0	41.2	61.2	75.2	102.4
		L45×4	104.7	114.3	62.3	62.8	74.9	7.2	58.1				13.9	484.3	484.3	498.2
		L40×4	29.3	19.5	16.0	8.1	3.5	8.1						84.4	84.4	84.4
		小计	236.1	258.2	89.9	95.4	88.0	99.5	193.1	334.0	333.0	601.6	785.7	1727.3	1995.9	2180.0
钢板	Q420	−26									684.6	710.7	633.5	684.6	710.7	633.5
		−22									88.7	88.2	85.8	88.7	88.2	85.8
		−18										156.6	156.6		156.6	156.6
		−16				78.8	80.8	92.7	1414.7		139.3			1806.2	1667.0	1667.0
		−14			66.8				196.8					263.6	263.6	263.6
		−12		17.8					211.3					229.2	229.2	229.2
		−10		37.0					27.5					64.5	64.5	64.5
		−8		16.4										16.4	16.4	16.4
		小计		71.2	66.8	78.8	80.8	92.7	1850.4		912.6	955.6	875.9	3153.2	3196.2	3116.5

图 12-2 220-HC21S-JZY-02 220-HC21S-JZY 转角塔材料汇总表（一）（续）

材料	材质	规格	段号											呼高（m）		
			1	2	3	4	5	6	7	8	9	10	11	10.0	12.0	15.0
钢板	Q345	−52									689.8	689.8	689.8	689.8	689.8	689.8
		−24			58.2	59.0	223.5	226.9						567.7	567.7	567.7
		−16	19.2	19.2										38.4	38.4	38.4
		−14							163.7	381.0	148.4	132.2		693.0	676.9	544.7
		−12					14.0	17.9	69.9		210.3	227.0	551.8	312.2	328.9	653.6
		−10	52.1	28.4					84.8					165.4	165.4	165.4
		−8	112.9	78.3	16.6		12.9	12.6	84.7			23.4		317.9	341.3	317.9
		−6	110.8	125.7			4.3	5.6	8.1					254.5	254.5	254.5
		小计	295.0	251.5	74.8	59.0	254.7	263.0	411.3	381.0	1048.5	1072.5	1241.6	3038.7	3062.7	3231.8
	Q235	−22			0.6		1.2	1.2		4.4				7.5	7.5	7.5
		−20			1.7									1.7	1.7	1.7
		−18				0.5	1.0	1.0						2.6	2.6	2.6
		−16		0.9						23.1				24.0	24.0	24.0
		−14	2.0	1.6		1.2	1.2	1.2	2.8					10.0	10.0	10.0
		−12	0.3	0.3	2.0		0.3	0.3	23.3	1.4			1.4	28.0	28.0	29.4
		−10	2.2	0.3	0.9	0.6	0.8	0.8						5.5	5.5	5.5
		−8											18.4			18.4
		−6	65.7	56.5					15.8	26.2	19.8	34.5	27.6	184.0	198.7	191.8
		−4										13.4	13.4		13.4	13.4
		−2		0.7										0.7	0.7	0.7
		小计	70.2	60.3	5.3	2.3	4.6	4.6	41.8	55.1	19.8	47.8	60.7	264.1	292.1	304.9
螺栓	6.8	M16×40	36.3	29.4					5.5		3.5	4.0	5.8	74.7	75.2	77.0
		M16×50	15.0	14.6	5.0	5.0	3.5	4.8	8.2	2.6	9.6	5.1	16.6	68.3	63.8	75.3
		M16×60									1.4		2.8	1.4		2.8
		小计	51.3	44.0	5.0	5.0	3.5	4.8	13.7	2.6	14.5	9.1	25.2	144.4	139.0	155.1
	6.8	M20×45	50.8	37.0	2.4	0.5	3.0	2.4	28.6	4.3	1.1	14.3	14.0	130.1	143.3	143.0
		M20×55	49.9	54.6	14.5	8.3	14.7	10.0	131.6	35.4	35.7	54.3	66.4	354.7	373.3	385.4
		M20×65	0.6	5.8	5.8	9.6	12.2	13.4	44.2	6.4	26.2	9.6	16.6	124.2	107.6	114.6
		M20×75					1.4	1.4			29.8	60.2		2.8	32.6	63.0

图 12−2　220−HC21S−JZY−02　220−HC21S−JZY 转角塔材料汇总表（一）（续）

材料	材质	规格	段号											呼高（m）		
			1	2	3	4	5	6	7	8	9	10	11	10.0	12.0	15.0
螺栓	6.8	M20×85							19.3					19.3	19.3	19.3
		M20×105							3.4					3.4	3.4	3.4
		小计	101.3	97.4	22.7	18.4	31.3	27.2	227.1	46.1	63.0	108.0	157.2	634.5	679.5	728.7
	8.8	M24×65						5.0	105.0	10.0	16.0	16.0	16.0	136.0	136.0	136.0
		M24×75							2.1	27.9	17.2	17.2	17.2	47.2	47.2	47.2
		M24×85							37.9	23.0	32.1	32.1	32.1	93.0	93.0	93.0
		M24×95							28.1		55.0	56.2	56.2	83.1	84.3	84.3
		小计						5.0	173.1	60.9	120.3	121.5	121.5	359.3	360.5	360.5
	6.8	M16×50（双帽）	0.8	0.8					0.8					2.4	2.4	2.4
		M16×60（双帽）	0.9	0.9										1.8	1.8	1.8
		小计	1.7	1.7					0.8					4.2	4.2	4.2
	6.8	M20×60（双帽）	7.3	7.0					5.1					19.4	19.4	19.4
		M20×70（双帽）	1.5											1.5	1.5	1.5
		M20×80（双帽）			4.1	4.1	15.7	15.7						39.6	39.6	39.6
		M20×90（双帽）			1.7	1.7	9.6	9.6						22.6	22.6	22.6
		小计	8.8	7.0	5.8	5.8	25.3	25.3	5.1					83.1	83.1	83.1
		螺栓合计	163.1	150.1	33.5	29.2	60.1	62.3	419.8	109.6	197.8	238.6	303.9	1225.5	1266.3	1331.6
脚钉	6.8	M16×180							7.8	6.5	1.3	5.2	8.5	15.6	19.5	22.8
	6.8	M20×200							3.7		3.7	2.5	1.2	7.4	6.2	4.9
	8.8	M24×240							1.8	3.6	5.4	3.6	3.6	10.8	9.0	9.0
		小计							13.3	10.1	10.4	11.3	13.3	33.8	34.7	36.7
垫圈	Q235	−3（φ17.5）	0.1	0.1							0.1	0.1	0.1	0.3	0.3	0.3
		−4（φ17.5）	0.3	0.3	0.1	0.1	0.1	0.1	0.1					1.1	1.1	1.1
		−3（φ21.5）	1.6	0.4								0.4		2.0	2.4	2.0
		−4（φ21.5）	2.2	2.8									0.2	5.0	5.0	5.2
		小计	4.2	3.6	0.1	0.1	0.1	0.1	0.1		0.1	0.5	0.3	8.4	8.8	8.6
合计（kg）			2267.2	2494.1	1077.1	1269.0	2221.6	2549.0	6552.9	4491.5	4988.1	6620.0	8641.8	27910.4	29542.3	31564.0

图12-2　220-HC21S-JZY-02　220-HC21S-JZY 转角塔材料汇总表（一）（续）

材料汇总表（40°～90°塔头）

材料	材质	规格	段号											呼高（m）		
			1	2	3	4	5	6	7	8	9	10	11	10.0	12.0	15.0
角钢	Q420	L200×24										1676.7	2549.5		1676.7	2549.5
		L200×20								1496.4	923.9			2420.3	1496.4	1496.4
		L200×14					1085.2	116.7						1201.8	1201.8	1201.8
		L180×18								149.8	149.8				149.8	149.8
		L180×16							159.4		134.1			293.5	159.4	159.4
		L180×14							90.6					90.6	90.6	90.6
		L180×12					673.8	51.1						724.9	724.9	724.9
		L160×14			596.1				65.7					661.8	661.8	661.8
		L160×10						580.8						580.8	580.8	580.8
		L140×12							44.7					44.7	44.7	44.7
		L140×10			269.5	337.0		27.9						634.4	634.4	634.4
		L125×10		410.0			370.6		57.5					838.0	838.0	838.0
		L125×8	93.9	602.0	177.0				453.6					1326.5	1326.5	1326.5
		小计	93.9	1012.0	446.4	933.1	1044.4	1744.9	988.1	1496.4	1058.0	1826.5	2699.3	8817.3	9585.7	10458.5
	Q345	L180×14							383.8					383.8	383.8	383.8
		L180×12								1226.1		1430.6		1226.1	2656.7	1226.1
		L160×12							886.0		855.6			1741.6	886.0	886.0
		L160×10											1059.2			1059.2
		L140×10							144.2	879.3	393.2		1032.6	1416.7	1023.4	2056.1
		L125×12							240.6					240.6	240.6	240.6
		L125×10						179.0						179.0	179.0	179.0
		L125×8							391.9			282.5		391.9	674.4	391.9
		L110×10	179.1											179.1	179.1	179.1
		L110×8											303.6			303.6
		L110×7	12.6					86.3					196.0	98.8	98.8	294.8
		L100×8	256.8				124.7	122.8						504.3	504.3	504.3
		L100×7					135.5	72.5	114.8					322.8	322.8	322.8
		L90×8		90.3										90.3	90.3	90.3
		L90×7	74.0						169.6					243.6	243.6	243.6
		L90×6		33.1		21.5			206.0		111.7	107.0		372.4	367.7	260.7

图 12-3　220-HC21S-JZY-03　220-HC21S-JZY 转角塔材料汇总表（二）

材料	材质	规格	段号											呼高（m）		
			1	2	3	4	5	6	7	8	9	10	11	10.0	12.0	15.0
角钢	Q345	L80×7			22.3									22.3	22.3	22.3
		L80×6		140.7		243.7	195.4	192.2						772.0	772.0	772.0
		L75×6	102.1	189.3	175.5				98.1					565.0	565.0	565.0
		L75×5	221.6	61.0			59.1						69.6	341.7	341.7	411.3
		L70×6	25.1											25.1	25.1	25.1
		L70×5	404.0	494.3				73.7						972.0	972.0	972.0
		L63×5	175.7	171.6		21.5	36.9	20.4			47.3	45.4		473.4	471.5	426.0
		小计	1451.0	1180.3	197.8	286.7	551.5	746.8	2635.0	2105.4	1407.9	1865.5	2661.0	10562.4	11020.1	11815.5
	Q235	L75×6										123.6				123.6
		L70×6									65.3	330.4	169.5	65.3	330.4	169.5
		L70×5									89.3		160.1	89.3		160.1
		L63×5		24.7	19.9				62.5	280.1	59.1	120.1		446.3	507.3	387.2
		L56×5	54.1	54.1					95.8	137.1			123.3	203.9	245.3	231.4
		L56×4	12.7	12.6		14.4	19.9	13.2	11.4					84.2	84.2	84.2
		L56×3	6.4	6.4										12.8	12.8	12.8
		L50×5								53.9	23.6		110.2	128.5	105.0	215.2
		L50×4	6.9		11.1	21.7	20.6	85.3					43.9	145.6	145.6	189.6
		L45×5		77.0					61.2			14.0	41.2	138.2	152.2	179.4
		L45×4	115.2	51.7	61.0	81.1	57.6	27.3	58.1				13.9	452.0	452.0	465.9
		L40×4	16.5	20.1	16.0	12.9	9.5	12.6						87.6	87.6	87.6
		小计	237.4	272.0	108.1	130.2	107.5	138.5	193.1	334.0	333.0	601.6	785.7	1853.7	2122.3	2306.4
钢板	Q420	−26									684.6	710.7	633.5	684.6	710.7	633.5
		−22									88.7	88.2	85.8	88.7	88.2	85.8
		−18									156.6	156.6			156.6	156.6
		−16						105.6	1414.7		139.3			1659.5	1520.2	1520.2
		−14					73.6		196.8					270.5	270.5	270.5
		−12		106.6		73.2		52.2	211.3					443.4	443.4	443.4
		−10			49.4			27.6	27.5					104.4	104.4	104.4
		−8		14.5										14.5	14.5	14.5
		小计		121.1	49.4	73.2	73.6	185.4	1850.4		912.6	955.6	875.9	3265.6	3308.7	3229.0

图 12−3　220−HC21S−JZY−03　220−HC21S−JZY 转角塔材料汇总表（二）（续）

材料	材质	规格	段号											呼高（m）		
			1	2	3	4	5	6	7	8	9	10	11	10.0	12.0	15.0
钢板	Q345	−52									689.8	689.8	689.8	689.8	689.8	689.8
		−24			57.5	58.9	223.9	226.5						566.7	566.7	566.7
		−16	13.7	13.7										27.4	27.4	27.4
		−14							163.7	381.0	148.4	132.2		693.0	676.9	544.7
		−12	87.1				14.1	22.5	69.9		210.3	227.0	551.8	403.9	420.6	745.4
		−10		30.4					84.8					115.2	115.2	115.2
		−8	152.8	120.6	16.5		5.4	14.0	84.7			23.4		394.0	417.4	394.0
		−6	76.2	103.4			6.6	5.6	8.1					199.9	199.9	199.9
		小计	329.9	268.0	74.0	58.9	250.0	268.5	411.3	381.0	1048.5	1072.5	1241.6	3090.0	3114.0	3283.1
	Q235	−22					0.6	1.2		4.4				6.3	6.3	6.3
		−20			0.6									0.6	0.6	0.6
		−18			1.5	0.5	1.0	1.0						4.1	4.1	4.1
		−16		1.4						23.1				24.4	24.4	24.4
		−14	0.8	1.5		1.6		2.0	2.8					8.7	8.7	8.7
		−12	0.3	1.6			0.7		23.3	1.4			1.4	27.3	27.3	28.7
		−10	1.8	0.8	2.3	0.8	1.1	1.4						8.2	8.2	8.2
		−8		0.2	0.2								18.4	0.4	0.4	18.8
		−6	61.2	67.8					15.8	26.2	19.8	34.5	27.6	190.8	205.5	198.6
		−4										13.4	13.4		13.4	13.4
		−2	0.9											0.9	0.9	0.9
		小计	65.1	73.3	4.6	2.9	3.4	5.7	41.8	55.1	19.8	47.8	60.7	271.7	299.7	312.6
螺栓	6.8	M16×40	32.1	31.2	2.0	0.1			4.9		3.5	4.0	5.8	73.8	74.3	76.1
		M16×50	16.6	16.3	2.7	5.9	4.5	6.6	7.5	2.6	9.6	5.1	16.6	72.3	67.8	79.3
		M16×60									1.4		2.8	1.4		2.8
		小计	48.7	47.5	4.7	6.0	4.5	6.6	12.4	2.6	14.5	9.1	25.2	147.5	142.1	158.2
	6.8	M20×45	57.8	51.0	2.4	0.5	3.5	2.4	31.3	4.3	1.1	14.3	14.0	154.3	167.5	167.2
		M20×55	40.4	69.9	16.2	10.0	21.8	12.4	118.6	35.4	35.7	54.3	66.4	360.4	379.0	391.1
		M20×65	9.6	13.8	3.2	11.8	2.9	15.7	37.8	6.4	26.2	9.6	16.6	127.4	110.8	117.8
		M20×75					0.3	1.4	15.2			29.8	60.2	16.9	46.7	77.1

图 12−3　220−HC21S−JZY−03　220−HC21S−JZY 转角塔材料汇总表（二）（续）

材料	材质	规格	段号											呼高（m）		
			1	2	3	4	5	6	7	8	9	10	11	10.0	12.0	15.0
螺栓	6.8	M20×85							19.3					19.3	19.3	19.3
		M20×105							3.4					3.4	3.4	3.4
		小计	107.8	134.7	21.8	22.3	28.5	31.9	225.6	46.1	63.0	108.0	157.2	681.7	726.7	775.9
	8.8	M24×65						25.0	97.0	10.0	16.0	16.0	16.0	148.0	148.0	148.0
		M24×75						25.8	2.1	27.9	17.2	17.2	17.2	73.0	73.0	73.0
		M24×85							47.1	23.0	32.1	32.1	32.1	102.2	102.2	102.2
		M24×95							28.1		55.0	56.2	56.2	83.1	84.3	84.3
		小计						50.8	174.3	60.9	120.3	121.5	121.5	406.3	407.5	407.5
	6.8	M16×50（双帽）	2.3	2.3										4.6	4.6	4.6
		M16×60（双帽）	0.8	0.8					0.8					2.4	2.4	2.4
		小计	3.1	3.1										6.2	6.2	6.2
	6.8	M20×60（双帽）	18.1	13.0										31.1	31.1	31.1
		M20×70（双帽）	7.7	11.6					6.8					26.1	26.1	26.1
		M20×80（双帽）			7.4	4.1	15.7	15.7						42.9	42.9	42.9
		M20×90（双帽）				3.5	9.6	9.6						22.7	22.7	22.7
		小计	25.8	24.6	7.4	7.6	25.3	25.3	6.8					122.8	122.8	122.8
		螺栓合计	185.4	209.9	33.9	35.9	58.3	114.6	419.1	109.6	197.8	238.6	303.9	1364.5	1405.3	1470.6
脚钉	6.8	M16×180							8.5	6.5	1.3	5.2	8.5	16.3	20.2	23.5
	6.8	M20×200							3.7		3.7	2.5	1.2	7.4	6.2	4.9
	8.8	M24×240							1.8	3.6	5.4	3.6	3.6	10.8	9.0	9.0
		小计							14.0	10.1	10.4	11.3	13.3	34.5	35.4	37.4
垫圈	Q235	−3（φ17.5）	0.1	0.1							0.1	0.1	0.1	0.3	0.3	0.3
		−4（φ17.5）	0.3	0.3	0.1	0.1	0.1	0.1	0.1					1.1	1.1	1.1
		−3（φ21.5）	1.6	0.4								0.4		2.0	2.4	2.0
		−4（φ21.5）	2.2	2.8									0.2	5.0	5.0	5.2
		小计	4.2	3.6	0.1	0.1	0.1	0.1	0.1		0.1	0.5	0.3	8.4	8.8	8.6
合计（kg）			2366.8	3140.1	914.3	1521.1	2088.8	3204.5	6552.9	4491.5	4988.1	6620.0	8641.8	29268.2	30900.0	32921.8

图 12-3 220-HC21S-JZY-03 220-HC21S-JZY 转角塔材料汇总表（二）（续）

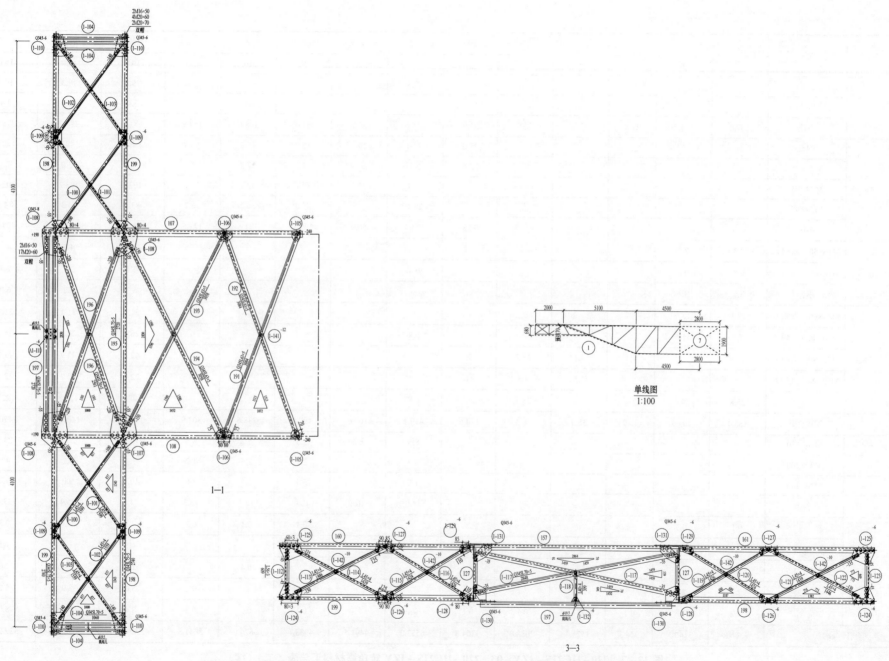

单线图
1:100

1—1

3—3

图 12-4　220-HC21S-JZY-04　220-HC21S-JZY 转角塔内角侧地线支架结构图①（一）

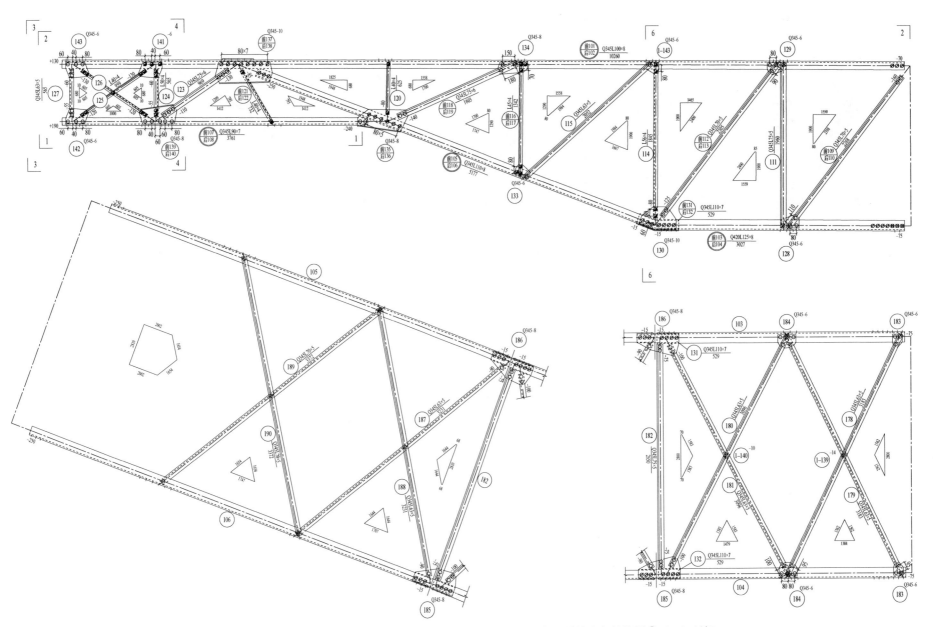

图 12-4　220-HC21S-JZY-04　220-HC21S-JZY 转角塔内角侧地线支架结构图①（一）（续）

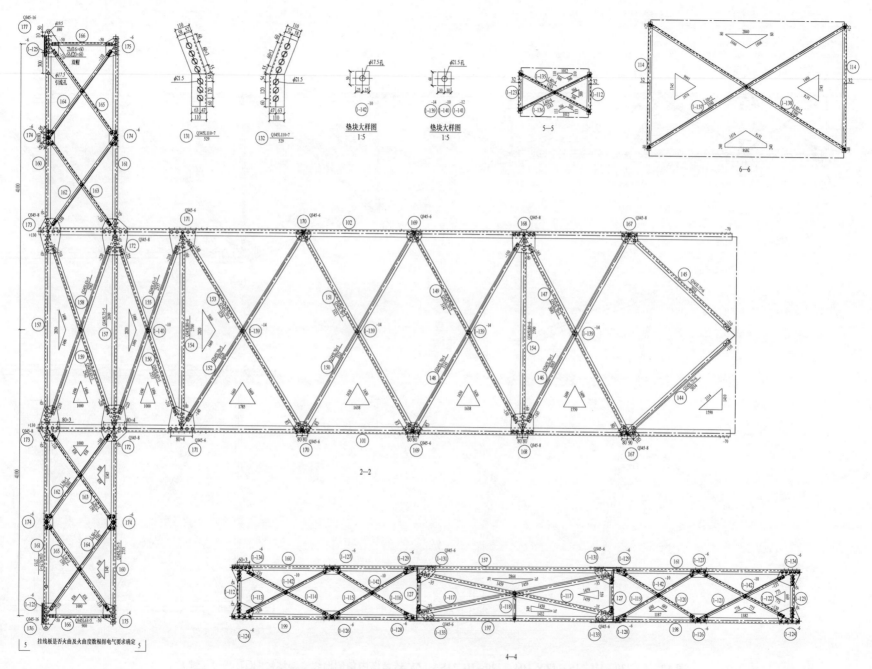

图 12-5 220-HC21S-JZY-05 220-HC21S-JZY 转角塔内角侧地线支架结构图①（二）

螺栓、垫圈、脚钉明细表

名称	级别	规格	符号	数量	质量（kg）	备注
螺栓	6.8	M16×40	◐	252	36.3	
		M16×50	◐	94	15.0	
		M16×50	⊙	4	0.8	双帽
		M16×60	⊙	4	0.9	双帽
		M20×45	⊘	188	50.8	
		M20×55	Ø	169	49.9	
		M20×60	⊙	20	7.3	双帽
		M20×65	⊗	2	0.6	
		M20×70	⊙	4	1.5	双帽
垫圈	Q235	-3（φ17.5）	规格×个数	6	0.1	
		-4（φ17.5）		44	0.3	
		-3（φ21.5）		16	1.6	
		-4（φ21.5）		22	2.2	
合计					167.3kg	

构 件 明 细 表

编号	规格	长度（mm）	数量	质量（kg）一件	质量（kg）小计	备注
101	Q345L100×8	10260	1	125.95	126.0	
102	Q345L100×8	10260	1	125.95	126.0	
103	Q420L125×8	3027	1	46.93	46.9	
104	Q420L125×8	3027	1	46.93	46.9	
105	Q345L110×8	5177	1	70.06	70.1	切角
106	Q345L110×8	5177	1	70.06	70.1	切角
107	Q345L90×7	3761	1	36.32	36.3	切角
108	Q345L90×7	3761	1	36.32	36.3	
109	Q345L70×5	2268	1	12.24	12.2	切角
110	Q345L70×5	2268	1	12.24	12.2	切角
111	Q345L75×5	1960	2	11.40	22.8	
112	Q345L70×5	2305	1	12.44	12.4	
113	Q345L70×5	2305	1	12.44	12.4	
114	L56×4	1845	2	6.36	12.7	
115	Q345L63×5	2052	2	9.89	19.8	
116	L45×4	1342	1	3.67	3.7	
117	L45×4	1342	1	3.67	3.7	
118	Q345L75×6	1603	1	11.07	11.1	
119	Q345L75×6	1603	1	11.07	11.1	
120	L40×4	625	2	1.51	3.0	
121	L40×4	732	1	1.77	1.8	切角
122	L40×4	732	1	1.77	1.8	切角
123	Q345L75×6	969	2	6.69	13.4	
124	L50×4	565	2	1.73	3.5	
125	L40×4	959	2	2.32	4.6	
126	L40×4	959	2	2.32	4.6	
127	Q345L63×5	565	2	2.72	5.4	
128	Q345-6×159	221	2	1.66	3.3	
129	Q345-6×145	224	2	1.54	3.1	
130	Q345-10×267	456	2	9.59	19.2	
131	Q345L110×7	529	1	6.31	6.3	制弯,铲背
132	Q345L110×7	529	1	6.31	6.3	制弯,铲背
133	Q345-6×136	185	2	1.19	2.4	
134	Q345-8×147	362	2	3.36	6.7	
135	Q345-8×304	612	1	11.72	11.7	火曲;卷边
136	Q345-8×304	612	1	11.72	11.7	火曲;卷边
137	Q345-10×300	698	1	16.48	16.5	火曲;卷边
138	Q345-10×300	698	1	16.48	16.5	火曲;卷边
139	Q345-8×270	453	1	7.71	7.7	火曲;卷边
140	Q345-8×270	453	1	7.71	7.7	火曲;卷边
141	-6×184	286	2	2.50	5.0	
142	Q345-6×179	278	2	2.36	4.7	
143	Q345-6×184	286	2	2.50	5.0	
144	Q345L75×6	2034	1	14.04	14.0	
145	Q345L75×6	2034	1	14.04	14.0	切角
146	Q345L70×5	3083	1	16.64	16.6	
147	Q345L70×5	3083	1	16.64	16.6	切角
148	Q345L70×5	3141	1	16.95	17.0	
149	Q345L70×5	3141	1	16.95	17.0	切角
150	Q345L70×5	3321	1	17.92	17.9	
151	Q345L70×5	3321	1	17.92	17.9	切角
152	Q345L70×5	3228	1	17.42	17.4	
153	Q345L70×5	3228	1	17.42	17.4	切角
154	Q345L80×6	2700	2	19.92	39.8	
155	Q345L63×5	2557	1	12.33	12.3	
156	Q345L63×5	2557	1	12.33	12.3	切角
157	Q345L75×5	2690	2	15.65	31.3	
158	Q345L63×5	2562	1	12.35	12.4	
159	Q345L63×5	2562	1	12.35	12.4	切角
160	Q345L75×5	2735	2	15.91	31.8	
161	Q345L75×5	2735	2	15.91	31.8	
162	L56×5	1591	2	6.76	13.5	
163	L56×5	1591	2	6.76	13.5	切角
164	L56×5	1591	2	6.76	13.5	
165	L56×5	1591	2	6.76	13.5	切角
166	Q345L63×5	900	2	4.34	8.7	
167	Q345-8×147	235	2	2.19	4.4	
168	Q345-8×296	340	2	6.33	12.7	
169	Q345-6×147	220	2	1.52	3.0	
170	Q345-6×147	220	2	1.52	3.0	
171	Q345-6×392	357	2	6.59	13.2	
172	Q345-8×380	520	2	9.31	18.6	
173	Q345-8×300	506	2	7.15	14.3	
174	-6×116	222	4	1.22	4.9	
175	-6×170	268	2	2.15	4.3	
176	Q345-16×270	283	1	9.59	9.6	火曲,焊接
177	Q345-16×270	283	1	9.59	9.6	火曲,焊接
178	Q345L63×5	3183	1	15.35	15.3	
179	Q345L63×5	3183	1	15.35	15.3	
180	Q345L63×5	3096	1	14.93	14.9	
181	Q345L63×5	3096	1	14.93	14.9	
182	Q345L75×5	2650	1	15.42	15.4	
183	Q345-6×120	156	2	0.89	1.8	
184	Q345-6×160	220	2	1.66	3.3	
185	Q345-8×258	533	1	8.66	8.7	火曲
186	Q345-8×258	533	1	8.66	8.7	火曲
187	Q345L63×5	3231	1	15.58	15.6	切角
188	Q345L63×5	3231	1	15.58	15.6	
189	Q345L70×5	3372	1	18.20	18.2	切角
190	Q345L70×5	3372	1	18.20	18.2	
191	Q345L63×5	3084	1	14.87	14.9	
192	Q345L63×5	3084	1	14.87	14.9	切角
193	Q345L63×5	3058	1	14.75	14.7	
194	Q345L63×5	3058	1	14.75	14.7	切角
195	Q345L75×5	2720	1	15.82	15.8	
196	Q345L70×5	2561	2	13.82	37.6	
197	Q345L75×5	2720	2	15.82	31.6	
198	Q345L75×5	2740	2	15.94	31.9	
199	Q345L75×5	2740	2	15.94	31.9	
1-100	L45×4	1599	2	4.37	8.7	
1-101	L45×4	1599	2	4.37	8.7	切角
1-102	L45×4	1559	2	4.27	8.5	
1-103	L45×4	1559	2	4.27	8.5	切角
1-104	Q345L70×5	1060	4	5.72	22.9	
1-105	Q345-6×120	135	2	0.76	1.5	
1-106	Q345-6×138	220	2	1.44	2.9	
1-107	Q345-6×379	507	2	9.08	18.2	
1-108	Q345-6×300	507	2	7.17	14.3	
1-109	-6×115	216	4	1.18	4.7	
1-110	Q345-6×192	303	2	2.75	11.0	
1-111	-6×198	130	1	1.21	1.2	
1-112	L56×3	609	2	1.60	3.2	
1-113	L45×4	1446	2	3.96	7.9	
1-114	L45×4	1439	2	3.94	7.9	切角
1-115	L45×4	1424	2	3.90	7.8	
1-116	L45×4	1426	2	3.90	7.8	切角
1-117	Q345L70×5	2848	4	15.37	61.5	
1-118	L40×4	399	2	0.97	1.9	下压扁
1-119	L45×4	1426	2	3.90	7.8	
1-120	L45×4	1424	2	3.90	7.8	切角
1-121	L45×4	1439	2	3.94	7.9	
1-122	L45×4	1446	2	3.96	7.9	切角
1-123	L56×3	609	2	1.60	3.2	
1-124	-6×223	320	4	3.36	13.5	
1-125	-6×220	325	2	3.37	6.7	焊接
1-126	-6×116	271	4	1.49	6.0	
1-127	-6×112	272	4	1.44	5.8	
1-128	-6×116	152	4	0.84	3.3	
1-129	-6×112	152	4	0.81	3.2	
1-130	Q345-6×149	327	2	2.30	4.6	焊接
1-131	Q345-6×140	345	4	2.29	9.1	
1-132	-6×60	130	1	0.37	0.4	焊接
1-133	Q345-6×149	327	2	2.30	4.6	
1-134	-6×220	325	2	3.37	6.7	
1-135	L40×4	1183	2	2.87	5.7	切角
1-136	L40×4	1183	2	2.87	5.7	
1-137	L50×5	3390	1	12.78	12.8	切角
1-138	L50×5	3390	1	12.78	12.8	切角
1-139	-14×60	60	5	0.40		
1-140	-10×60	60	2	0.28		
1-141	-12×60	60	1	0.34		
1-142	-10×50	50	8	0.20		
1-143	Q345-6×130	135	2	0.83		
合计					2099.5kg	

图 12-5　220-HC21S-JZY-05　220-HC21S-JZY 转角塔内角侧地线支架结构图①（二）（续）

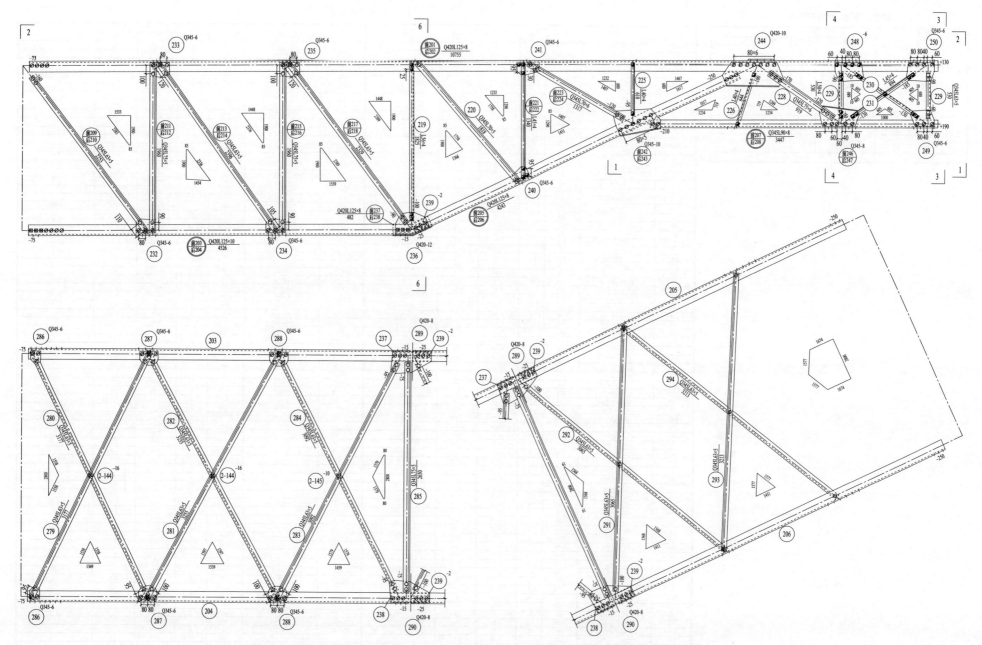

图 12-6　220-HC21S-JZY-06　220-HC21S-JZY 转角塔外角侧地线支架结构图②（一）

220kV 输电线路钻越塔标准化设计图集　钻越塔加工图

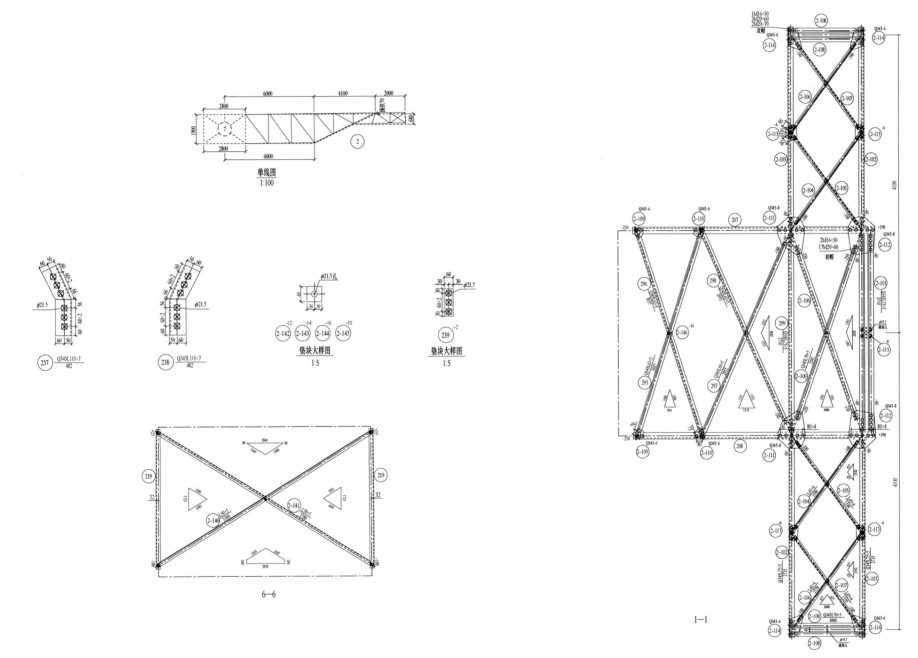

图 12-6　220-HC21S-JZY-06　220-HC21S-JZY 转角塔外角侧地线支架结构图②（一）（续）

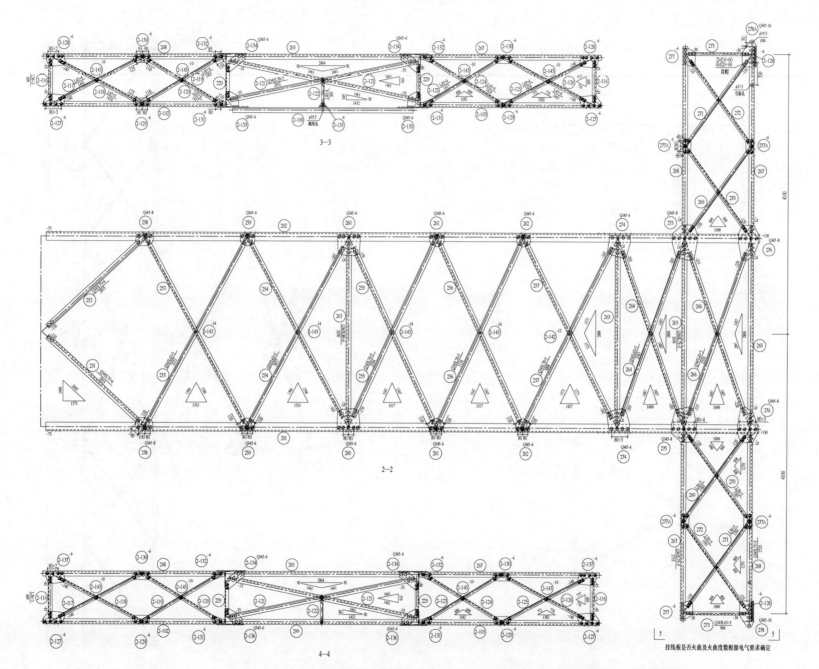
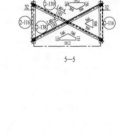

图 12-7 220-HC21S-JZY-07 220-HC21S-JZY 转角塔外角侧地线支架结构图②（二）

螺栓、垫圈、脚钉明细表

名称	级别	规格	符号	数量	质量(kg)	备注
螺栓	6.8	M16×40	◒	204	29.4	
		M16×50	◓	91	14.6	
		M16×50	⊙	4	0.8	双帽
		M16×60	⊙	4	0.9	双帽
		M20×45	○	137	37.0	
		M20×55	⊘	185	54.6	
		M20×60	⊙	18	7.0	双帽
		M20×65	⊗	18	5.8	
垫圈	Q235	-3 (φ17.5)		6	0.1	
		-4 (φ17.5)	规格×个数	34	0.3	
		-3 (φ21.5)		4	0.4	
		-4 (φ21.5)		28	2.8	
合计					153.7kg	

构 件 明 细 表

编号	规格	长度(mm)	数量	质量(kg) 一件	质量(kg) 小计	备注	编号	规格	长度(mm)	数量	质量(kg) 一件	质量(kg) 小计	备注
201	Q420L125×8	10755	1	166.75	166.7		275	Q345-8×380	522	2	12.46	24.9	
202	Q420L125×8	10755	1	166.75	166.7		276	Q345-8×300	526	2	9.93	19.9	
203	Q420L125×10	4526	1	86.60	86.6		277	-6×116	258	2	1.42	2.8	
204	Q420L125×10	4526	1	86.60	86.6		277A	-6×115	211	4	1.15	4.6	
205	Q420L125×8	4243	1	65.78	65.8	切角	278	Q345-16×270	283	1	9.59	9.6	火曲，焊接
206	Q420L125×8	4243	1	65.78	65.8	切角	278A	Q345-16×270	283	1	9.59	9.6	火曲，焊接
207	Q345L90×8	3447	1	37.71	37.7	切角	279	Q345L63×5	3177	1	15.32	15.3	
208	Q345L90×8	3447	1	37.71	37.7	切角	280	Q345L63×5	3177	1	15.32	15.3	切角
209	Q345L63×5	2253	1	10.86	10.9		281	Q345L63×5	3255	1	15.70	15.7	
210	Q345L63×5	2253	1	10.86	10.9		282	Q345L63×5	3255	1	15.70	15.7	切角
211	Q345L75×5	1960	1	11.40	11.4		283	Q345L63×5	3092	1	14.91	14.9	
212	Q345L75×5	1960	1	11.40	11.4		284	Q345L63×5	3092	1	14.91	14.9	切角
213	Q345L63×5	2396	1	11.55	11.6	切角	285	Q345L75×5	2650	1	15.42	15.4	
214	Q345L63×5	2396	1	11.55	11.6	切角	286	Q345-6×120	155	2	0.88	1.8	
215	Q345L75×5	1960	1	11.40	11.4		287	Q345-6×158	220	2	1.64	3.3	
216	Q345L75×5	1960	1	11.40	11.4		288	Q345-6×159	220	2	1.66	3.3	
217	Q345L63×5	2329	1	11.23	11.2	切角	289	Q420-8×255	509	1	8.18	8.2	火曲
218	Q345L63×5	2329	1	11.23	11.2	切角	290	Q420-8×255	509	1	8.18	8.2	火曲
219	L56×4	1825	2	6.29	12.6		291	Q345L63×5	3065	1	14.78	14.8	
220	Q345L70×5	1818	2	9.81	19.6		292	Q345L63×5	3065	1	14.78	14.8	
221	L45×4	1340	1	3.67	3.7		293	Q345L63×5	3213	1	15.49	15.5	
222	L45×4	1340	1	3.67	3.7		294	Q345L63×5	3213	1	15.49	15.5	
223	Q345L70×6	1317	1	8.44	8.4		295	Q345L63×5	3037	1	14.64	14.6	
224	Q345L70×6	1317	1	8.44	8.4		296	Q345L63×5	3037	1	14.64	14.6	切角
225	L40×4	610	2	1.48	3.0		297	Q345L63×5	2953	1	14.24	14.2	
226	L40×4	644	1	1.56	1.6		298	Q345L63×5	2953	1	14.24	14.2	切角
227	L40×4	644	1	1.56	1.6	切角	299	Q345L75×5	2710	1	15.77	15.8	
228	Q345L75×6	919	2	6.35	12.7		2-100	Q345L70×5	2541	2	13.71	27.4	
229	Q345L63×5	530	4	2.56	10.2		2-101	Q345L75×5	2710	2	15.77	31.5	
230	L45×4	894	2	2.45	4.9		2-102	Q345L75×5	2735	2	15.91	31.8	
231	L45×4	894	2	2.45	4.9		2-103	Q345L75×5	2735	2	15.91	31.8	
232	Q345-6×159	234	2	1.76	3.5		2-104	L45×4	1599	2	4.37	8.7	
233	Q345-6×171	234	2	1.89	3.8		2-105	L45×4	1599	2	4.37	8.7	切角
234	Q345-6×157	233	2	1.73	3.5		2-106	L45×4	1559	2	4.27	8.5	
235	Q345-6×169	237	2	1.89	3.8		2-107	L45×4	1559	2	4.27	8.5	切角
236	Q420-12×235	402	2	8.91	17.8		2-108	Q345L70×5	1060	4	5.72	22.9	
237	Q420L125×8	482	1	7.47	7.5	制弯，铲背	2-109	Q345-6×120	134	2	0.76	1.5	
238	Q420L125×8	482	1	7.47	7.5	制弯，铲背	2-110	Q345-6×140	140	2	0.92	1.8	
239	-2×60	180	4	0.17	0.7		2-111	Q345-6×380	521	2	9.34	18.7	
240	Q345-6×148	190	2	1.33	2.7		2-112	Q345-6×299	521	2	7.37	14.7	
241	Q345-6×150	271	2	1.92	3.8		2-113	-6×112	133	4	0.71	2.8	
242	Q345-10×334	540	1	14.19	14.2	火曲;卷边	2-114	Q345-6×159	258	4	1.94	7.8	
243	Q345-10×334	540	1	14.19	14.2	火曲;卷边	2-115	-6×198	130	1	1.21	1.2	
244	Q420-10×323	728	1	18.49	18.5	火曲;卷边	2-116	L56×3	609	4	1.60	6.4	
245	Q420-10×323	728	1	18.49	18.5	火曲;卷边	2-117	L45×4	1441	2	3.94	7.9	
246	Q345-8×276	471	1	8.19	8.2	火曲;卷边	2-118	L45×4	1434	2	3.92	7.8	切角
247	Q345-8×276	471	1	8.19	8.2	火曲;卷边	2-119	L45×4	1424	2	3.90	7.8	
248	-6×215	333	2	3.38	6.8		2-120	L45×4	1417	2	3.88	7.8	切角
249	Q345-6×185	287	2	2.51	5.0		2-121	Q345L70×5	2852	4	15.39	61.6	
250	Q345-6×215	333	2	3.38	6.8		2-122	L40×4	399	2	0.97	1.9	下压扁
251	Q345L75×6	2015	1	13.91	13.9	切角	2-123	L45×4	1417	2	3.88	7.8	
252	Q345L75×6	2015	1	13.91	13.9		2-124	L45×4	1424	2	3.90	7.8	切角
253	Q345L63×5	3252	2	15.68	31.4		2-125	L45×4	1434	2	3.92	7.8	
254	Q345L63×5	3057	2	14.74	29.5		2-126	L45×4	1441	2	3.94	7.9	切角
255	Q345L70×5	2594	2	14.00	28.0		2-127	-6×170	329	4	2.64	10.5	
256	Q345L70×5	3154	2	17.02	34.0		2-128	-6×170	289	2	2.32	4.6	焊接
257	Q345L70×5	3008	2	16.23	32.5		2-129	-6×113	271	4	1.45	5.8	
258	Q345-8×147	235	2	2.19	4.4		2-130	-6×112	272	4	1.45	5.8	
259	Q345-6×145	220	2	1.51	3.0		2-131	-6×113	152	4	0.82	3.3	
260	Q345-8×296	341	2	6.37	12.7		2-132	-6×112	152	4	0.81	3.2	
261	Q345-6×146	220	2	1.52	3.0		2-133	Q345-6×139	334	2	2.19	4.4	焊接
262	Q345-6×146	220	2	1.52	3.0		2-134	Q345-6×139	379	4	2.48	9.9	
263	Q345L80×6	2650	2	19.55	39.1		2-135	-6×60	130	1	0.37	0.4	焊接
264	Q345L63×5	2563	2	12.36	24.7		2-136	Q345-6×139	334	2	2.19	4.4	
265	Q345L75×5	2650	2	15.42	30.8		2-137	-6×170	289	2	2.32	4.6	
266	Q345L63×5	2538	2	12.24	24.5		2-138	L40×4	1183	2	2.87	5.7	切角
267	Q345L75×5	2735	2	15.91	31.8		2-139	L40×4	1183	2	2.87	5.7	
268	Q345L75×5	2735	2	15.91	31.8		2-140	L50×5	3380	1	12.74	12.7	切角
269	L56×5	1585	2	6.74	13.5		2-141	L50×5	3380	1	12.74	12.7	切角
270	L56×5	1585	2	6.74	13.5	切角	2-142	-12×60	60	1	0.34	0.3	
271	L56×5	1666	2	7.08	14.2		2-143	-14×60	60	2	0.40	1.6	
272	L56×5	1666	2	7.08	14.2	切角	2-144	-16×60	60	2	0.45	0.9	
273	Q345L63×5	900	2	4.34	8.7		2-145	-10×60	60	1	0.28	0.3	
274	Q345-6×322	400	2	6.07	12.1		合计					2340.1kg	

图 12-7 220-HC21S-JZY-07 220-HC21S-JZY 转角塔外角侧地线支架结构图②（二）（续）

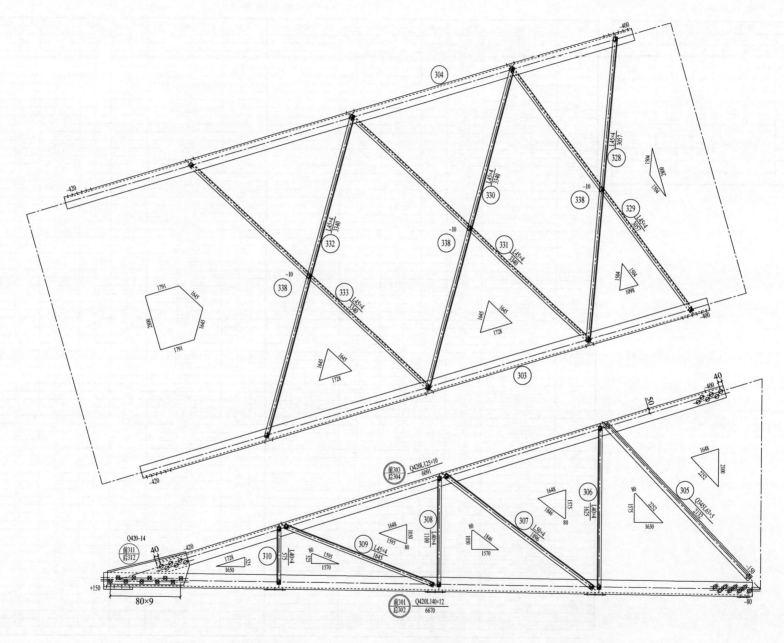

图 12-8 220-HC21S-JZY-08 220-HC21S-JZY 转角塔内角侧上导线横担结构图③

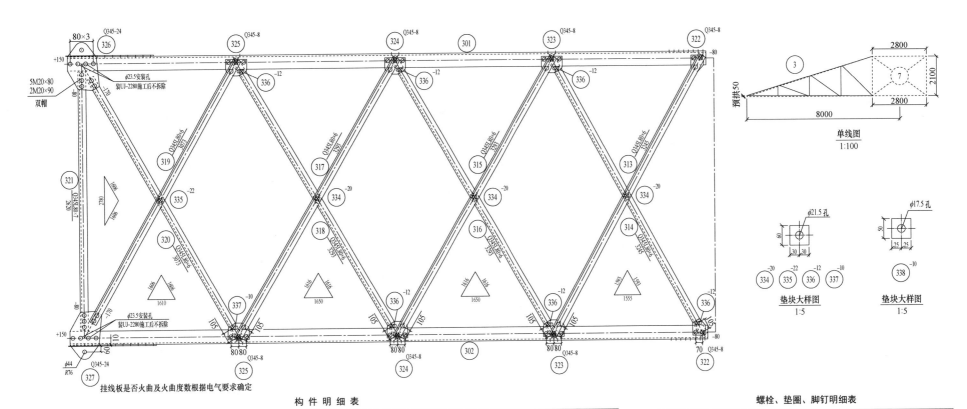

构 件 明 细 表

编号	规格	长度（mm）	数量	质量（kg）一件	质量（kg）小计	备注	编号	规格	长度（mm）	数量	质量（kg）一件	质量（kg）小计	备注
301	Q420L140×12	6670	1	170.23	170.2		321	Q345L80×7	2620	1	22.34	22.3	
302	Q420L140×12	6670	1	170.23	170.2		322	Q345-8×130	167	2	1.37	2.7	
303	Q420L125×10	6091	1	116.54	116.5	切角	323	Q345-8×167	220	2	2.31	4.6	
304	Q420L125×10	6091	1	116.54	116.5	切角	324	Q345-8×166	220	2	2.30	4.6	
305	Q345L63×5	2132	2	10.28	20.6		325	Q345-8×166	220	2	2.30	4.6	
306	L40×4	1625	2	3.94	7.9		326	Q345-24×312	494	1	29.11	29.1	火曲
307	L50×4	1896	2	5.80	11.6		327	Q345-24×312	494	1	29.11	29.1	火曲
308	L40×4	1100	2	2.66	5.3		328	L45×4	3057	1	8.36	8.4	
309	L45×4	1645	2	4.50	9.0		329	L45×4	3057	1	8.36	8.4	
310	L40×4	575	2	1.39	2.8		330	L45×4	3340	1	9.14	9.1	
311	Q420-14×352	860	1	33.39	33.4	火曲；卷边	331	L45×4	3340	1	9.14	9.1	
312	Q420-14×352	860	1	33.39	33.4	火曲；卷边	332	L45×4	3340	1	9.14	9.1	
313	Q345L80×6	3245	1	23.94	23.9		333	L45×4	3340	1	9.14	9.1	
314	Q345L80×6	3245	1	23.94	23.9	切角	334	-20×60	60	3	0.57	1.7	
315	Q345L80×6	3293	1	24.29	24.3		335	-22×60	60	1	0.62	0.6	
316	Q345L80×6	3293	1	24.29	24.3		336	-12×60	60	6	0.34	2.0	
317	Q345L80×6	3293	1	24.29	24.3		337	-10×60	60	1	0.28	0.3	
318	Q345L80×6	3293	1	24.29	24.3		338	-10×50	50	3	0.20	0.6	
319	Q345L80×6	3073	1	22.67	22.7			合计				1043.2kg	
320	Q345L80×6	3073	1	22.67	22.7								

螺栓、垫圈、脚钉明细表

名称	级别	规格	符号	数量	质量（kg）	备注
螺栓	6.8	M16×50	◪	31	5.0	
		M20×45	○	9	2.4	
		M20×55	⊘	49	14.5	
		M20×65	⊗	18	5.8	
		M20×80	⊙	10	4.1	双帽
		M20×90	⊙	4	1.7	双帽
垫圈	Q235	-4（φ17.5） 规格×个数		6	0.1	
合计					33.6kg	

图 12-8   220-HC21S-JZY-08   220-HC21S-JZY 转角塔内角侧上导线横担结构图③（续）

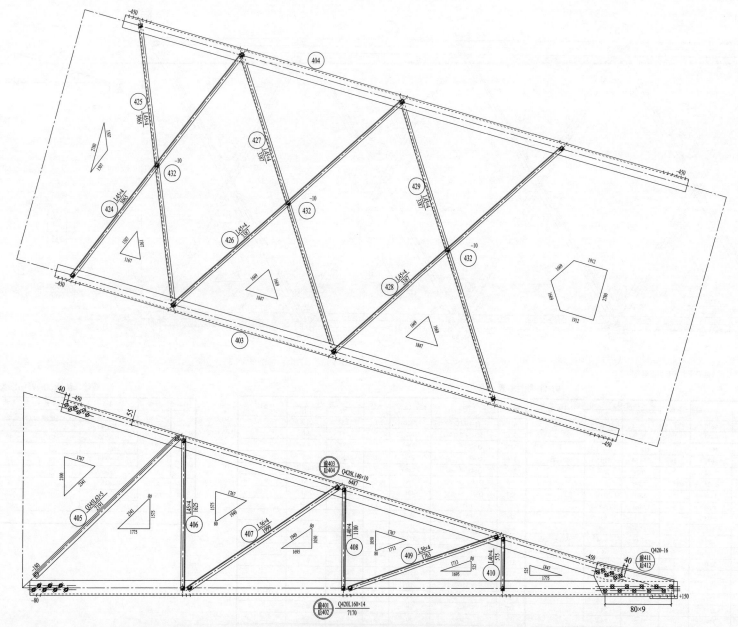

图 12-9　220-HC21S-JZY-09　220-HC21S-JZY 转角塔外角侧上导线横担结构图④

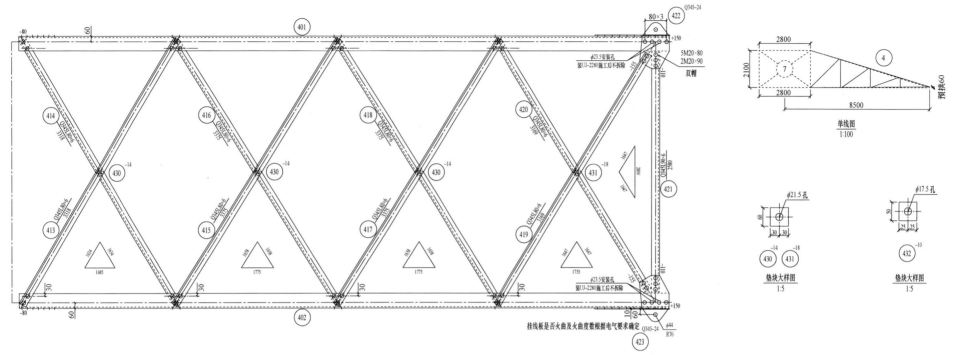

构 件 明 细 表

编号	规格	长度(mm)	数量	质量(kg) 一件	质量(kg) 小计	备注	编号	规格	长度(mm)	数量	质量(kg) 一件	质量(kg) 小计	备注
401	Q420L160×14	7170	1	243.69	243.7	切角	418	Q345L80×6	3375	1	24.89	24.9	切角
402	Q420L160×14	7170	1	243.69	243.7	切角	419	Q345L80×6	3169	1	23.37	23.4	
403	Q420L140×10	6487	1	139.39	139.4	切角	420	Q345L80×6	3169	1	23.37	23.4	切角
404	Q420L140×10	6487	1	139.39	139.4	切角	421	Q345L90×6	2580	1	21.54	21.5	
405	Q345L63×5	2191	2	10.57	21.1		422	Q345-24×315	497	1	29.52	29.5	火曲
406	L45×4	1625	2	4.45	8.9		423	Q345-24×315	497	1	29.52	29.5	火曲
407	L56×4	1999	2	6.89	13.8		424	L45×4	3065	1	8.39	8.4	
408	L40×4	1100	2	2.66	5.3		425	L45×4	3065	1	8.39	8.4	
409	L50×4	1763	2	5.39	10.8		426	L45×4	3387	1	9.27	9.3	
410	L40×4	575	2	1.39	2.8		427	L45×4	3387	1	9.27	9.3	
411	Q420-16×351	892	1	39.40	39.4	火曲；卷边	428	L45×4	3387	1	9.27	9.3	
412	Q420-16×351	892	1	39.40	39.4	火曲；卷边	429	L45×4	3387	1	9.27	9.3	
413	Q345L80×6	3318	1	24.47	24.5	切角	430	-14×60	60	3	0.40	1.2	
414	Q345L80×6	3318	1	24.47	24.5	切角	431	-18×60	60	1	0.51	0.5	
415	Q345L80×6	3375	1	24.89	24.9		432	-10×50	50	3	0.20	0.6	
416	Q345L80×6	3375	1	24.89	24.9	切角	合计					1239.9kg	
417	Q345L80×6	3375	1	24.89	24.9								

螺栓、垫圈、脚钉明细表

名称	级别	规格	符号	数量	质量(kg)	备注
螺栓	6.8	M16×50	◗	31	5.0	
		M20×45	○	2	0.5	
		M20×55	∅	28	8.3	
		M20×65	⊠	30	9.6	
		M20×80	⊙	10	4.1	双帽
		M20×90	⊚	4	1.7	双帽
垫圈	Q235	-4（φ17.5） 规格×个数		6	0.1	
合计					29.3kg	

图 12-9 220-HC21S-JZY-09 220-HC21S-JZY 转角塔外角侧上导线横担结构图④（续）

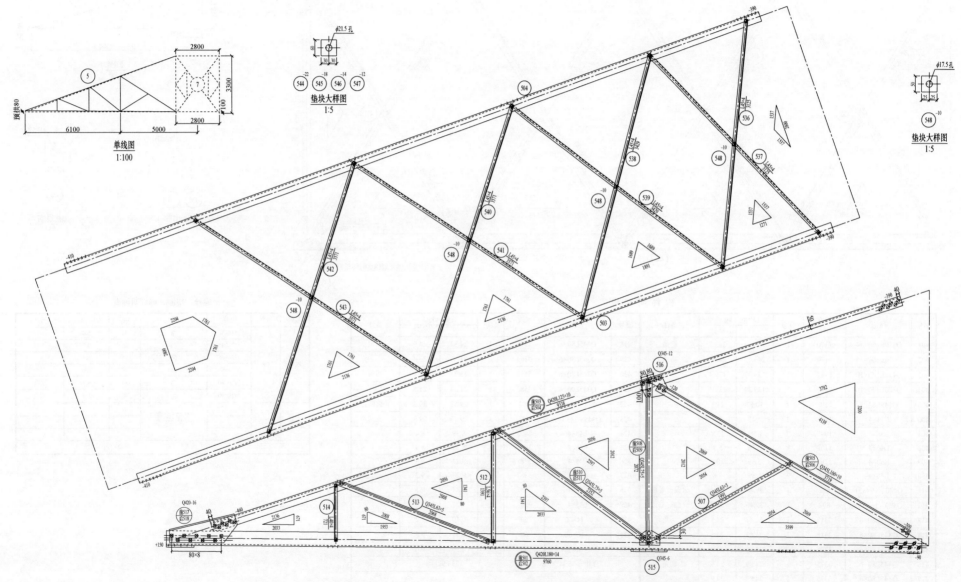

图 12-10　220-HC21S-JZY-10　220-HC21S-JZY 转角塔内角侧下导线横担结构图⑤

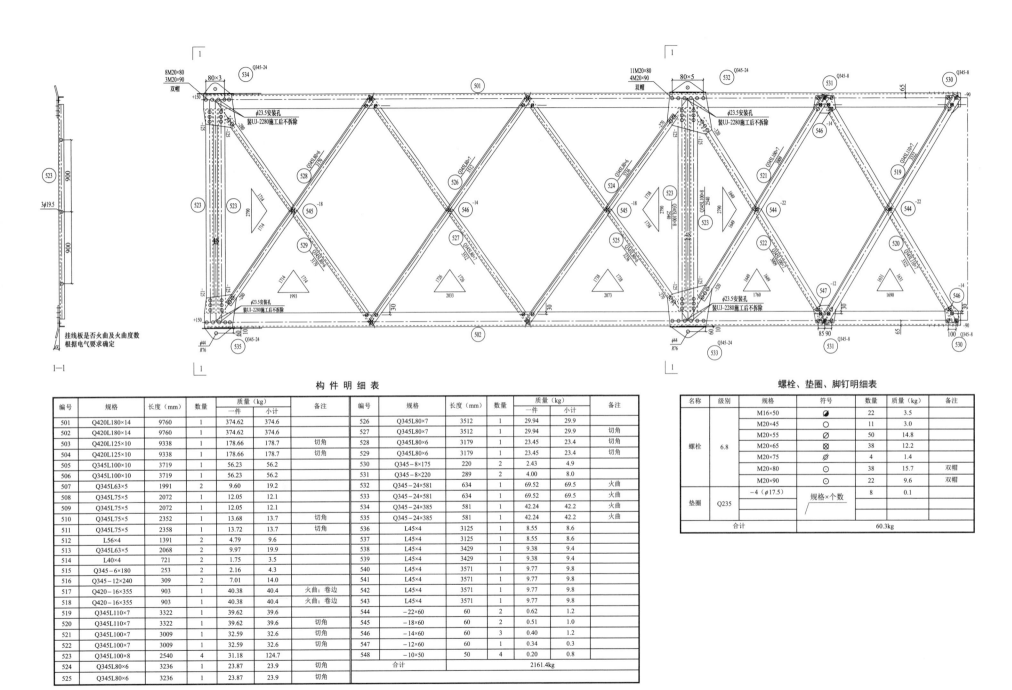

构 件 明 细 表

编号	规格	长度（mm）	数量	一件	小计	备注
501	Q420L180×14	9760	1	374.62	374.6	
502	Q420L180×14	9760	1	374.62	374.6	
503	Q420L125×10	9338	1	178.66	178.7	切角
504	Q420L125×10	9338	1	178.66	178.7	切角
505	Q345L100×10	3719	1	56.23	56.2	
506	Q345L100×10	3719	1	56.23	56.2	
507	Q345L63×5	1991	2	9.60	19.2	
508	Q345L75×5	2072	1	12.05	12.1	
509	Q345L75×5	2072	1	12.05	12.1	
510	Q345L75×5	2352	1	13.68	13.7	切角
511	Q345L75×5	2358	1	13.72	13.7	切角
512	L56×4	1391	2	4.79	9.6	
513	Q345L63×5	2068	2	9.97	19.9	
514	L40×4	721	2	1.75	3.5	
515	Q345-6×180	253	2	2.16	4.3	
516	Q345-12×240	309	2	7.01	14.0	
517	Q420-16×355	903	1	40.38	40.4	火曲；卷边
518	Q420-16×355	903	1	40.38	40.4	火曲；卷边
519	Q345L110×7	3322	1	39.62	39.6	
520	Q345L110×7	3322	1	39.62	39.6	切角
521	Q345L100×7	3009	1	32.59	32.6	切角
522	Q345L100×7	3009	1	32.59	32.6	切角
523	Q345L100×8	2540	4	31.18	124.7	
524	Q345L80×6	3236	1	23.87	23.9	切角
525	Q345L80×6	3236	1	23.87	23.9	切角
526	Q345L80×7	3512	1	29.94	29.9	
527	Q345L80×7	3512	1	29.94	29.9	切角
528	Q345L80×6	3179	1	23.45	23.4	切角
529	Q345L80×6	3179	1	23.45	23.4	切角
530	Q345-8×175	220	2	2.43	4.9	
531	Q345-8×220	289	2	4.00	8.0	
532	Q345-24×581	634	1	69.52	69.5	火曲
533	Q345-24×581	634	1	69.52	69.5	火曲
534	Q345-24×385	581	1	42.24	42.2	火曲
535	Q345-24×385	581	1	42.24	42.2	火曲
536	L45×4	3125	1	8.55	8.6	
537	L45×4	3125	1	8.55	8.6	
538	L45×4	3429	1	9.38	9.4	
539	L45×4	3429	1	9.38	9.4	
540	L45×4	3571	1	9.77	9.8	
541	L45×4	3571	1	9.77	9.8	
542	L45×4	3571	1	9.77	9.8	
543	L45×4	3571	1	9.77	9.8	
544	-22×60	60	2	0.62	1.2	
545	-18×60	60	2	0.51	1.0	
546	-14×60	60	3	0.40	1.2	
547	-12×60	60	1	0.34	0.3	
548	-10×50	50	4	0.20	0.8	
合计					2161.4kg	

螺栓、垫圈、脚钉明细表

名称	级别	规格	符号	数量	质量（kg）	备注
螺栓	6.8	M16×50	⊘	22	3.5	
		M20×45	○	11	3.0	
		M20×55	⊘	50	14.8	
		M20×65	⊗	38	12.2	
		M20×75	⊘	4	1.4	
		M20×80	⊙	38	15.7	双帽
		M20×90	⊙	22	9.6	双帽
垫圈	Q235	-4（φ17.5）	规格×个数	8	0.1	
合计					60.3kg	

图 12-10 220-HC21S-JZY-10 220-HC21S-JZY 转角塔内角侧下导线横担结构图⑤（续）

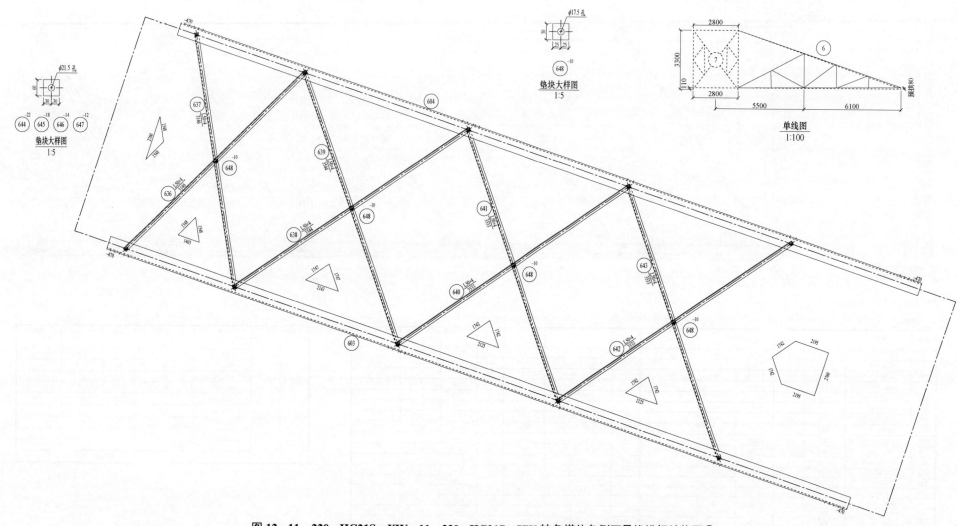

图 12-11　220-HC21S-JZY-11　220-HC21S-JZY 转角塔外角侧下导线横担结构图⑥

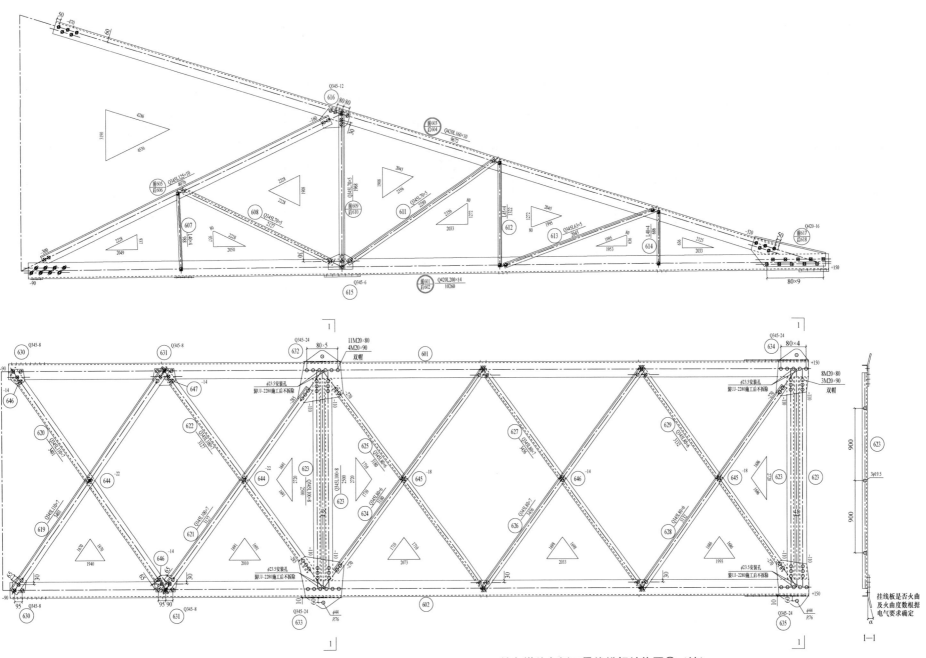

图 12-11　220-HC21S-JZY-11　220-HC21S-JZY 转角塔外角侧下导线横担结构图⑥（续）

构件明细表

编号	规格	长度(mm)	数量	一件	小计	备注	编号	规格	长度(mm)	数量	一件	小计	备注
601	Q420L200×14	10260	1	440.09	440.1		626	Q345L80×7	3456	1	29.46	29.5	
602	Q420L200×14	10260	1	440.09	440.1		627	Q345L80×7	3456	1	29.46	29.5	
603	Q420L160×10	9672	1	239.18	239.2	切角	628	Q345L80×6	3132	1	23.10	23.1	
604	Q420L160×10	9672	1	239.18	239.2	切角	629	Q345L80×6	3132	1	23.10	23.1	
605	Q345L125×10	4076	1	77.99	78.0	切角	630	Q345-8×179	209	2	2.36	4.7	
606	Q345L125×10	4076	1	77.99	78.0	切角	631	Q345-8×209	298	2	3.92	7.8	
607	L40×4	988	2	2.39	4.8		632	Q345-24×587	622	1	68.90	68.9	火曲
608	Q345L70×5	2127	2	11.48	23.0		633	Q345-24×587	622	1	68.91	68.9	火曲
609	Q345L70×5	1968	1	10.62	10.6		634	Q345-24×395	597	1	44.53	44.5	火曲
610	Q345L70×5	1968	1	10.62	10.6		635	Q345-24×395	597	1	44.53	44.5	火曲
611	Q345L70×5	2289	2	12.35	24.7		636	L50×4	3146	1	9.62	9.6	
612	L45×4	1322	2	3.62	7.2		637	L50×4	3146	1	9.62	9.6	
613	Q345L63×5	2045	2	9.86	19.7		638	L50×4	3544	1	10.84	10.8	
614	L40×4	686	2	1.66	3.3		639	L50×4	3544	1	10.84	10.8	
615	Q345-6×190	311	2	2.79	5.6		640	L50×4	3533	1	10.81	10.8	
616	Q345-12×266	357	2	8.97	17.9		641	L50×4	3533	1	10.81	10.8	
617	Q420-16×378	974	1	46.37	46.4	火曲；卷边	642	L50×4	3533	1	10.81	10.8	
618	Q420-16×378	974	1	46.37	46.4	火曲；卷边	643	L50×4	3533	1	10.81	10.8	
619	Q345L110×7	3401	1	40.57	40.6	切角	644	-22×60	60	2	0.62	1.2	
620	Q345L110×7	3401	1	40.57	40.6		645	-18×60	60	2	0.51	1.0	
621	Q345L100×7	3127	1	33.87	33.9		646	-14×60	60	3	0.40	1.2	
622	Q345L100×7	3127	1	33.87	33.9		647	-12×60	60	1	0.34	0.3	
623	Q345L100×8	2500	4	30.69	122.8		648	-10×50	50	4	0.20	0.8	
624	Q345L80×6	3180	1	23.46	23.5		合计				2486.6kg		
625	Q345L80×6	3180	1	23.46	23.5								

螺栓、垫圈、脚钉明细表

名称	级别	规格	符号	数量	质量(kg)	备注
螺栓	6.8	M16×50	⊘	30	4.8	
		M20×45	○	9	2.4	
		M20×55	⊘	34	10.0	
		M20×65	⊗	42	13.4	
		M20×75	⊘	4	1.4	
		M20×80	○	38	15.7	双帽
		M20×90	○	22	9.6	双帽
	8.8	M24×65	⊘	10	5.0	
垫圈	Q235	-4(φ17.5)	规格×个数	8	0.1	
合计					62.4kg	

图 12-11　220-HC21S-JZY-11　220-HC21S-JZY 转角塔外角侧下导线横担结构图⑥（续）

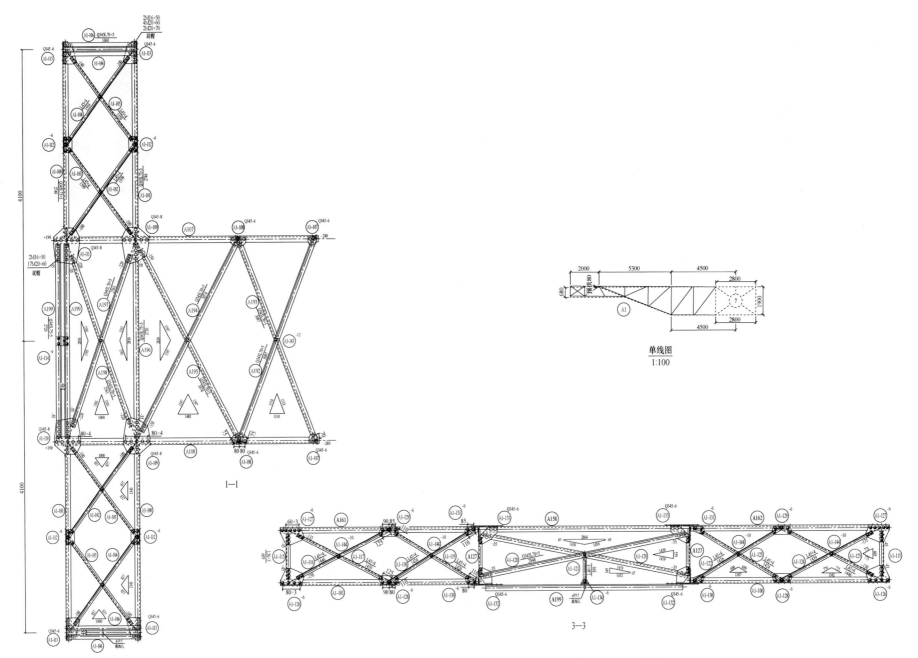

图 12-12 220-HC21S-JZY-12 220-HC21S-JZY 转角塔内角侧地线支架结构图⑭（一）

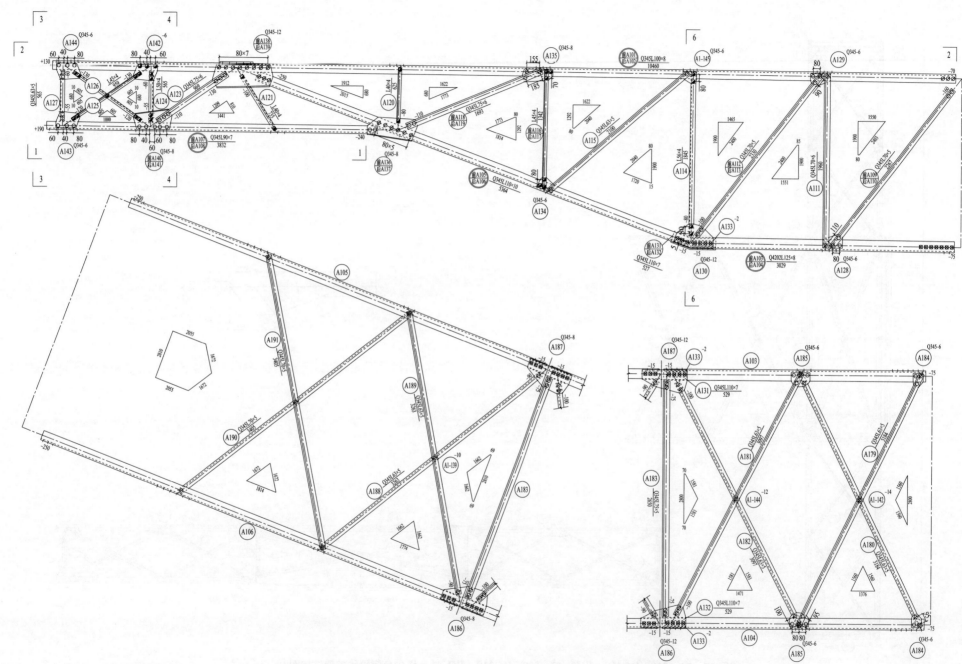

图 12-12 **220-HC21S-JZY-12** **220-HC21S-JZY 转角塔内角侧地线支架结构图①A（一）（续）**

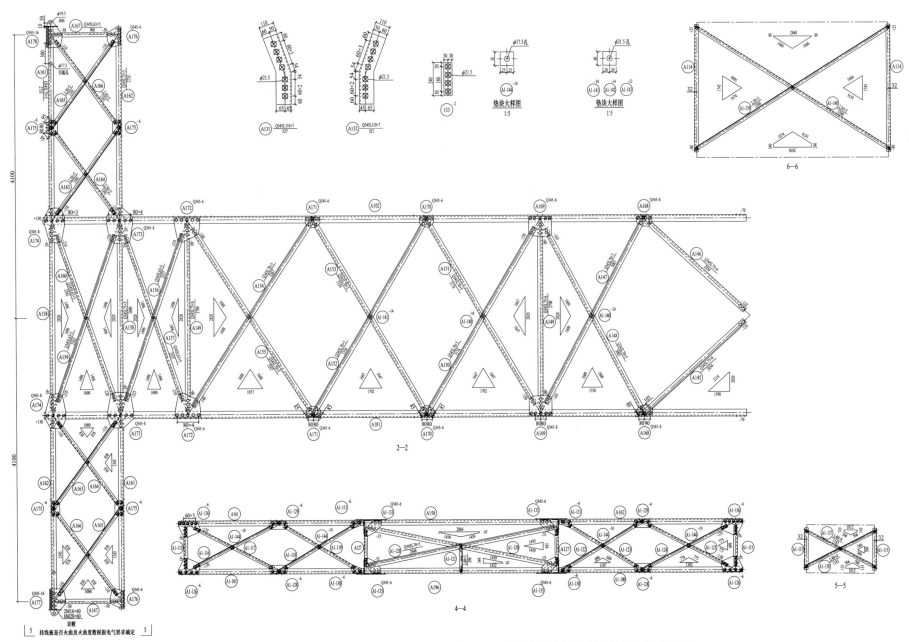

图 12-13 220-HC21S-JZY-13 220-HC21S-JZY 转角塔内角侧地线支架结构图①A（二）

螺栓、垫圈、脚钉明细表

名称	级别	规格	符号	数量	质量（kg）	备注
螺栓	6.8	M16×40	●	223	32.1	
		M16×50	●	104	16.6	
		M16×50	◎	12	2.3	双帽
		M16×60	◎	4	0.8	双帽
		M20×45	○	214	57.8	
		M20×55	∅	137	40.4	
		M20×60	◎	50	18.1	双帽
		M20×65	⊠	30	9.6	
		M20×70	⊙	20	7.7	双帽
垫圈	Q235	-3(φ17.5)	规格×个数	6	0.1	
		-4(φ17.5)		44	0.3	
		-3(φ21.5)		16	1.6	
		-4(φ21.5)		22	2.2	
合计					189.6kg	

构件明细表

编号	规格	长度(mm)	数量	质量(kg) 一件	小计	备注
A101	Q345L100×8	10460	1	128.41	128.4	
A102	Q345L100×8	10460	1	128.41	128.4	
A103	Q420L125×8	3029	1	46.96	47.0	
A104	Q420L125×8	3029	1	46.96	47.0	
A105	Q345L110×10	5364	1	89.53	89.5	切角
A106	Q345L110×10	5364	1	89.53	89.5	切角
A107	Q345L90×7	3832	1	37.00	37.0	切角
A108	Q345L90×7	3832	1	37.00	37.0	切角
A109	Q345L70×5	2267	1	12.23	12.2	切角
A110	Q345L70×5	2267	1	12.23	12.2	切角
A111	Q345L70×6	1960	2	12.56	25.1	
A112	Q345L70×5	2330	1	12.58	12.6	
A113	Q345L70×5	2330	1	12.58	12.6	
A114	L56×4	1845	2	6.36	12.7	
A115	Q345L63×5	2100	2	10.13	20.3	
A116	L45×4	1342	1	3.67	3.7	
A117	L45×4	1342	1	3.67	3.7	
A118	Q345L75×6	1693	1	11.69	11.7	
A119	Q345L75×6	1693	1	11.69	11.7	
A120	L40×4	625	2	1.51	3.0	
A121	L40×4	735	1	1.78	1.8	切角
A122	L40×4	735	1	1.78	1.8	切角
A123	Q345L75×6	969	2	6.69	13.4	
A124	L50×4	565	2	1.73	3.5	
A125	L45×4	959	2	2.62	5.2	
A126	L45×4	959	2	2.62	5.2	
A127	Q345L63×5	565	2	2.72	5.4	
A128	Q345-6×162	223	2	1.71	3.4	
A129	Q345-6×146	224	2	1.55	3.1	
A130	Q345-12×250	457	2	10.79	21.6	
A131	Q345L110×7	527	1	6.29	6.3	制弯,铲背
A132	Q345L110×7	527	1	6.29	6.3	制弯,铲背
A133	-2×60	240	4	0.23	0.9	
A134	-6×136	185	2	1.19	2.4	
A135	Q345-8×146	368	2	3.39	6.8	
A136	Q345-8×292	580	1	10.64	10.6	火曲,卷边
A137	Q345-8×292	580	1	10.64	10.6	火曲,卷边
A138	Q345-12×300	699	1	19.79	19.8	火曲,卷边
A139	Q345-12×300	699	1	19.79	19.8	火曲,卷边
A140	Q345-8×270	453	1	7.71	7.7	火曲,卷边
A141	Q345-8×270	453	1	7.71	7.7	火曲,卷边
A142	-6×184	286	2	2.50	5.0	
A143	Q345-6×179	278	2	2.36	4.7	
A144	Q345-6×184	286	2	2.50	5.0	
A145	Q345L75×6	2034	1	14.04	14.0	
A146	Q345L75×6	2034	1	14.04	14.0	切角
A147	Q345L70×5	3083	1	16.64	16.6	
A148	Q345L70×5	3083	1	16.64	16.6	切角
A149	Q345L75×6	2700	2	18.64	37.3	
A150	Q345L70×5	3174	1	17.13	17.1	
A151	Q345L70×5	3174	1	17.13	17.1	切角
A152	Q345L70×5	3354	1	18.10	18.1	
A153	Q345L70×5	3354	1	18.10	18.1	切角
A154	Q345L70×5	3267	1	17.63	17.6	
A155	Q345L70×5	3267	1	17.63	17.6	切角
A156	Q345L63×5	2557	1	12.33	12.3	
A157	Q345L63×5	2557	1	12.33	12.3	切角
A158	Q345L75×5	2690	2	15.65	31.3	
A159	Q345L63×5	2562	1	12.35	12.4	
A160	Q345L63×5	2562	1	12.35	12.4	切角
A161	Q345L75×5	2735	2	15.91	31.8	
A162	Q345L75×5	2735	2	15.91	31.8	
A163	L56×5	1591	2	6.76	13.5	
A164	L56×5	1591	2	6.76	13.5	切角
A165	L56×5	1591	2	6.76	13.5	
A166	L56×5	1591	2	6.76	13.5	切角
A167	Q345L63×5	900	2	4.34	8.7	
A168	Q345-8×147	235	2	2.19	4.4	
A169	Q345-8×296	340	2	6.33	12.7	
A170	Q345-6×146	220	2	1.52	3.0	
A171	Q345-6×146	220	2	1.52	3.0	
A172	Q345-6×352	380	2	6.30	12.6	
A173	Q345-8×380	520	2	12.41	24.8	
A174	Q345-8×300	506	2	9.53	19.1	
A175	-6×116	222	4	1.22	4.9	
A176	Q345-6×200	273	2	2.58	5.2	
A177	Q345-16×200	273	1	6.87	6.9	火曲,焊接
A178	Q345-16×200	273	1	6.87	6.9	火曲,焊接
A179	Q345L63×5	3184	1	15.35	15.4	
A180	Q345L63×5	3184	1	15.35	15.4	
A181	Q345L63×5	3097	1	14.93	14.9	
A182	Q345L63×5	3097	1	14.93	14.9	
A183	Q345L75×5	2650	1	15.42	15.4	
A184	Q345-6×120	156	2	0.89	1.8	
A185	Q345-6×160	220	2	1.66	3.3	
A186	Q345-12×258	532	1	12.98	13.0	火曲
A187	Q345-12×258	532	1	12.98	13.0	火曲
A188	Q345L63×5	3263	1	15.73	15.7	切角
A189	Q345L63×5	3263	1	15.73	15.7	
A190	Q345L70×5	3405	1	18.38	18.4	切角
A191	Q345L70×5	3405	1	18.38	18.4	
A192	Q345L70×5	3097	1	16.71	16.7	
A193	Q345L70×5	3097	1	16.71	16.7	切角
A194	Q345L70×5	3074	1	16.59	16.6	
A195	Q345L70×5	3074	1	16.59	16.6	切角
A196	Q345L75×5	2720	1	15.82	15.8	
A197	Q345L70×5	2561	1	13.82	13.8	
A198	Q345L70×5	2561	1	13.82	13.8	切角
A199	Q345L75×5	2720	2	15.82	31.6	
A1-100	Q345L75×5	2740	2	15.94	31.9	
A1-101	Q345L75×5	2740	2	15.94	31.9	
A1-102	L45×4	1599	2	4.37	8.7	
A1-103	L45×4	1599	2	4.37	8.7	切角
A1-104	L45×4	1559	2	4.27	8.5	
A1-105	L45×4	1559	2	4.27	8.5	切角
A1-106	Q345L70×5	1060	4	5.72	22.9	
A1-107	Q345-6×120	135	2	0.77	1.5	
A1-108	Q345-6×140	220	2	1.46	2.9	
A1-109	Q345-8×380	507	2	12.10	24.2	
A1-110	Q345-8×380	506	1	12.10	12.1	电焊
A1-111	Q345-8×380	507	1	12.10	12.1	电焊
A1-112	-6×117	219	4	1.22	4.9	
A1-113	Q345-6×194	303	4	2.78	11.1	
A1-114	-6×130	198	1	1.21	1.2	电焊
A1-115	L56×3	609	4	1.60	6.4	
A1-116	L45×4	1446	2	3.96	7.9	
A1-117	L45×4	1439	2	3.94	7.9	切角
A1-118	L45×4	1424	2	3.90	7.8	
A1-119	L45×4	1426	2	3.90	7.8	切角
A1-120	Q345L70×5	2848	4	15.37	61.5	
A1-121	L40×4	400	2	0.97	1.9	下压扁
A1-122	L45×4	1426	2	3.90	7.8	
A1-123	L45×4	1424	2	3.90	7.8	切角
A1-124	L45×4	1439	2	3.94	7.9	
A1-125	L45×4	1446	2	3.96	7.9	切角
A1-126	-6×223	320	4	3.36	13.5	
A1-127	-6×220	325	2	3.37	6.7	电焊
A1-128	-6×116	271	4	1.49	6.0	
A1-129	-6×112	272	4	1.44	5.8	
A1-130	-6×116	152	4	0.84	3.3	
A1-131	-6×112	152	4	0.81	3.2	
A1-132	-6×181	224	2	1.93	3.9	电焊
A1-133	Q345-6×140	345	4	2.29	9.1	
A1-134	-6×74	130	1	0.46	0.5	电焊
A1-135	Q345-6×149	327	2	2.30	4.6	
A1-137	L40×4	1183	2	2.87	5.7	切角
A1-138	L40×4	1183	2	2.87	5.7	
A1-139	L50×5	3390	1	12.78	12.8	切角
A1-140	L50×5	3390	1	12.78	12.8	切角
A1-141	-10×60	60	3	0.28	0.8	
A1-142	-14×60	60	2	0.40	0.8	
A1-143	-12×60	60	1	0.34	0.3	
A1-144	-10×50	50	5	0.20	1.0	
A1-145	Q345-6×130	135	2	0.83	1.7	
合计					2176.7kg	

图 12-13　220-HC21S-JZY-13　220-HC21S-JZY 转角塔内角侧地线支架结构图①A（二）（续）

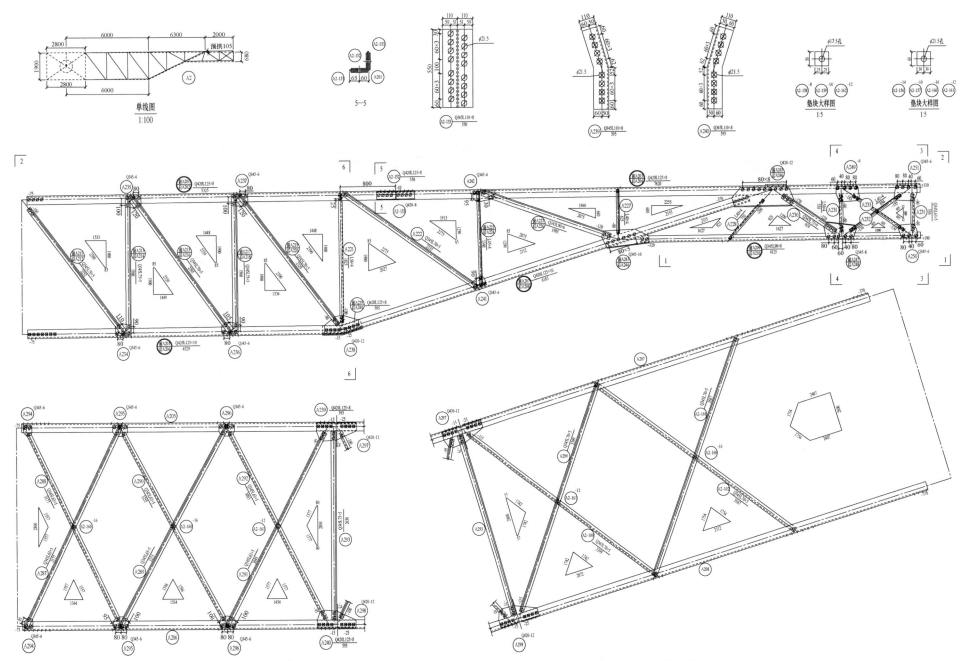

图 12-14 220-HC21S-JZY-14 220-HC21S-JZY 转角塔外角侧地线支架结构图②A（一）

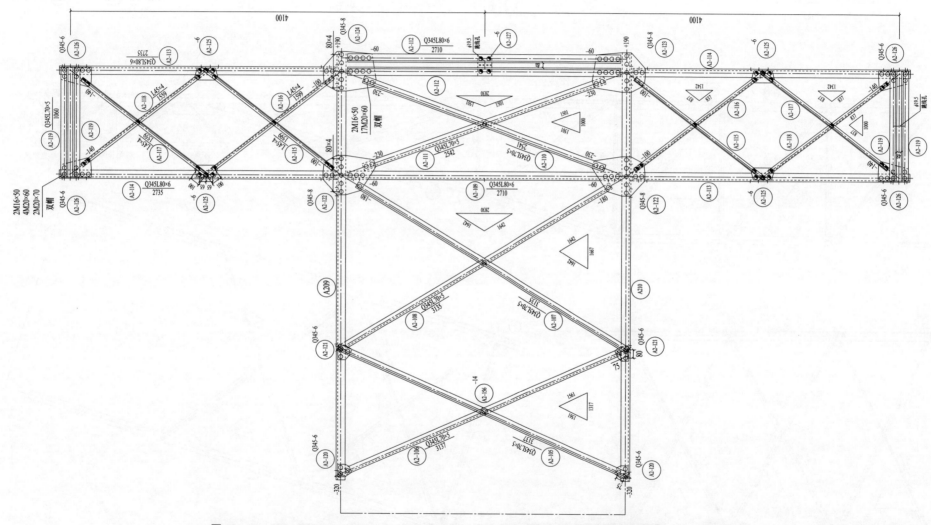

图 12-14　220-HC21S-JZY-14　220-HC21S-JZY 转角塔外角侧地线支架结构图②A（一）（续）

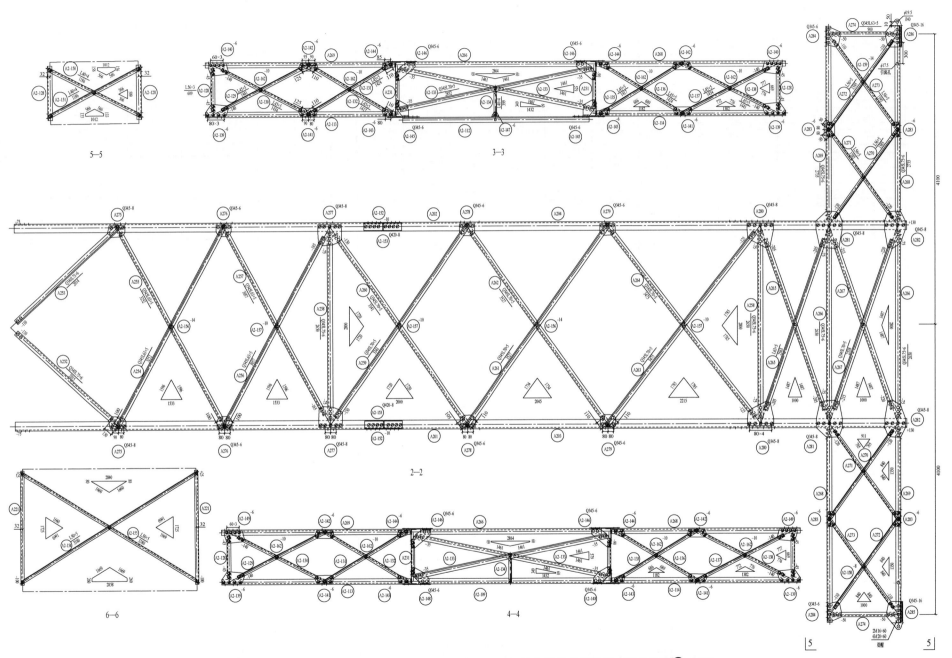

图 12-15　220-HC21S-JZY-15　220-HC21S-JZY 转角塔外角侧地线支架结构图24A（二）

构 件 明 细 表

编号	规格	长度（mm）	数量	一件	小计	备注
A201	Q420L125×8	5325	2	82.56	165.1	
A202	Q420L125×8	5325	2	82.56	165.1	
A203	Q420L125×8	7620	1	118.14	118.1	
A204	Q420L125×8	7620	1	118.14	118.1	
A205	Q420L125×10	4529	1	86.65	86.7	
A206	Q420L125×10	4529	1	86.65	86.7	
A207	Q420L125×10	6185	1	118.34	118.3	切角
A208	Q420L125×10	6185	1	118.34	118.3	切角
A209	Q345L90×8	4125	1	45.15	45.2	切角
A210	Q345L90×8	4125	1	45.15	45.2	切角
A211	Q345L70×5	2252	1	12.15	12.2	
A212	Q345L70×5	2252	1	12.15	12.2	
A213	Q345L75×5	1960	1	11.40	11.4	
A214	Q345L75×5	1960	1	11.40	11.4	火曲
A215	Q345L70×5	2395	1	12.93	12.9	切角
A216	Q345L70×5	2395	1	12.93	12.9	切角
A217	Q345L75×5	1960	1	11.40	11.4	
A218	Q345L75×5	1960	1	11.40	11.4	
A219	Q345L70×5	2329	1	12.57	12.6	切角
A220	Q345L70×5	2329	1	12.57	12.6	
A221	L56×4	1825	2	6.29	12.6	
A222	Q345L70×5	2335	2	12.60	25.2	
A223	L45×4	1340	1	3.67	3.7	
A224	L45×4	1340	1	3.67	3.7	
A225	Q345L90×6	1985	1	16.57	16.6	
A226	Q345L90×6	1985	1	16.57	16.6	
A227	L40×4	625	1	1.51	3.0	
A228	L40×4	750	1	1.82	1.8	切角
A229	L40×4	750	1	1.82	1.8	切角
A230	Q345L75×6	919	2	6.35	12.7	
A231	Q345L63×5	530	4	2.56	10.2	
A232	L45×4	894	2	2.45	4.9	
A233	L45×4	894	2	2.45	4.9	切角
A234	Q345-6×162	236	2	1.81	3.6	
A235	Q345-6×172	238	2	1.94	3.9	
A236	Q345-6×160	233	2	1.76	3.5	
A237	Q345-6×170	241	2	1.94	3.9	
A238	Q420-12×238	523	2	11.74	23.5	
A239	Q420L125×8	595	1	9.22	9.2	制弯,铲背
A240	Q420L125×8	595	1	9.22	9.2	制弯,铲背
A241	-6×146	190	2	1.31	2.6	电焊
A242	-6×150	319	2	2.26	4.5	电焊
A243	Q345-10×283	681	1	15.18	15.2	火曲;卷边
A244	Q345-10×283	681	1	15.18	15.2	火曲;卷边
A245	Q420-12×312	913	1	26.91	26.9	火曲;卷边
A246	Q420-12×312	913	1	26.91	26.9	火曲;卷边
A247	Q345-8×276	471	1	8.19	8.2	火曲;卷边
A248	Q345-8×276	471	1	8.19	8.2	火曲;卷边
A249	-6×215	333	2	3.38	6.8	
A250	Q345-6×185	287	2	2.51	5.0	
A251	Q345-6×215	333	2	3.38	6.8	
A252	Q345L75×6	2015	1	13.91	13.9	切角
A253	Q345L75×6	2014	1	13.91	13.9	
A254	Q345L63×5	3252	1	15.68	15.7	
A255	Q345L63×5	3252	1	15.68	15.7	
A256	Q345L63×5	3057	1	14.74	14.7	
A257	Q345L63×5	3057	1	14.74	14.7	
A258	Q345L75×5	2650	2	18.30	36.6	
A259	Q345L70×5	3341	1	18.03	18.0	
A260	Q345L70×5	3341	1	18.03	18.0	
A261	Q345L70×5	3527	1	19.04	19.0	
A262	Q345L70×5	3527	1	19.04	19.0	
A263	Q345L70×5	3475	1	18.75	18.8	
A264	Q345L70×5	3475	1	18.75	18.8	
A265	L63×5	2563	2	12.36	24.7	
A266	Q345L75×6	2650	2	18.30	36.6	
A267	Q345L70×5	2538	2	13.70	27.4	
A268	Q345L75×6	2735	2	18.89	37.8	
A269	Q345L75×6	2735	2	18.89	37.8	
A270	L56×5	1585	2	6.74	13.5	
A271	L56×5	1585	2	6.74	13.5	切角
A272	L56×5	1595	2	6.78	13.6	
A273	L56×5	1595	2	6.78	13.6	切角
A274	Q345L63×5	900	2	4.34	8.7	
A275	Q345-8×165	253	2	2.63	5.3	
A276	Q345-6×159	220	2	1.66	3.3	
A277	Q345-8×296	341	2	6.37	12.7	
A278	Q345-6×163	220	2	1.70	3.4	
A279	Q345-6×163	225	2	1.74	3.5	
A280	Q345-8×346	380	2	8.26	16.5	
A281	Q345-8×380	522	2	12.46	24.9	
A282	Q345-8×300	526	2	9.93	19.9	
A283	6×113	212	4	1.13	4.5	
A284	Q345-16×200	272	2	15.32	15.3	
A285	Q345-16×200	271	1	15.70	15.7	
A286	Q345-16×200	272	1	15.70	15.7	切角
A287	Q345L63×5	3177	1	14.91	14.9	
A288	Q345L63×5	3177	1	14.91	14.9	切角
A289	Q345L63×5	3255	1	15.42	15.4	
A290	Q345L63×5	3255	1	0.88	1.8	
A291	Q345L63×5	3093	1	1.64	3.3	
A292	Q345L63×5	3093	1	1.66	3.3	
A293	Q345L75×5	2650	1	14.67	14.7	火曲
A294	Q345-6×120	155	2	14.67	14.7	
A295	Q345-6×158	220	2	18.34	18.3	
A296	Q345-6×159	220	2	18.34	18.3	
A297	Q420-12×259	599	1	19.25	19.3	
A298	Q420-12×259	599	1	19.25	19.3	切角
A299	Q345L75×5	3399	1	1.72	3.4	
A2-100	Q345L70×5	3399	1	1.09	2.2	
A2-101	Q345L70×5	3567	1	16.93	16.9	
A2-102	Q345L70×5	3567	1	16.93	16.9	切角
A2-103	Q345-6×163	223	2	16.92	16.9	
A2-104	Q345-6×142	162	2	16.92	16.9	切角
A2-105	Q345L70×5	3137	1	19.99	20.0	
A2-106	Q345L70×5	3137	1	13.72	13.7	
A2-107	Q345L70×5	3135	1	13.72	13.7	
A2-108	Q345L70×5	3135	1	19.99	40.0	
A2-109	Q345L80×6	2710	1	20.17	40.3	
A2-110	Q345L70×5	2542	1	20.17	40.3	
A2-111	Q345L70×5	2542	1	4.37	8.7	
A2-112	Q345L80×6	2710	2	4.37	8.7	
A2-113	Q345L80×6	2735	2	4.27	8.5	
A2-114	Q345L80×6	2735	2	4.27	8.5	切角
A2-115	L45×4	1599	2	5.72	22.9	
A2-116	L45×4	1599	2	0.79	1.6	
A2-117	L45×4	1599	2	0.93	1.9	
A2-118	L45×4	1559	2	9.34	18.7	
A2-119	Q345L70×5	1060	4	12.45	12.4	电焊
A2-120	Q345-6×120	140	2	12.45	12.4	
A2-121	Q345-6×140	140	2	1.26	5.0	
A2-122	Q345-6×380	521	2	2.73	10.9	
A2-123	Q345-8×380	521	1	1.27	1.3	电焊
A2-124	Q345-8×380	521	1	1.59	6.4	
A2-125	-6×117	227	4	4.85	9.7	切角
A2-126	Q345-6×191	303	4	4.83	9.7	
A2-127	-6×130	208	1	4.79	9.6	切角
A2-128	L56×3	607	4	4.77	9.5	
A2-129	L45×5	1440	2	15.39	61.6	
A2-130	L45×5	1433	2	0.97	1.9	下压扁
A2-131	L45×5	1423	2	4.77	9.5	
A2-132	L45×5	1416	2	4.79	9.6	切角
A2-133	Q345L70×5	2852	4	4.83	9.7	
A2-134	L40×4	399	2	4.85	9.7	切角
A2-135	L45×5	1416	2	2.67	10.7	
A2-136	L45×5	1423	2	2.32	4.6	焊接
A2-137	L45×5	1433	2	1.56	6.2	
A2-138	L45×5	1440	2	1.45	5.8	
A2-139	-6×172	329	4	2.20	4.4	
A2-140	-6×170	289	2	2.31	4.6	
A2-141	-6×117	280	4	2.87	5.7	切角
A2-142	-6×112	272	4	2.87	5.7	
A2-148	Q345-6×140	334	2	8.52	17.0	铲背
A2-149	-6×170	289	2	3.63	14.5	
A2-150	L40×4	1186	2	12.74	12.7	切角
A2-151	L40×4	1186	2	12.74	12.7	切角
A2-152	Q420L125×8	550	2	0.40	1.2	
A2-153	Q420-8×105	550	4	0.28	0.8	
A2-154	L50×5	3380	1	0.16	0.2	
A2-155	L50×5	3380	1	0.27	0.3	
A2-156	-14×60	60	3	0.45	1.4	
A2-157	-10×60	60	3	0.34	0.7	
A2-158	-8×50	50	1	0.24	0.9	
A2-159	-14×50	50	1			
A2-160	-16×60	60	3			
A2-161	-12×60	60	2			
A2-162	-12×50	50	4			
合计					2926.2kg	

螺栓、垫圈、脚钉明细表

名称	级别	规格	符号	数量	质量（kg）	备注
螺栓	6.8	M16×0	◑	217	31.2	
		M16×50	◪	102	16.3	
		M16×50	○	12	2.3	双帽
		M16×60	○	4	0.8	双帽
		M20×45	○	189	51.0	
		M20×55	⊘	237	69.9	
		M20×60	○	36	13.0	双帽
		M20×65	⊗	43	13.8	
		M20×70	○	30	11.6	双帽
垫圈	Q235	-3（φ17.5）		6	0.1	
		-4（φ17.5）	规格×个数	34	0.3	
		-3（φ21.5）		4	0.4	
		-4（φ21.5）		28	2.8	
合计					213.5kg	

图 12-15 220-HC21S-JZY-15 220-HC21S-JZY 转角塔外角侧地线支架结构图②A（二）（续）

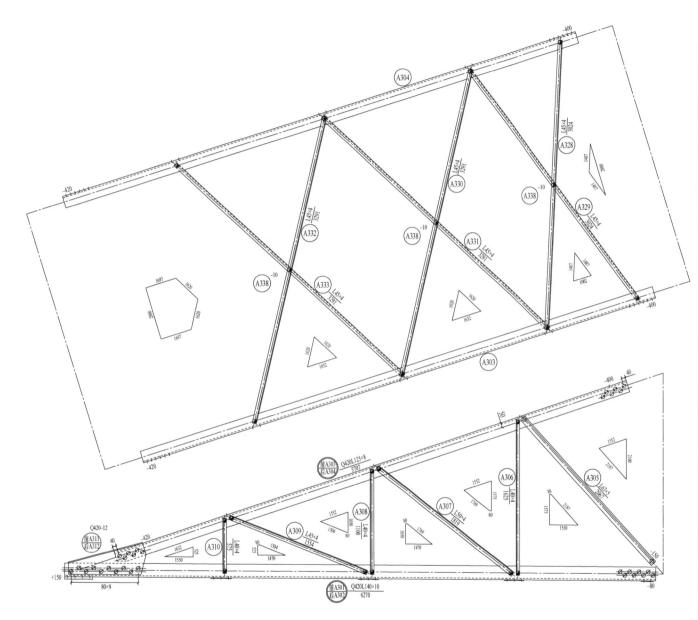

构 件 明 细 表

编号	规格	长度(mm)	数量	质量(kg)		备注
				一件	小计	
A301	Q420L140×10	6270	1	134.73	134.7	
A302	Q420L140×10	6270	1	134.73	134.7	
A303	Q420L125×8	5707	1	88.48	88.5	切角
A304	Q420L125×8	5707	1	88.48	88.5	切角
A305	L63×5	2067	2	9.97	19.9	
A306	L40×4	1625	2	3.94	7.9	
A307	L50×4	1819	2	5.56	11.1	
A308	L40×4	1100	2	2.66	5.3	
A309	L45×4	1554	2	4.25	8.5	
A310	L40×4	575	2	1.39	2.8	
A311	Q420−10×365	861	1	24.68	24.7	火曲；卷边
A312	Q420−10×365	861	1	24.68	24.7	火曲；卷边
A313	Q345L75×6	3198	1	22.08	22.1	
A314	Q345L75×6	3198	1	22.08	22.1	切角
A315	Q345L75×6	3243	1	22.39	22.4	
A316	Q345L75×6	3243	1	22.39	22.4	
A317	Q345L75×6	3243	1	22.39	22.4	
A318	Q345L75×6	3243	1	22.39	22.4	
A319	Q345L75×6	3024	1	20.88	20.9	
A320	Q345L75×6	3024	1	20.88	20.9	
A321	Q345L80×7	2620	1	22.34	22.3	
A322	Q345−8×130	166	2	1.36	2.7	
A323	Q345−8×167	220	2	2.31	4.6	
A324	Q345−8×166	220	2	2.30	4.6	
A325	Q345−8×166	220	2	2.30	4.6	
A326	Q345−24×308	493	1	28.74	28.7	火曲
A327	Q345−24×308	493	1	28.74	28.7	火曲
A328	L45×4	3024	1	8.27	8.3	
A329	L45×4	3024	1	8.27	8.3	
A330	L45×4	3291	1	9.00	9.0	
A331	L45×4	3291	1	9.00	9.0	
A332	L45×4	3291	1	9.00	9.0	
A333	L45×4	3291	1	9.00	9.0	
A334	−18×60	60	3	0.51	1.5	
A335	−20×60	60	1	0.57	0.6	
A336	−10×59	60	6	0.28	1.7	
A337	−8×60	60	1	0.23	0.2	
A338	−10×50	50	3	0.20	0.6	
合计					880.3kg	

图 12−16 220−HC21S−JZY−16 220−HC21S−JZY 转角塔内角侧上导线横担结构图③A

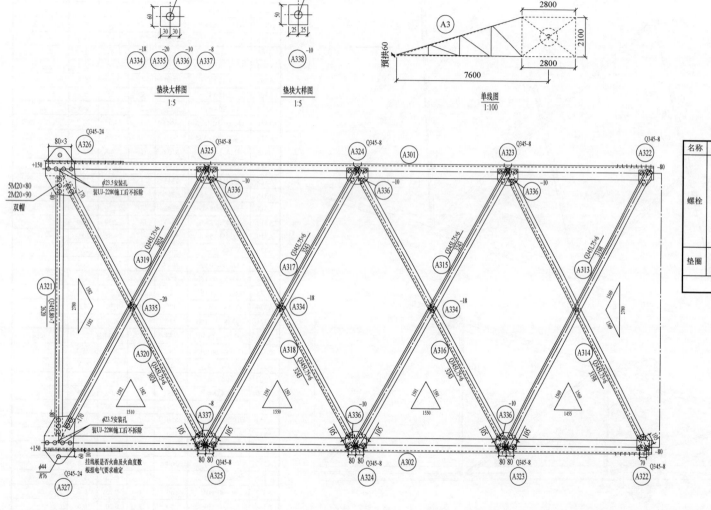

螺栓、垫圈、脚钉明细表

名称	级别	规格	符号	数量	质量（kg）	备注
螺栓	6.8	M16×40	◐	14	2.0	
		M16×50	◑	17	2.7	
		M20×45	○	9	2.4	
		M20×55	⊘	55	16.2	
		M20×65	⊗	10	3.2	
		M20×80	⊙	18	7.4	双帽
垫圈	Q235	−4（φ17.5）	规格×个数	6	0.1	
合计					34.0kg	

垫块大样图
1:5

垫块大样图
1:5

单线图
1:100

图 12−16   220−HC21S−JZY−16   220−HC21S−JZY 转角塔内角侧上导线横担结构图⑤A（续）

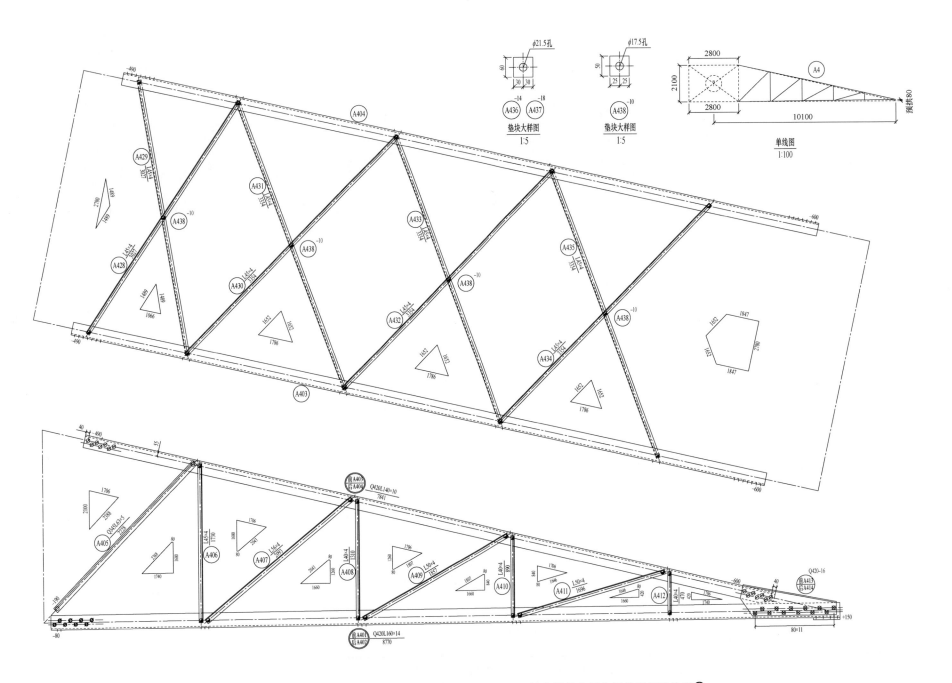

图 12-17　220-HC21S-JZY-17　220-HC21S-JZY 转角塔外角侧上导线横担结构图④Ⓐ

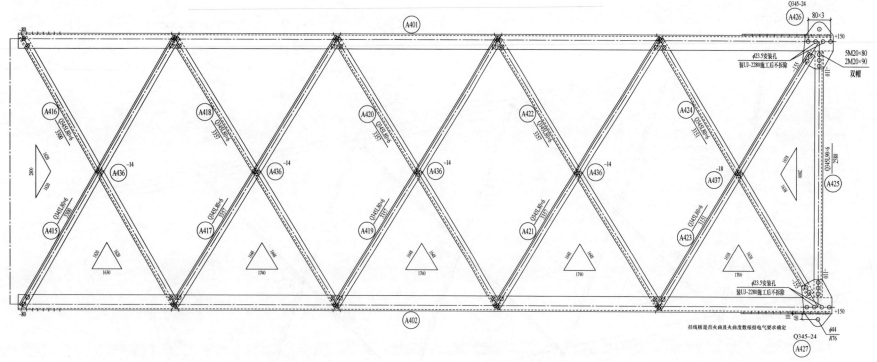

构件明细表

编号	规格	长度(mm)	数量	质量(kg)一件	质量(kg)小计	备注	编号	规格	长度(mm)	数量	质量(kg)一件	质量(kg)小计	备注
A401	Q420L160×14	8770	1	298.07	298.1	切角	A421	Q345L80×6	3357	1	24.76	24.8	
A402	Q420L160×14	8770	1	298.07	298.1	切角	A422	Q345L80×6	3357	1	24.76	24.8	
A403	Q420L140×10	7841	1	168.49	168.5	切角	A423	Q345L80×6	3151	1	23.24	23.2	
A404	Q420L140×10	7841	1	168.49	168.5	切角	A424	Q345L80×6	3151	1	23.24	23.2	切角
A405	Q345L63×5	2228	2	10.74	21.5		A425	Q345L90×6	2580	1	21.54	21.5	
A406	L45×4	1730	2	4.73	9.5		A426	Q345−24×314	497	1	29.43	29.4	火曲
A407	L56×4	2093	2	7.21	14.4		A427	Q345−24×314	497	1	29.43	29.4	火曲
A408	L40×4	1310	2	3.17	6.3		A428	L45×4	3027	1	8.28	8.3	
A409	L50×4	1857	2	5.68	11.4		A429	L45×4	3027	1	8.28	8.3	
A410	L40×4	890	2	2.16	4.3		A430	L45×4	3354	1	9.18	9.2	
A411	L50×4	1696	2	5.19	10.4		A431	L45×4	3354	1	9.18	9.2	
A412	L40×4	470	2	1.14	2.3		A432	L45×4	3354	1	9.18	9.2	
A413	Q420−12×356	1090	1	36.61	36.6	火曲;卷边	A433	L45×4	3354	1	9.18	9.2	
A414	Q420−12×356	1090	1	36.61	36.6	火曲;卷边	A434	L45×4	3354	1	9.18	9.2	
A415	Q345L80×6	3300	1	24.34	24.3	切角	A435	L45×4	3354	1	9.18	9.2	
A416	Q345L80×6	3300	1	24.34	24.3		A436	−14×60	60	4	0.40	1.6	
A417	Q345L80×6	3357	1	24.76	24.8		A437	−18×60	60	1	0.51	0.5	
A418	Q345L80×6	3357	1	24.76	24.8	切角	A438	−10×50	50	4	0.20	0.6	
A419	Q345L80×6	3357	1	24.76	24.8		合计					1485.1kg	
A420	Q345L80×6	3357	1	24.76	24.8	切角							

螺栓、垫圈、脚钉明细表

名称	级别	规格	符号	数量	质量(kg)	备注
螺栓	6.8	M16×40	⊘	1	0.1	
		M16×50	⊘	41	6.6	
		M20×45	○	2	0.5	
		M20×55	∅	34	10.0	
		M20×65	⊠	37	11.8	
		M20×80	⊙	10	4.1	双帽
		M20×90	⊙	8	3.5	双帽
垫圈	Q235	−4（φ17.5）	规格×个数	6	0.1	
合计					36.7kg	

图 12−17 220−HC21S−JZY−17 220−HC21S−JZY 转角塔外角侧上导线横担结构图④A（续）

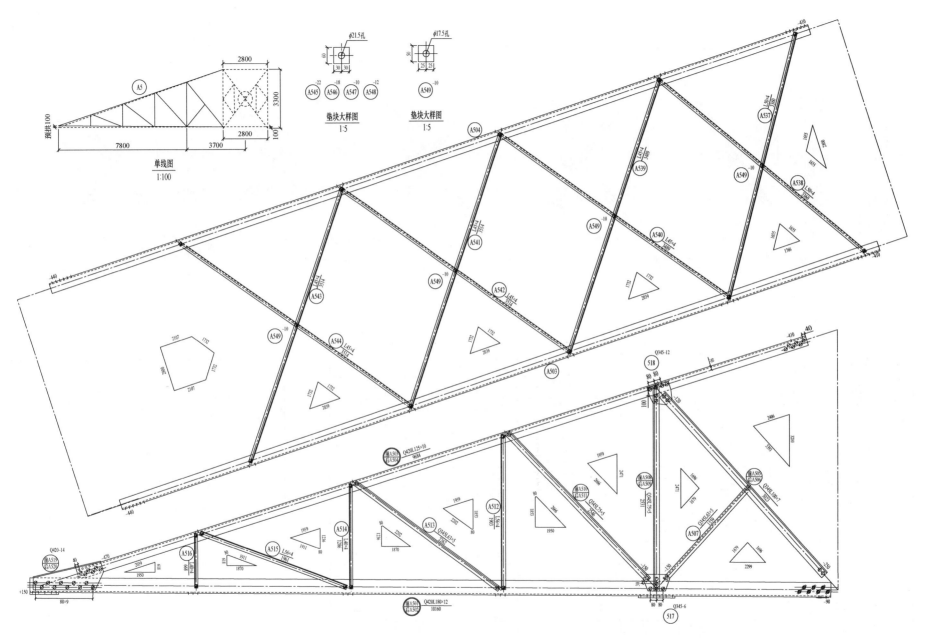

图 12-18　220-HC21S-JZY-18　220-HC21S-JZY 转角塔内角侧下导线横担结构图⑤A

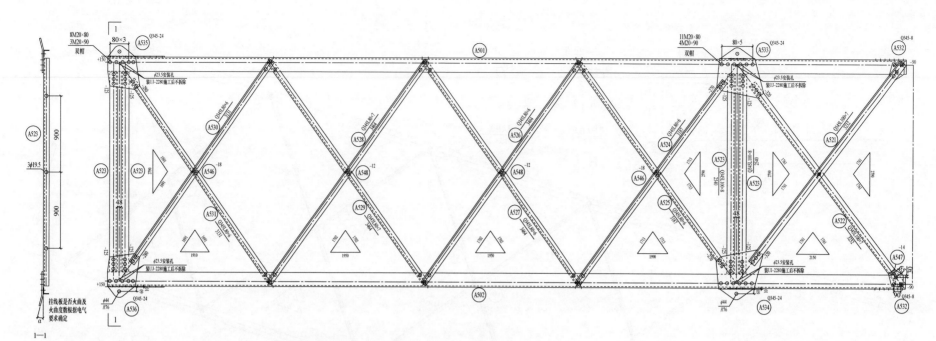

构件明细表

编号	规格	长度(mm)	数量	质量(kg) 一件	质量(kg) 小计	备注	编号	规格	长度(mm)	数量	质量(kg) 一件	质量(kg) 小计	备注
A501	Q420L180×12	10160	1	336.90	336.9		A526	Q345L80×6	3464	1	25.55	25.6	
A502	Q420L180×12	10160	1	336.90	336.9		A527	Q345L80×6	3464	1	25.55	25.6	
A503	Q420L125×10	9684	1	185.28	185.3	切角	A528	Q345L80×6	3464	1	25.55	25.6	
A504	Q420L125×10	9684	1	185.28	185.3	切角	A529	Q345L80×6	3464	1	25.55	25.6	切角
A505	Q345L100×7	3023	1	32.74	32.7		A530	Q345L80×6	3131	1	23.09	23.1	切角
A506	Q345L100×7	3023	1	32.74	32.7		A531	Q345L80×6	3131	1	23.09	23.1	切角
A507	Q345L63×5	1559	2	7.52	15.0		A532	Q345-8×193	220	2	2.68	5.4	
A508	Q345L75×5	2531	1	14.73	14.7		A533	Q345-24×577	644	1	70.14	70.1	火曲
A509	Q345L75×5	2531	1	14.73	14.7		A534	Q345-24×577	644	1	70.14	70.1	火曲
A510	Q345L75×5	2546	1	14.81	14.8	切角	A535	Q345-24×380	583	1	41.81	41.8	火曲
A511	Q345L75×5	2546	1	14.81	14.8	切角	A536	Q345-24×380	583	1	41.81	41.8	火曲
A512	L56×4	1903	2	6.56	13.1		A537	L50×4	3360	1	10.28	10.3	
A513	Q345L63×5	2262	2	10.91	21.8		A538	L50×4	3360	1	10.28	10.3	
A514	L40×4	1286	2	3.11	6.2		A539	L45×4	3514	1	9.61	9.6	
A515	L56×4	1961	1	6.76	6.8		A540	L45×4	3489	1	9.55	9.5	
A516	L40×4	668	2	1.62	3.2		A541	L45×4	3514	1	9.61	9.6	
A517	Q345-6×204	341	2	3.30	6.6		A542	L45×4	3514	1	9.61	9.6	
A518	Q345-12×268	280	2	7.07	14.1		A543	L45×4	3514	1	9.61	9.6	
A519	Q420-14×367	913	1	36.82	36.8	火曲;卷边	A544	L45×4	3514	1	9.61	9.6	
A520	Q420-14×367	913	1	36.82	36.8	火曲;卷边	A545	-22×60	60	1	0.62	0.6	
A521	Q345L100×7	3232	1	35.00	35.0	切角	A546	-18×60	60	2	0.51	1.0	
A522	Q345L100×7	3232	1	35.00	35.0	切角	A547	-10×60	60	1	0.28	0.3	
A523	Q345L100×8	2540	4	31.18	124.7		A548	-12×60	60	2	0.34	0.7	
A524	Q345L80×6	3187	1	23.51	23.5	切角	A549	-10×50	50	4	0.20	0.6	
A525	Q345L80×6	3187	1	23.51	23.5	切角		合计				2030.0kg	

螺栓、垫圈、脚钉明细表

名称	级别	规格	符号	数量	质量(kg)	备注
螺栓	6.8	M16×50	⊘	28	4.5	
		M20×45	○	13	3.5	
		M20×55	∅	74	21.8	
		M20×65	⊠	9	2.9	
		M20×75	∅	1	0.3	
		M20×80	⊙	38	15.7	双帽
		M20×90	⊙	22	9.6	双帽
垫圈	Q235	-4(φ17.5)	规格×个数	8	0.1	
合计					58.4kg	

图12-18　220-HC21S-JZY-18　220-HC21S-JZY转角塔内角侧下导线横担结构图⑤A（续）

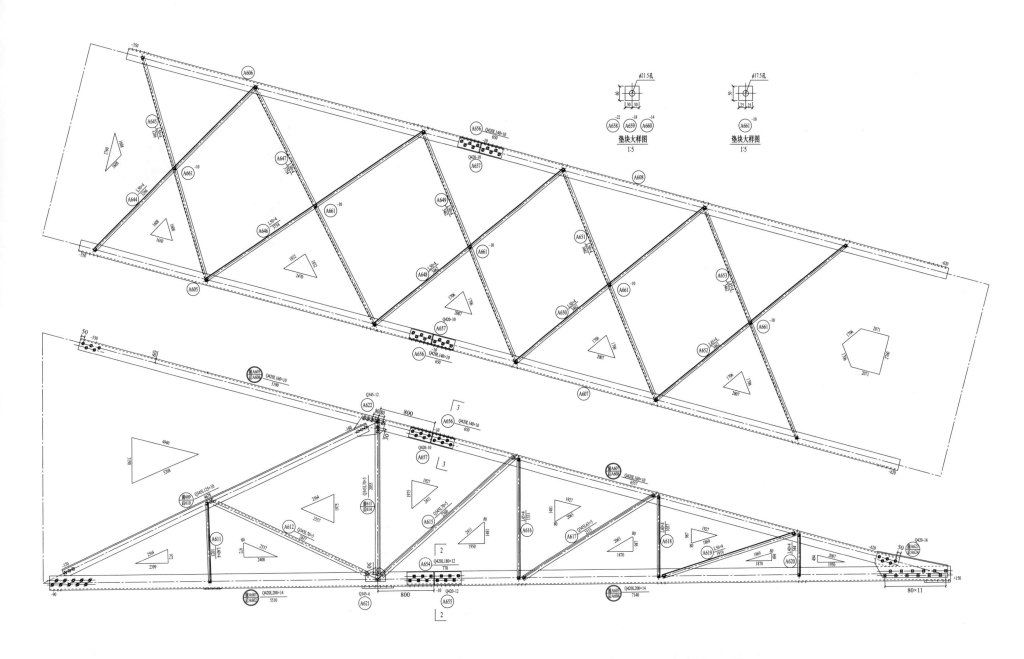

图 12-19 220-HC21S-JZY-19 220-HC21S-JZY 转角塔外角侧下导线横担结构图⑥A

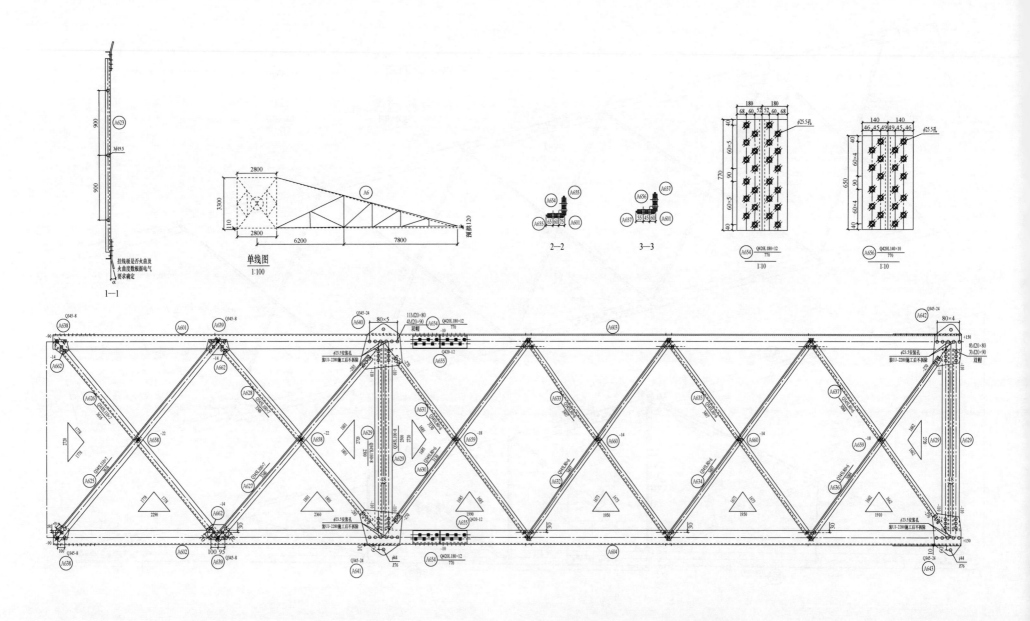

图 12-19　220-HC21S-JZY-19　220-HC21S-JZY 转角塔外角侧下导线横担结构图⑥A（续）

构 件 明 细 表

编号	规格	长度(mm)	数量	一件	小计	备注	编号	规格	长度(mm)	数量	一件	小计	备注
A601	Q420L200×14	5510	1	236.35	236.4		A632	Q345L80×6	3407	1	25.13	25.1	
A602	Q420L200×14	5510	1	236.35	236.4		A633	Q345L80×6	3407	1	25.13	25.1	
A603	Q420L200×14	7140	1	306.23	306.2		A634	Q345L80×6	3407	1	25.13	25.1	
A604	Q420L200×14	7140	1	306.23	306.2		A635	Q345L80×6	3407	1	25.13	25.1	
A605	Q420L160×10	5190	1	128.30	128.3		A636	Q345L80×6	3084	1	22.75	22.7	
A606	Q420L160×10	5190	1	128.30	128.3		A637	Q345L80×6	3084	1	22.75	22.7	
A607	Q420L160×10	6557	1	162.09	162.1	切角	A638	Q345-8×195	211	2	2.60	5.2	
A608	Q420L160×10	6557	1	162.09	162.1	切角	A639	Q345-8×211	329	2	4.39	8.8	
A609	Q345L125×10	4678	1	89.50	89.5	切角	A640	Q345-24×604	605	1	68.95	68.9	火曲
A610	Q345L125×10	4678	1	89.50	89.5	切角	A641	Q345-24×604	605	1	68.95	68.9	火曲
A611	L40×4	1023	2	2.48	5.0		A642	Q345-24×392	598	1	44.29	44.3	火曲
A612	Q345L70×5	2437	2	13.15	26.3		A643	Q345-24×392	598	1	44.29	44.3	火曲
A613	Q345L70×5	2035	1	10.98	11.0		A644	L50×4	3266	1	9.99	10.0	
A614	Q345L70×5	2035	1	10.98	11.0		A645	L50×4	3266	1	9.99	10.0	
A615	Q345L70×5	2360	2	12.74	25.5		A646	L50×4	3754	1	11.48	11.5	
A616	L45×4	1531	2	4.19	8.4		A647	L50×4	3754	1	11.48	11.5	
A617	Q345L63×5	2115	2	10.20	20.4		A648	L50×4	3462	1	10.59	10.6	
A618	L40×4	1037	2	2.51	5.0		A649	L50×4	3462	1	10.59	10.6	
A619	L56×4	1919	2	6.61	13.2		A650	L50×4	3462	1	10.59	10.6	
A620	L40×4	544	2	1.32	2.6		A651	L50×4	3462	1	10.59	10.6	
A621	Q345-6×190	313	2	2.81	5.6		A652	L45×4	3462	1	9.47	9.5	
A622	Q345-12×284	418	2	11.23	22.5		A653	L45×4	3462	1	9.47	9.5	
A623	Q420-16×378	1112	1	52.79	52.8	火曲;卷边	A654	Q420L180×12	770	2	25.53	51.0	铲背
A624	Q420-16×378	1112	1	52.79	52.8	火曲;卷边	A655	Q420-12×180	770	4	13.06	52.2	
A625	Q345L110×7	3616	1	43.13	43.1	切角	A656	Q420L140×10	770	2	13.97	27.9	铲背
A626	Q345L110×7	3616	1	43.13	43.1		A657	Q420-10×135	650	4	6.89	27.6	
A627	Q345L100×7	3346	1	36.24	36.2		A658	-22×60	60	2	0.62	1.2	
A628	Q345L100×7	3346	1	36.24	36.2		A659	-18×60	60	2	0.51	1.0	
A629	Q345L100×8	2500	4	30.69	122.8		A660	-14×60	60	5	0.40	2.0	
A630	Q345L80×6	3130	1	23.09	23.1		A661	-10×60	60	5	0.28	1.4	
A631	Q345L80×6	3130	1	23.09	23.1		合计					3089.6kg	

螺栓、垫圈、脚钉明细表

名称	级别	规格	符号	数量	质量(kg)	备注
螺栓	6.8	M16×50	✇	41	6.6	
		M20×45	○	9	2.4	
		M20×55	∅	42	12.4	
		M20×65	⊠	49	15.7	
		M20×75	∅	4	1.4	
		M20×80	⊙	38	15.7	双帽
		M20×90	⊙	22	9.6	双帽
	8.8	M24×65	∅	50	25.0	
		M24×75	∅	48	25.8	
垫圈	Q235	-4(φ17.5)	规格×个数	8	0.1	
合计					114.7kg	

图 12-19 220-HC21S-JZY-19 220-HC21S-JZY 转角塔外角侧下导线横担结构图⑥A（续）

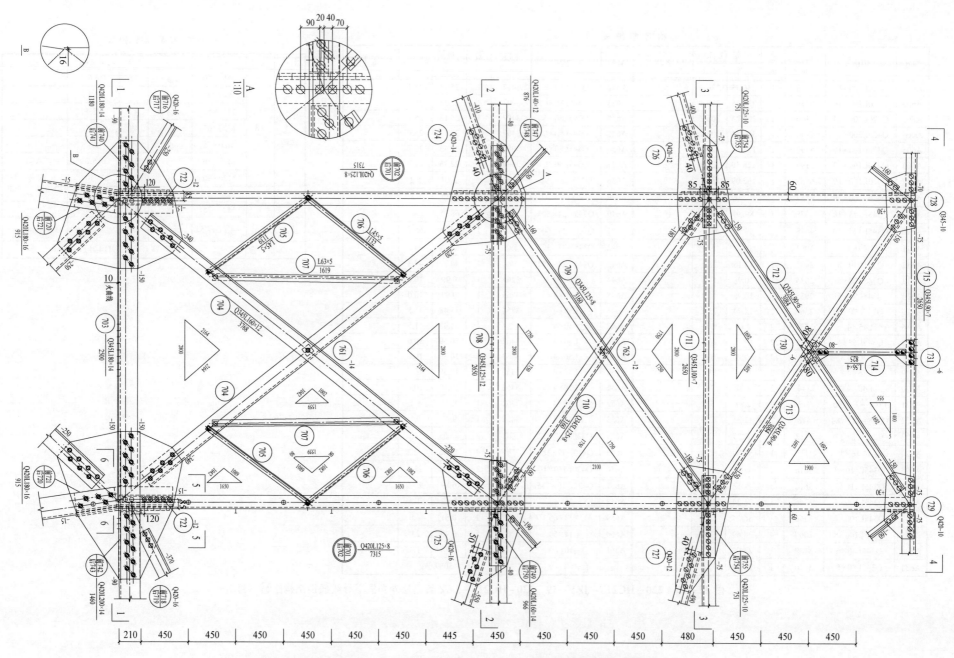

图 12-20　220-HC21S-JZY-20　220-HC21S-JZY 转角塔塔身结构图⑦（一）

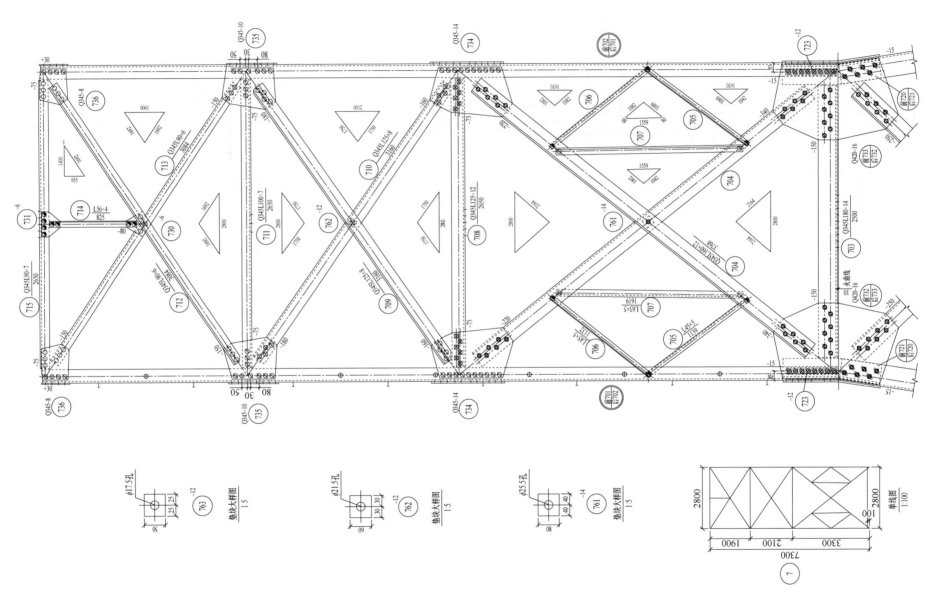

图 12-20　220-HC21S-JZY-20　220-HC21S-JZY 转角塔塔身结构图⑦（一）（续）

构 件 明 细 表

编号	规格	长度(mm)	数量	一件	小计	备注	编号	规格	长度(mm)	数量	一件	小计	备注
701	Q420L125×8	7315	2	113.41	226.8	脚钉	733	Q420-16×763	1151	2	110.40	220.8	火曲
702	Q420L125×8	7315	2	113.41	226.8		734	Q345-14×476	781	4	40.93	163.7	
703	Q345L180×14	2500	4	95.96	383.8		735	Q345-10×377	508	4	15.09	60.4	
704	Q345L160×12	3768	8	110.75	886.0		736	Q345-8×262	328	4	5.41	21.7	
705	L45×5	1139	8	3.84	30.7		737	Q345L140×10	1677	4	36.04	144.1	
706	L45×5	1132	8	3.81	30.5		738	L45×4	2540	2	6.95	13.9	
707	L63×5	1619	8	7.81	62.5		739	Q345-12×319	579	4	17.47	69.9	
708	Q345L125×12	2650	4	60.14	240.6		740	Q420L180×14	1180	1	45.29	45.3	
709	Q345L125×8	3160	4	48.99	196.0	切角	741	Q420L180×14	1180	1	45.29	45.3	
710	Q345L125×8	3160	4	48.99	196.0	切角	742	Q420L200×14	1360	1	58.34	58.3	
711	Q345L100×7	2650	4	28.70	114.8		743	Q420L200×14	1360	1	58.34	58.3	
712	Q345L90×6	3084	4	25.75	103.0	切角	744	Q345L90×7	1740	4	16.80	67.2	
713	Q345L90×6	3084	4	25.75	103.0	切角	745	L45×4	2640	2	7.22	14.4	
714	L56×4	825	4	2.84	11.4		746	Q345-8×231	403	4	5.86	23.4	
715	Q345L90×7	2650	4	25.59	102.4		747	Q420L140×12	876	1	22.36	22.4	
716	Q420-16×1077	1221	1	165.40	165.4	火曲	748	Q420L140×12	876	1	22.36	22.4	
717	Q420-16×1077	1221	1	165.40	165.4	火曲	749	Q420L160×14	966	1	32.83	32.8	
718	Q420-16×1096	1406	1	193.66	193.7	火曲	750	Q420L160×14	966	1	32.83	32.8	
719	Q420-16×1096	1406	1	193.66	193.7	火曲	751	Q345L75×6	1781	4	12.30	49.2	
720	Q420L180×16	915	2	39.84	79.7	制弯, 铲背	752	L45×4	2730	2	7.47	14.9	
721	Q420L180×16	915	2	39.84	79.7	制弯, 铲背, 脚钉	753	Q345-8×219	377	4	5.21	20.8	
722	-12×60	480	4	2.71	10.9		754	Q420L125×10	751	2	14.37	28.7	
723	-12×60	480	4	2.71	10.9		755	Q420L125×10	751	2	14.37	28.7	
724	Q420-14×755	1185	2	98.42	196.8		756	Q345L75×6	1771	4	12.23	48.9	
725	Q420-16×755	1342	2	127.47	254.9		757	L45×4	2710	2	7.41	14.8	
726	Q420-12×506	1035	2	49.42	98.8		758	Q345-6×223	384	2	4.04	8.1	
727	Q420-12×506	1179	2	56.25	112.5		759	Q345-8×384	389	1	9.40	9.4	
728	Q345-10×283	549	2	12.24	24.5		760	Q345-8×384	389	1	9.41	9.4	
729	Q420-10×285	614	2	13.76	27.5		761	-14×80	80	4	0.70	2.8	
730	-6×206	209	4	2.04	8.2		762	-12×60	60	4	0.34	1.4	
731	-6×175	230	2	1.90	7.6		763	-12×50	50	1	0.24	0.2	
732	Q420-16×763	1151	2	110.40	220.8	火曲	合计					6119.7kgg	

螺栓、垫圈、脚钉明细表

名称	级别	规格	符号	数量	质量(kg)	备注
螺栓	6.8	M16×40	◖	38	5.5	
		M16×50	◗	51	8.2	
		M16×50	⊙	4	0.8	双帽
		M20×45	○	106	28.6	
		M20×55	⊘	446	131.6	
		M20×60	⊙	14	5.1	双帽
		M20×65	⊗	138	44.2	
		M20×85	⊗	52	19.3	
		M20×105	⊙	8	3.4	
	8.8	M24×65	⊘	210	105.0	
		M24×75	⊗	4	2.1	
		M24×85	⊘	66	37.9	
		M24×95	⊗	46	28.1	
脚钉	6.8	M16×180	⊖—	24	7.8	双帽
		M20×200	⊖—	6	3.7	双帽
	8.8	M24×240	⊖—	2	1.8	双帽
垫圈	Q235	-4(φ17.5)	规格×个数	6	0.1	
合计					433.0kg	

说明: 本段与横担相连节点, 以横担图为准, 放样确定。

图 12-20 220-HC21S-JZY-20 220-HC21S-JZY 转角塔塔身结构图⑦(一)(续)

·162· 220kV 输电线路钻越塔标准化设计图集 钻越塔加工图

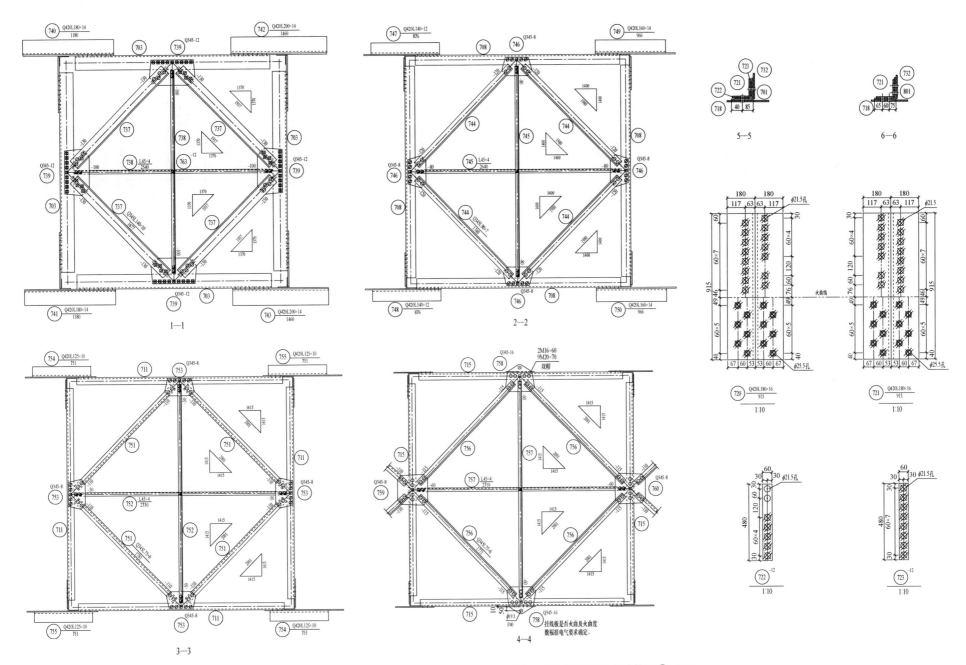

图 12-21 220-HC21S-JZY-21 220-HC21S-JZY 转角塔塔身结构图⑦（二）

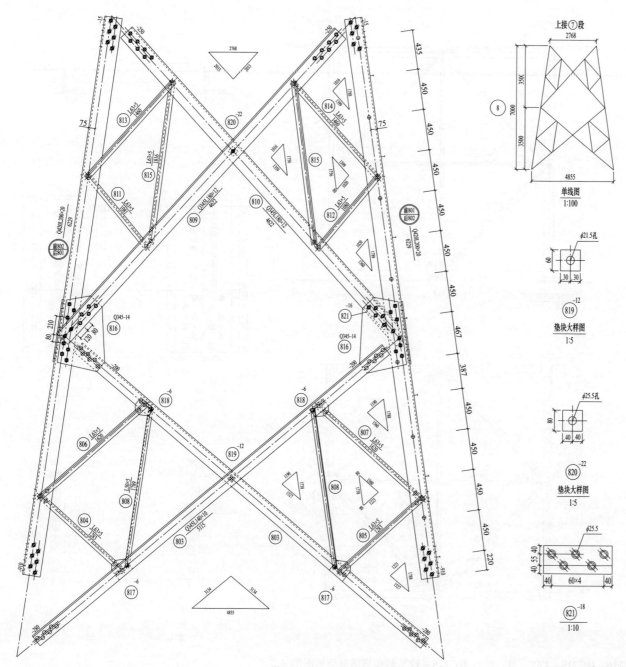

上接⑦段

2768

7000
3500
3500

4855

单线图
1:100

φ21.5孔
垫块大样图
1:5

φ25.5孔
垫块大样图
1:5

φ25.5
1:10

构 件 明 细 表

编号	规格	长度(mm)	数量	一件	小计	备注
801	Q420L200×20	6229	2	374.09	748.2	脚钉
802	Q420L200×20	6229	2	374.09	748.2	
803	Q345L140×10	5115	8	109.91	879.3	
804	L63×5	1283	4	6.19	24.7	
805	L63×5	1283	4	6.19	24.7	切角
806	L63×5	1620	4	7.81	31.2	
807	L63×5	1620	4	7.81	31.2	切角
808	L50×5	1788	8	6.74	53.9	
809	Q345L180×12	4622	4	153.26	613.0	
810	Q345L180×12	4622	4	153.26	613.0	切角
811	L63×5	1081	4	5.21	20.9	切角
812	L63×5	1080	4	5.21	20.8	
813	L63×5	1460	4	7.04	28.2	
814	L63×5	1460	4	7.04	28.2	切角
815	L63×5	1816	8	8.76	70.1	
816	Q345-14×530	816	8	47.62	380.9	
817	-6×194	198	8	1.82	14.5	
818	-6×158	195	8	1.46	11.7	
819	-12×60	60	4	0.34	1.4	
820	-22×80	80	4	1.11	4.4	
821	-16×135	340	4	5.77	23.1	
合计					4371.6kg	

螺栓、垫圈、脚钉明细表

名称	级别	规格	符号	数量	质量(kg)	备注
螺栓	6.8	M16×50		16	2.6	
		M20×45		16	4.3	
		M20×55		120	35.4	
		M20×65		20	6.4	
	8.8	M24×65		20	10.0	
		M24×75		52	27.9	
		M24×85		40	23.0	
脚钉	6.8	M16×180		20	6.5	双帽
	8.8	M24×240		4	3.6	双帽
合计					119.7kg	

图 12-22 220-HC21S-JZY-22 220-HC21S-JZY 转角塔塔身结构图⑧

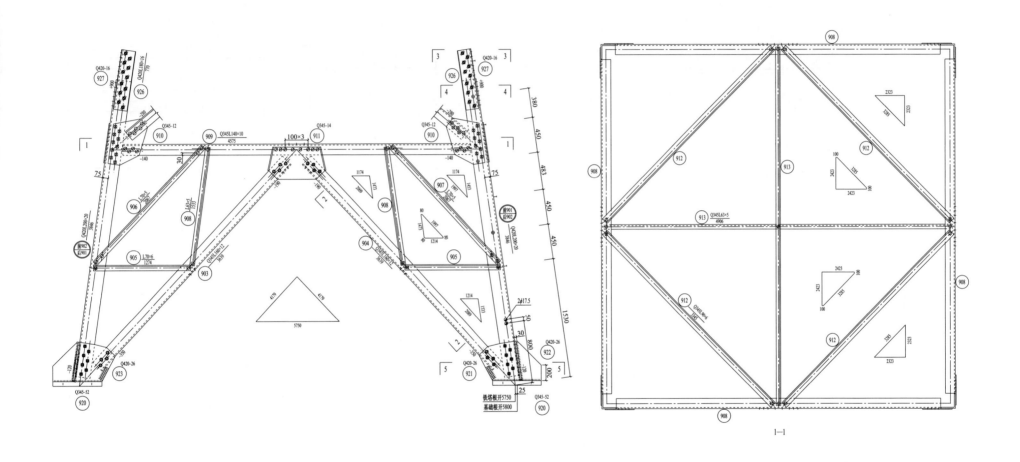

图 12-23　220-HC21S-JZY-23　220-HC21S-JZY 转角塔 10.0m 塔腿结构图⑨

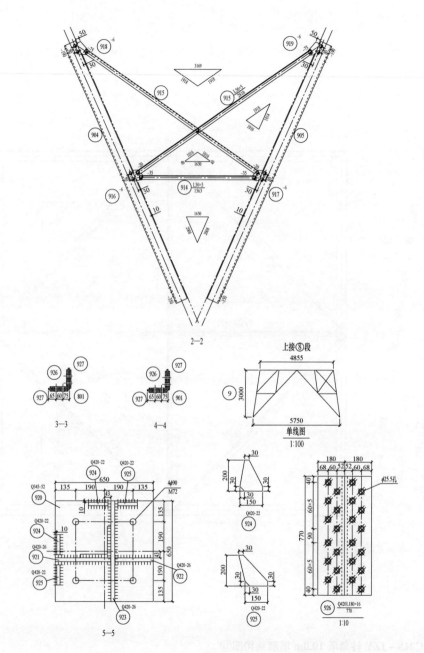

构 件 明 细 表

编号	规格	长度（mm）	数量	质量（kg）一件	质量（kg）小计	备注
901	Q420L200×20	3846	2	230.98	462.0	脚钉
902	Q420L200×20	3846	2	230.98	462.0	
903	Q345L160×12	3639	4	106.95	427.8	
904	Q345L160×12	3639	4	106.95	427.8	
905	L70×6	1274	8	8.16	65.3	
906	L70×5	2067	4	11.16	44.6	
907	L70×5	2067	4	11.16	44.6	
908	L63×5	1533	8	7.39	59.1	
909	Q345L140×10	4575	4	98.31	393.2	开角（98.5）
910	Q345−12×445	626	8	26.29	210.3	
911	Q345−14×411	819	4	37.09	148.3	火曲；卷边
912	Q345L90×6	3345	4	27.93	111.7	
913	Q345L63×5	4906	2	23.66	47.3	
914	L50×5	1563	4	5.89	23.6	
915	L56×5	2816	8	11.97	95.8	
916	−6×139	174	4	1.15	4.6	火曲
917	−6×139	174	4	1.15	4.6	火曲
918	−6×152	186	4	1.33	5.3	火曲
919	−6×152	186	4	1.33	5.3	火曲
920	Q345−52×650	650	4	172.46	689.9	电焊
921	Q420−26×489	517	4	51.72	206.9	电焊
922	Q420−26×281	559	4	32.10	128.4	电焊
923	Q420−26×516	827	4	87.32	349.3	电焊
924	Q420−22×155	200	8	5.37	43.0	电焊
925	Q420−22×120	275	8	5.72	45.7	电焊
926	Q420L180×16	770	4	33.53	134.1	铲背
927	Q420−16×180	770	8	17.41	139.3	
合计					4779.8kg	

螺栓、垫圈、脚钉明细表

名称	级别	规格	符号	数量	质量（kg）	备注
螺栓	6.8	M16×40	◑	24	3.5	
		M16×50	◐	60	9.6	
		M16×60	▣	8	1.4	
		M20×45	○	4	1.1	
		M20×55	⊘	121	35.7	
		M20×65	⊠	82	26.2	
	8.8	M24×65	⊘	32	16.0	
		M24×75	⊠	32	17.2	
		M24×85	⊘	56	32.1	
		M24×95	⊠	90	55.0	
脚钉	6.8	M16×180	⊕—┤	4	1.3	双帽
		M20×200	⊕——	6	3.7	双帽
	8.8	M24×240	⊕——	6	5.4	双帽
垫圈	Q235	−3（φ17.5） 规格×个数		4	0.1	
合计					208.3 kg	

图 12−23 220−HC21S−JZY−23 220−HC21S−JZY 转角塔 10.0m 塔腿结构图⑨（续）

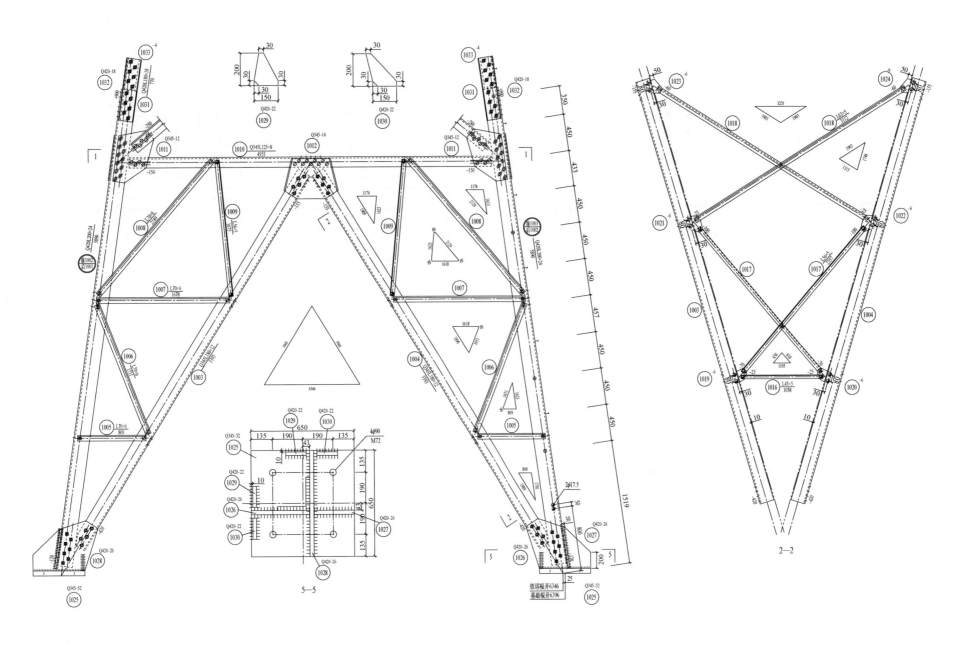

图 12-24 220-HC21S-JZY-24 220-HC21S-JZY 转角塔 12.0m 塔腿结构图⑩

构 件 明 细 表

编号	规格	长度（mm）	数量	质量（kg）一件	质量（kg）小计	备注
1001	Q420L200×24	5890	2	419.18	838.4	脚钉
1002	Q420L200×24	5890	2	419.18	838.4	
1003	Q345L180×12	5393	4	178.83	715.3	切角
1004	Q345L180×12	5393	4	178.83	715.3	切角
1005	L70×6	869	8	5.57	44.5	
1006	L70×6	1711	8	10.96	87.7	
1007	L70×6	1678	8	10.75	86.0	
1008	L70×6	2189	8	14.02	112.2	
1009	L56×5	1675	8	7.12	57.0	
1010	Q345L125×8	4555	4	70.62	282.5	开角（98.5）
1011	Q345−12×445	676	8	28.38	227.1	
1012	Q345−14×439	684	4	33.05	132.2	火曲；卷边
1013	Q345L90×6	3203	4	26.75	107.0	
1014	Q345L63×5	4709	2	22.71	45.4	
1015	Q345−8×231	403	4	5.86	23.4	
1016	L45×5	1038	4	3.50	14.0	
1017	L56×5	2357	8	10.02	80.2	
1018	L63×5	3112	8	15.01	120.0	
1019	−6×136	193	4	1.24	5.0	火曲
1020	−6×136	193	4	1.24	5.0	火曲
1021	−6×158	217	4	1.62	6.5	火曲
1022	−6×158	217	4	1.62	6.5	火曲
1023	−6×170	181	4	1.45	5.8	火曲
1024	−6×170	181	4	1.45	5.8	火曲
1025	Q345−52×650	650	4	172.46	689.9	电焊
1026	Q420−26×429	612	4	53.65	214.6	电焊
1027	Q420−26×281	560	4	32.16	128.6	电焊
1028	Q420−26×571	787	4	91.87	367.5	电焊
1029	Q420−22×148	200	8	5.13	41.0	电焊
1030	Q420−22×126	268	8	5.90	47.2	电焊
1031	Q420L180×18	770	4	37.45	149.8	铲背
1032	Q420−18×180	770	8	19.58	156.7	
1033	−4×140	380	8	1.67	13.4	
合计					6369.9kg	

螺栓、垫圈、脚钉明细表

名称	级别	规格	符号	数量	质量(kg)	备注
螺栓	6.8	M16×40	◖	28	4.0	
		M16×50	◗	32	5.1	
		M20×45	○	53	14.3	
		M20×55	⊘	184	54.3	
		M20×65	⊗	30	9.6	
		M20×75	⊘	86	29.8	
	8.8	M24×65	⊘	32	16.0	
		M24×75	⊠	32	17.2	
		M24×85	⊘	56	32.1	
		M24×95	⊠	92	56.2	
脚钉	6.8	M16×180	⊕—	16	5.2	双帽
		M20×200	⊕—	4	2.5	双帽
	8.8	M24×240	⊕—	4	3.6	双帽
垫圈	Q235	−3（φ17.5）	规格×个数	4	0.1	
		−3（φ17.5）		4	0.4	
合计					250.4kg	

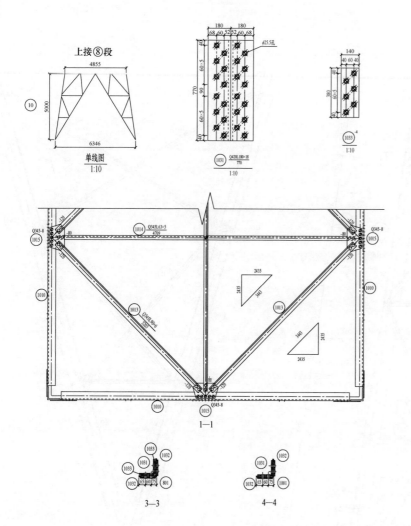

上接⑧段

单线图
1:10

1—1

3—3 4—4

图 12−24　220−HC21S−JZY−24　220−HC21S−JZY 转角塔 12.0m 塔腿结构图⑩（续）

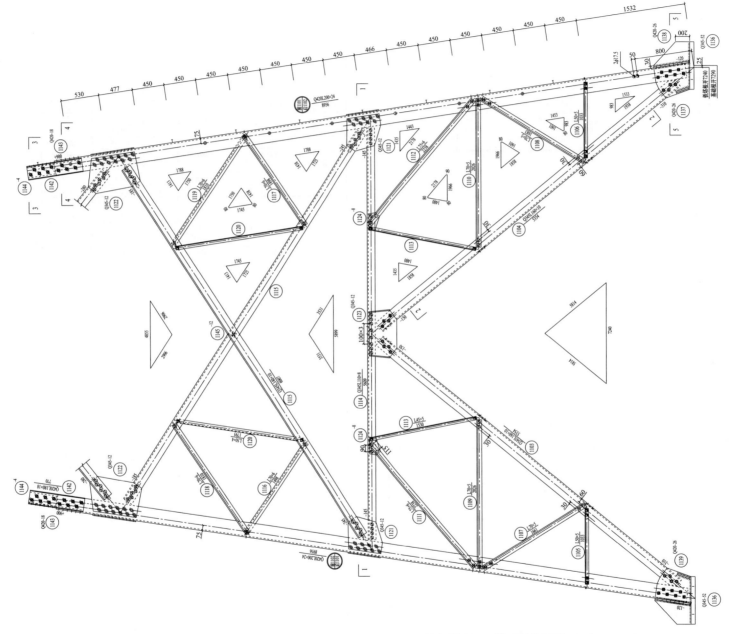

图 12-25　220-HC21S-JZY-25　220-HC21S-JZY 转角塔 15.0m 塔腿结构图⑪（一）

构件明细表

编号	规格	长度(mm)	数量	质量（kg）一件	质量（kg）小计	备注
1101	Q420L200×24	8956	2	637.38	1274.8	脚钉
1102	Q420L200×24	8956	2	637.38	1274.8	
1103	Q345L160×10	5354	4	132.40	529.6	切角
1104	Q345L160×10	5354	4	132.40	529.6	切角
1105	L50×5	1033	4	3.89	15.6	
1106	L50×5	1033	4	3.89	15.6	
1107	L70×5	1683	4	9.08	36.3	
1108	L70×5	1683	4	9.08	36.3	
1109	L70×5	2026	4	10.93	43.7	
1110	L70×5	2026	4	10.93	43.7	
1111	L75×6	2238	4	15.45	61.8	
1112	L75×6	2238	4	15.45	61.8	
1113	L45×5	1530	8	5.15	41.2	
1114	Q345L110×8	5609	4	75.90	303.6	开角(98.5)
1115	Q345L140×10	6007	8	129.08	1032.6	
1116	L70×6	1498	4	9.60	38.4	切角
1117	L70×6	1498	4	9.60	38.4	
1118	L70×6	1810	4	11.59	46.4	
1119	L70×6	1810	4	11.59	46.4	切角
1120	L50×4	1795	8	5.49	43.9	
1121	Q345-12×453	518	8	22.14	177.1	
1122	Q345-12×478	733	8	33.07	264.5	
1123	Q345-12×400	729	4	27.52	110.1	火曲;卷边
1124	-8×153	239	8	2.30	18.4	
1125	Q345L110×7	4107	4	48.99	196.0	
1126	Q345L75×5	5984	2	34.81	69.6	
1127	L45×4	1268	4	3.47	13.9	
1128	L50×5	2623	8	9.89	79.1	
1129	L56×5	3625	8	15.41	123.3	
1130	-6×142	151	4	1.02	4.1	火曲
1131	-6×142	151	4	1.02	4.1	火曲
1132	-6×144	191	4	1.31	5.2	火曲
1133	-6×144	191	4	1.31	5.2	火曲
1134	-6×152	156	4	1.12	4.5	火曲
1135	-6×152	156	4	1.12	4.5	火曲
1136	Q345-52×650	650	4	172.46	689.9	电焊
1137	Q420-26×428	517	4	45.29	181.2	电焊
1138	Q420-26×281	559	4	32.10	128.4	电焊
1139	Q420-26×516	767	4	80.98	323.9	电焊
1140	Q420-22×147	200	8	5.08	40.6	电焊
1141	Q420-22×121	268	8	5.64	45.1	电焊
1142	Q420L180×18	770	4	37.45	149.8	铲背,脚钉
1143	Q420-18×180	770	8	19.58	156.7	
1144	-4×140	380	8	1.67	13.4	
1145	-12×60	60	4	0.34	1.4	
合计					8324.5 kg	

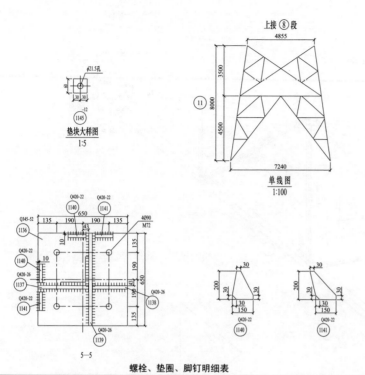

上接⑧段
4855
3500
8000
4500
7240

单线图
1:100

垫块大样图 1:5

φ21.5孔

螺栓、垫圈、脚钉明细表

名称	级别	规格	符号	数量	质量(kg)	备注
螺栓	6.8	M16×40	●	40	5.8	
		M16×50		104	16.6	
		M16×60		16	2.8	
		M20×45	○	52	14.0	
		M20×55	⊘	225	66.4	
		M20×65	⊗	52	16.6	
		M20×75	⌀	174	60.2	
	8.8	M24×65	⊘	32	16.0	
		M24×75	⊗	32	17.2	
		M24×85	⌀	56	32.1	
		M24×95	⊗	92	56.2	
脚钉	6.8	M16×180	⊕—	26	8.5	双帽
		M20×200	⊕—	2	1.2	双帽
	8.8	M24×240	⊕—	4	3.6	双帽
垫圈	Q235	-3(φ17.5)	规格×个数	8	0.1	
		-4(φ21.5)		2	0.2	
合计					317.6kg	

图 12-25　220-HC21S-JZY-25　220-HC21S-JZY 转角塔 15.0m 塔腿结构图（一）⑪（续）

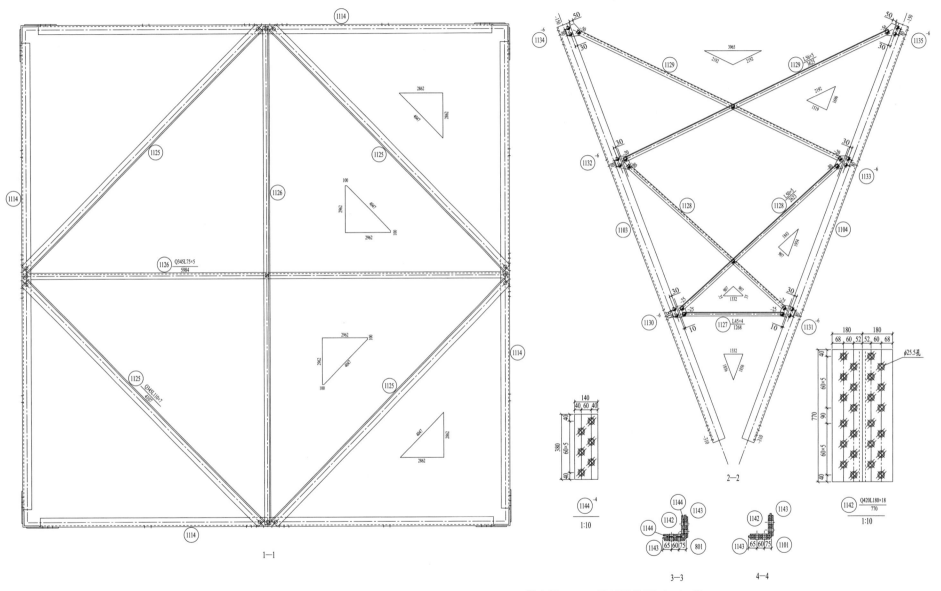

图 12-26　220-HC21S-JZY-26　220-HC21S-JZY 转角塔 15.0m 塔腿结构图（二）⑪